# D. Bimberg
## Laser in Industrie und Technik

# Laser in Industrie und Technik

Grundlagen,
Materialbearbeitung,
Umweltschutz,
Holographische Methoden
in Meßtechnik
und Datenverarbeitung

Prof. Dr. D. Bimberg

Dr. R. Baumert
Dr. W. Englisch
Prof. Dr. A. F. Fercher
Dr. G. Seger
Dr. H. Steinbichler
Dr. W. Wiesemann

2., überarb. und erweiterte Auflage

Kontakt & Studium
Band 13

Herausgeber:
Prof. Dr.-Ing. Wilfried J. Bartz
Technische Akademie Esslingen
Fort- und Weiterbildungszentrum
Dipl.-Ing. FH Elmar Wippler
expert verlag, 7032 Sindelfingen

CIP-Kurztitelaufnahme der Deutschen Bibliothek

**Laser in Industrie und Technik** / Autoren: Dieter
Bimberg... – 2., überarb. u. erw. Aufl. –
Sindelfingen: expert-Verlag, 1985.
   (Kontakt & [und] Studium; Bd. 13
   ISBN 3-88508-879-7
NE: Bimberg, Dieter [Mitverf.]; GT

ISBN 3-88508-879-7

# Herausgeber-Vorwort

Die berufliche Weiterbildung hat sich in den vergangenen Jahren als eine ebenso erforderliche wie notwendige Investition in die Zukunft erwiesen. Der rasche technologische Wandel und die schnelle Zunahme des Wissens haben zur Folge, daß wir laufend neuere Erkenntnisse der Forschung und Entwicklung aufnehmen, verarbeiten und in die Praxis umsetzen müssen. Erstausbildung oder Studium genügen heute nicht mehr. Lebenslanges Lernen, also berufliche Weiterbildung, ist daher das Gebot der Stunde und der Zukunft.

Die Ziele der beruflichen Weiterbildung sind

— Anpassung der Fachkenntnisse an den neuesten Entwicklungsstand
— Erweiterung der Fachkenntnisse um zusätzliche Bereiche
— Erlernen der Fähigkeit, wissenschaftliche Ergebnisse in praktische Lösungen umzusetzen
— Verhaltensänderungen zur Entwicklung der Persönlichkeit.

Diese Ziele lassen sich am besten durch das „gesprochene Wort" (also durch die Teilnahme an einem Präsenzunterricht) und durch das „gedruckte Wort" (also durch das Studium von Fachbüchern) erreichen.

Die Buchreihe KONTAKT & STUDIUM, die in Zusammenarbeit zwischen dem expert verlag und der Technischen Akademie Esslingen herausgegeben wird, ist für die berufliche Weiterbildung ein ideales Medium.

Die einzelnen Bände beruhen auf erfolgreichen Lehrgängen an der TAE. Sie sind praxisnah und aktuell. Weil in der Regel mehrere Autoren — Wissenschaftler und Praktiker — an einem Band beteiligt sind, kommen sowohl die theoretischen Grundlagen als auch die praktischen Anwendungen zu ihrem Recht.

Die Reihe KONTAKT & STUDIUM hat also nicht nur lehrgangsbegleitende Funktion, sondern erfüllt auch alle Voraussetzungen für ein effektives Selbststudium und kann als Nachschlagewerk dienen.

Auch der vorliegende Band ist nach diesen Grundsätzen erarbeitet. Mit ihm liegt wieder ein Lehr- und Nachschlagewerk vor, das die Erwartungen der Leser an die wissenschaftlich-technische Gründlichkeit und an die praktische Verwertbarkeit nicht enttäuscht.

TECHNISCHE AKADEMIE ESSLINGEN  expert verlag
Prof. Dr.-Ing. Wilfried J. Bartz  Dipl.-Ing. Elmar Wippler

# Vorwort zur 2. Auflage

Die Entwicklung neuer Lasertypen und neuer Anwendungsfelder war seit dem Erscheinen der 1. Auflage derart rapide, daß es nicht möglich war, aus der 1. Auflage durch einfache Überarbeitung die 2. Auflage zu gewinnen. Der Inhalt des Buches wurde völlig neu gestaltet. Ausschließlich die Form blieb dieselbe, mit zwei einführenden Kapiteln die Voraussetzungen für das Verständnis der rein anwendungsorientierten folgenden sechs Kapitel zu schaffen. Zwei Kapitel über Interferometrie und Speckle-Meßtechniken wurden ganz neu aufgenommen. Auf ein Kapitel (Holographische Methoden in der Datenverarbeitung) mußte verzichtet werden, um den Umfang nicht zu sehr anschwellen zu lassen. Dennoch wuchs dieser um etwa 40 Prozent gegenüber der 1. Auflage.

Dem herzlichen Dank an die in der 1. Auflage erwähnten Kollegen sind die Namen von Dr. W. Amende, Dr. L. Bakowsky, Dr. R. Beck und Dr. J. Buchholz hinzuzufügen, welche mit gutem Rat und dem Beitrag von Unterlagen zu einzelnen Kapiteln dem Werk zum Gelingen verhalfen.

Berlin, im März 1985                                        Dieter Bimberg

# Inhaltsverzeichnis

D. Bimberg

# 1. Grundlagen des Lasers

## 1.1 Einleitung

Heute ist das Kunstwort Laser ein Begriff der Umgangssprache, obgleich es zu Beginn der sechziger Jahre überhaupt noch nicht existierte — auch nicht in einer Fachsprache. Es ist die Zusammenfassung der Anfangsbuchstaben des englischen Satzes: Light amplification by stimulated emission of radiation = Lichtverstärkung durch erzwungene Aussendung von Strahlung. Dieser Satz birgt bereits die äußerste knappe und zutreffende Erklärung der Wirkungsweise des Gerätes, wie wir sofort zeigen werden:

Strahlung wird erzwungenermaßen durch Materie emittiert (ausgesandt), man nennt deshalb die Emission stimuliert oder induziert. Sie verstärkt dabei bereits vorhandene Strahlung derselben Wellenlänge. Die Emission basiert somit auf einer Wechselwirkung zwischen Licht und Materie. Dabei kann Licht hier weitgehend als eine elektromagnetische Welle betrachtet werden, welche sich nur in ihrer Wellenlänge von anderen elektromagnetischen Wellen wie z. B. Radiowellen oder Röntgenstrahlen unterscheidet. Nur zur Erklärung einiger weniger Begriffe wie dem Rauschen ist es nötig, auf das korpuskulare Bild des Lichtes zurückzugreifen und von Photonen zu sprechen, deren Energie E dann durch das Gesetz

$$E = h\nu \tag{1.1}$$

gegeben wird. Dabei ist h das Plancksche Wirkungsquantum und $\nu$ die Frequenz. Die nunmehr verstärkte Strahlung der Frequenz $\nu$ wird in dem Resonator, in welchem sich die laseraktive Materie befindet, dergestalt reflektiert, daß sie im aktiven Material von neuem eine Lichtaussendung erzwingt. Es liegt eine Rückkopplung vor. Dieses aus einem Lichtverstärker und einem Resonator bestehende System hat die Eigenschaften eines Oszillators, wie wir ihn in der Nachrichtentechnik beispielsweise kennen. Nun gilt das grundlegende Gesetz der Energieerhaltung. Daraus folgt, daß dem laseraktiven Material selbst Energie zugeführt (gepumpt) werden muß, um Energie (Licht, siehe Gleichung (1.1)) abgeben zu können. Wir benötigen Mechanismen, um unser Material zu pumpen. Diese Mechanismen sind im wesentlichen materialabhängig und werden zusammen mit den verschiedenen Lasertypen im Abschnitt 1.6 diskutiert werden. Bild 1.1 zeigt die Schemazeichnung eines Lasers, um den Zusammenhang zwischen Pumpe, aktivem Material (dem Lichtverstärker) und dem Resonator aufzuzeigen.

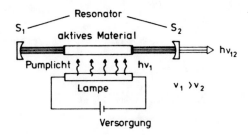

Bild 1.1:  Schema eines optisch angeregten Lasers. Er besteht aus einer
Pumplichtquelle und deren Versorgung, dem aktiven Material
und dem Resonator mit zwei Spiegeln. Einer der Spiegel ist nahezu
totalreflektierend, der andere dient der Auskopplung des Lichtes.

In diesem Beispiel wird optisch gepumpt.

Ungleich zu vielen anderen menschlichen ,,Erfindungen'' basierte die Erfindung
des Lasers nicht auf der Nutzbarmachung eines aus der Natur bekannten
Vorganges, sondern er ist ein echtes Produkt der menschlichen Erfindungsgabe.
Es war Einstein[1], welcher 1917 die theoretischen Grundlagen der stimulierten
Emission schuf. Kopfermann und Ladenburg[2] wiesen diese erstmals 1928
experimentell nach. Dann dauerte es bis 1954, als Townes[3] den ersten Maser
beschrieb (M für Mikrowelle).

1960 schließlich gelang es Maiman und Mitarbeitern[4] den ersten Laser zu
realisieren. Es war ein Rubinlaser, und damit ein völlig untypisches Gerät, wie
wir in Abschnitt 1.2 sehen werden. Bereits wenige Jahre danach gab es Laser,
welche bei den verschiedensten Wellenlängen arbeiteten. Bild 1.2 gibt einen
Eindruck davon. 1963 schließlich wurde auch in der Natur — in einem astrono-
mischen Objekt — ein Maser beobachtet. 1983 klärten Andresen und Mitarbeiter[4] dessen Entstehung.

Der Begriff des Lichts wird dabei durchaus nicht auf den sichtbaren Bereich des
Spektrums beschränkt, welcher nur sehr klein ist. Zwischen 1 mm ($10^{-3}$ m) und
100 nm ($10^{-7}$ m) liegt die Wellenlänge der heute arbeitenden Geräte. Gerade in
der Vielzahl der verschiedenen prinzipiell möglichen Wellenlängen liegt eine
Stärke des Laserprinzips, denn verschiedene Anwendungen verlangen verschiedene Wellenlängen, wie wir noch sehen werden.

Im nächsten Kapitel werden wir uns mit der Wechselwirkung zwischen Licht und
Materie befassen, um dann anschließend die Rückkopplung der Lichtwelle im

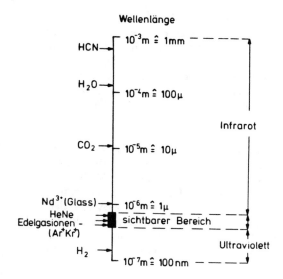

Bild 1.2: Überblick über den Spektralbereich, in welchem Laser verfügbar sind. Die Wellenlängen einiger typischer Materialien sind angegeben. Sehr viele Materialien können Laserlinien mit verschiedener Wellenlänge emittieren. Dabei wird durch Abstimmen des Resonators die eine oder andere selektiert.

optischen Resonator zu studieren. Es ist faszinierend festzustellen, daß dieselben grundlegenden Mechanismen die Funktionsweise des Lasers erklären, unabhängig davon, ob er 1 mW im Dauerbetrieb oder 1 GW Spitzenleistung im Pulsbetrieb emittiert, oder bei einer Wellenlänge von 1 mm oder von 100 nm arbeitet.

## 1.2 Lichtverstärkung im aktiven Material

Untrennbar mit dem Aufbau der Materie verknüpft ist die Existenz von energetischen Anregungszuständen, welche für den Kern, das Atom, das Molekül usw. charakteristisch sind.

Nehmen wir als einfachstes Beispiel das Wasserstoffatom, so kann das Elektron, welches an das Proton durch Coulombanziehung gebunden ist, nicht nur in einem Grundzustand sein, sondern eine Reihe von *angeregten* Zuständen einnehmen, in denen es weiter vom Kern entfernt ist als im Grundzustand. In diesen angeregten Zuständen besitzt es eine höhere potentielle Energie.

3

Nun besagt eines der grundlegendsten Gesetze der Physik, daß jedes System versuchen wird, in einen Gleichgewichtszustand überzugehen, welcher durch ein Minimum an potentieller Energie gekennzeichnet ist. Somit wird also das Wasserstoffatom am absoluten Nullpunkt weder von selbst in einen angeregten Zustand übergehen, noch in einem solchen verharren. Ist es in einem solchen, so wird es nach einer endlichen Zeit, welche man als die Lebensdauer $\tau$ des angeregten Zustandes bezeichnet, wieder in einen Zustand geringerer potentieller Energie übergehen.

Derartige Serien von Energieniveaus gibt es nicht nur für die Elektronen eines Atoms. In Molekülen, Flüssigkeiten und festen Körpern können die Atome gegeneinander schwingen, in Molekülen sind Rotationen um die Verbindungsachsen möglich. Jeder dieser Schwingungen oder Rotationen kommt eine bestimmte Energie zu. Unabhängig davon, ob das Energieniveausystem elektronischer, vibronischer oder rotatorischer Herkunft ist (auch Kombinationen sind möglich), kann man die Wechselwirkung zwischen elektromagnetischer Strahlung und einem beliebigen solchen System betrachten. Die daraus abgeleiteten Aussagen sind allgemein gültig.

Wir wollen mit der Diskussion eines 2-Niveausystems beginnen, wie es in Bild 1.3 skizziert ist.

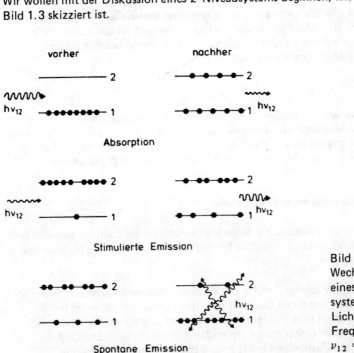

Bild 1.3:
Wechselwirkung eines 2-Niveausystem mit einer Lichtwelle der Frequenz
$\nu_{12} = (E_2 - E_1)/h$

4

Die Energieniveaus 1 und 2 sollen nicht entartet und unendlich scharf sein und die Energien $E_1$ und $E_2$ besitzen. Der Anschaulichkeit halber werden wir im folgenden von Elektronen sprechen, ohne deshalb die Allgemeingültigkeit des Gesagten einzuschränken. In den Zuständen 1 und 2 mögen sich $n_1$ bzw. $n_2$ Elektronen befinden. Im thermischen Gleichgewicht wird das Verhältnis $\frac{n_2}{n_1}$ (das Besetzungsverhältnis) durch eine Boltzmannverteilung gegeben

$$n_2/n_1 = \exp\left(-\Delta E/kT\right) \qquad (1.2)$$

wobei $\Delta E = E_2 - E_1$ ist.

Trifft nun eine elektromagnetische Welle der Energiedichte I und der Frequenz $\nu_{21} = \frac{\Delta E}{h}$ auf das Material, so wird diese um die Rate dI geschwächt, d. h. ein Teil wird absorbiert. Dabei ist dI proportional der ursprünglich vorhandenen Intensität $I_0$ und der Zahl $n_1$ der Elektronen im Zustand 1. Es gilt also

$$\left.\frac{dI}{dt}\right|_{abs.} = -I_0\, n_1\, B_{12} \qquad (1.3)$$

die Proportionalitätskonstante $B_{12}$ ist der sogenannte Einsteinkoeffizient, auf seine Definition wird gleich noch näher eingegangen. In der Zeit dt legt die Lichtwelle den Weg dx = cdt zurück, c ist die Lichtgeschwindigkeit. Die Abnahme dI längs dieses Weges ist somit:

$$\left.\frac{dI}{dx}\right|_{abs.} = -\frac{1}{c}\, I_0\, n_1\, B_{12} \qquad (1.4)$$

Integriert man 1.4 so ergibt sich das bekannte Beer'sche Absorptionsgesetz

$$I = I_0 \exp\left(-n_1 B_{12}\, x/c\right) \qquad (1.5)$$

Dabei ist $\dfrac{n_1 B_{12}}{c}$ gleich dem Absorptionskoeffizienten $\alpha$.

Man sollte somit die Absorption von Licht durch Materie korrekterweise als stimulierte Absorption bezeichnen, denn die einfallende Lichtwelle der richtigen Frequenz erzwingt (stimuliert) den Übergang vom Grundzustand 1 in einen angeregten Zustand 2 der Materie. Dabei vermindert sich die Besetzung $n_1$ des Grundzustandes und $n_2$, die Besetzungszahl des angeregten Zustandes, wird größer. Die Lichtwelle der Frequenz $\nu_{12}$ kann jedoch in gleicher Weise Übergänge von 2 nach 1 induzieren, wie sie Übergänge von 1 nach 2 induziert, wichtig ist in diesem Bilde nur die Energieresonanz. Bei diesem Vorgang, und dies ist nun entscheidend, *wird die Lichtwelle verstärkt*. Dieser Prozeß ist es, der induzierte (stimulierte, erzwungene) Emission genannt wird. *Stimulierte Emission ist also die Umkehrung der Absorption.* Fragt man, ob eine mit Materie wechselwirkende Lichtwelle verstärkt oder geschwächt wird, muß man die Bilanz beider konkurrierender Prozesse ziehen:

$$I = I_0 \exp\left[(n_2 - n_1)B_{12} x/c\right] \tag{1.6}$$

Dabei wurde die von Einstein bewiesene Relation $B_{21} = B_{12}$ benutzt. Das Vorzeichen der Exponentialfunktion wird durch die Differenz der Besetzungszahlen $n_2 - n_1$ bestimmt. Im thermischen Gleichgewicht wird $n_1 > n_2$ und damit $n_2 - n_1$ immer negativ sein; also wird die Lichtwelle geschwächt werden. Sollte es jedoch auf irgendeine Weise gelingen, 2 relativ zu 1 stärker zu besetzen, würde die Lichtwelle in der Materie verstärkt werden, und dies sogar exponentiell mit dem zurückgelegten Weg x und der Überbesetzungsdichte $n_2 - n_1$. Der Exponentialfaktor $g = (n_2 - n_1)B_{12}/c$ in (1.6) wird auch Nettogewinn oder differentielle Verstärkung (englisch: gain) genannt.

Starkes Pumpen mit Licht der Frequenz $\nu_{12}$ ist nun sicherlich kein Weg, um eine Überbesetzung von 2 relativ zu 1 zu erreichen. Denn mit zunehmender Besetzung von 2 wird immer weniger Licht absorbiert und im Grenzfall sehr starker Lichtintensität wird die Materie transparent für die Frequenz $\nu_{12}$ (induzierte Transparenz). Es liegt dann eine Gleichbesetzung der Niveaus 1 und 2 vor.

Bevor wir zeigen, wie man ein energetisch höheres Niveau überbesetzen kann, noch ein Wort zu dem geläufigeren Prozeß der spontanen Emission. Die Rate der spontanen Emission ist unabhängig von der Intensität einer eventuell bereits vorhandenen Lichtwelle der richtigen Frequenz. Der Prozeß ist rein statistischer Natur und hängt nur von der Besetzungszahl $n_2$ ab. Es gilt

$$\left.\frac{dI}{dt}\right|_{\text{spont. Em.}} = A_{21} n_2 \tag{1.7}$$

Dabei ist $A_{21}$ der Einsteinkoeffizient der spontanen Emission. Die Koeffizienten $A_{21}$ und $B_{21}$ [*] sind nicht unabhängig voneinander, sondern gehorchen der Relation

$$B_{21} = \frac{c^3}{8\pi \nu_{12}^2} A_{21} \tag{1.8}$$

wobei c die Lichtgeschwindigkeit ist. Beide Emissionsprozesse, der spontane und der stimulierte, konkurrieren bei der Entleerung des besetzten Energieniveaus 2. Wie wir aus (1.8) erkennen, vermindert sich mit zunehmender Frequenz die stimulierte Emission stark relativ zur spontanen Emission.

---

[*] Die Definition von $B_{21}$ entspricht nicht genau der „historischen" Definition von Einstein.

Es ist deshalb wesentlich einfacher, im Infraroten Lichtverstärkung durch stimulierte Emission zu erhalten als im Ultravioletten. Der Anteil der stimulierten Emission $dI/dt_{stim\ Em.}$ steigt andererseits mit zunehmender Intensität $I_0$ der Lichtwelle der Frequenz $\nu$ im *Resonator* relativ zur spontanen Emission, deren Rate von $I_0$ unabhängig ist. Der vom Reflexionsvermögen der Spiegel abhängigen Eigenschaft des optischen Resonators, eine Lichtwelle hoher Energiedichte über möglichst lange Zeit zu speichern, kommt somit eine entscheidende Bedeutung bei. Der Einsteinkoeffizient $A_{21}$ ist in unserem Modell gleich dem reziproken der Lebensdauer $\tau_2$ des Zustandes 2. Falls keine anderen als strahlende Übergänge zwischen 2 und 1 möglich sind, kann $\tau_2$ aus quantenmechanischen Beziehungen errechnet werden.

Wir sahen, daß eine Lichtwelle in Materie verstärkt werden kann, wenn es gelingt, eine Besetzungsinversion des energetisch höher liegenden Zustandes eines optischen Überganges relativ zu dem energetisch tiefer liegenden zu erzeugen. Eine solche Inversion kann in der Praxis erzeugt werden, da die Energieniveaustruktur von Materie sehr viel reichhaltiger ist, als in dem von uns diskutierten einfachen 2-Niveaumodell. In einem 3- oder 4-Niveausystem ist es bereits möglich, eine Besetzungsinversion zu erhalten. Viele bekannte Laser lassen sich in der Tat mit solchen, ebenfalls noch einfach zu übersehenden Systemen beschreiben.

Betrachten wir zuerst ein 3-Niveausystem. Wohl gibt es nur einen Laser von praktischer Bedeutung, den Rubinlaser, der damit beschrieben werden kann. Doch ist dies einer der für technische Anwendungen interessantesten Laser und der erste Laser überhaupt, der erfolgreich arbeitete.

Bild 1.4 zeigt das Schema eines 3-Niveaulasers. Aus dem Zustand 1 wird ein Zustand 3 angeregt, welcher energetisch über dem Laserausgangsniveau 2 liegt. Die Lebensdauer $\tau_3$ des angeregten Zustandes 3 soll nun äußerst gering sein und im wesentlichen durch Übergänge in den Zustand 2 bestimmt werden. Dann wird die mittlere Besetzung $n_3$ von 3 gering sein, und folglich nur eine vernachlässigbare stimulierte Emission zu 1 auftreten. Die Lebensdauer des Zustandes 2 soll demgegenüber sehr lang sein (bei Rubin ist $\tau_2 \simeq 10^4\ \tau_3$). Bei starkem Pumpen ist es dann möglich, den Zustand 2 relativ zu 1 überzubesetzen mit dem Umweg über den Zwischenzustand 3. Dann gilt

$$\frac{n_2}{n_1} = W_{13}\tau_2 > 1 \qquad (1.9)$$

d. h. die Pumprate $W_{13}$ ist größer als die Rekombinationsrate $\dfrac{1}{\tau_2}$ für den Übergang 2 nach 1 (wobei wir annehmen, dies sei der einzig existierende Zerfallsweg). Praktisch hat man dies Ziel bei Rubin realisieren können, da Zustand 3 ein breites Energieband mit einem großen Absorptionskoeffizienten

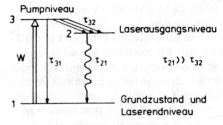

a. Drei - Niveau - System

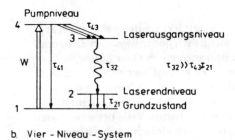

b. Vier - Niveau - System

Bild 1.4:
Pump-, Relaxations- und Emissionsprozesse eines 3-Niveausystems (a) und eines 4-Niveausystems (b). $\tau$ ist die reziproke Übergangswahrscheinlichkeit eines Übergangs.

ist, und der Übergang $2 \rightarrow 1$ in erster Näherung „verboten" ist. Daraus resultiert die lange Lebensdauer. Immerhin müssen bei einem 3-Niveaulaser jedoch mehr als 50 % aller Atome in den angeregten Zustand versetzt werden, um eine Besetzungsinversion relativ zum Endniveau des Laserüberganges zu erhalten — eine im allgemeinen sehr unbequeme Bedingung.

Man nutzt deshalb in allen anderen Fällen von praktischer Bedeutung 4-Niveausysteme (siehe Bild 1.4b). Bei diesen entspricht das Laserendniveau nicht dem Grundzustand 1 des Atoms. Die Lebensdauern des energetisch höchsten Niveaus 4 und nun auch des Niveaus 2 sollen sehr kurz sein für Übergänge nach 3 bzw. 1. Dann sammeln sich wiederum Atome im langlebigen Zustand 3 an, der jedoch nun schon bei geringer Besetzung relativ zu 2 übersetzt ist. Dabei ist das Besetzungsverhältnis der Zustände 2 und 3 unabhängig von der Pumpdichte. Es hängt nur von den Lebensdauern $\tau_{32}$ und $\tau_{21}$ ab.

$$\frac{n_3}{n_2} = \frac{\tau_{32}}{\tau_{21}} \tag{1.10}$$

Wir sahen jedoch bereits, daß die Verstärkung eine exponentielle Funktion der Besetzungszahldifferenz $n_3 - n_2$ und nicht des Verhältnisses $n_3/n_2$ ist.

8

Man erhält für die Besetzungszahldifferenz

$$n_3 - n_2 = W\,n_1\,(\tau_{32} - \tau_{21}) \tag{1.11}$$

wobei W wiederum die pumpinduzierte Übergangsrate von 1 nach 4 ist. Die Bedingungen (1.10) und (1.11) lassen sich relativ schnell aus den Bilanzgleichungen der einzelnen Niveaus für den Gleichgewichtsfall $\dfrac{dn_\nu}{dt} = 0$, $\nu = 1 - 4$, herleiten.

Nachdem wir gezeigt haben, daß in Materie unter bestimmten Bedingungen Licht verstärkt werden kann, wenden wir uns im nächsten Abschnitt den Eigenschaften optischer Resonatoren zu. Erst die durch den Resonator bewirkte Rückkopplung des im aktiven Material verstärkten Lichts läßt einen Lichtoszillator und damit einen Laser entstehen.

## 1.3 Die Rückkopplung im optischen Resonator

Der optische Resonator eines Lasers (auch cavity genannt) wird gebräuchlicherweise durch zwei hochreflektierende Spiegel gebildet. Diese Spiegel stehen einander so gegenüber, daß das zwischen ihnen reflektierte Licht einen möglichst langen Weg durch das aktive Material nimmt (siehe Bild 1.1). Auf diese Weise werden die exponentiellen Verstärkungseigenschaften des Materials mit dem Weg genutzt (vergleiche Formel (1.6)).

Eine Lichtwelle beliebiger Wellenlänge, welche zwischen zwei zu 100 % reflektierenden Spiegeln verlustfrei hin und her läuft, wird sich im allgemeinen durch Interferenz auslöschen. Eine stehende Welle wird in diesem Resonator für Wellenlängen auftreten, für welche die Resonatorlänge L gleich einem ganzzahligen Vielfachen q der halben Wellenlänge $\lambda/2n$ im Material mit dem Brechungsindex n ist.

$$L = q\,\frac{\lambda}{2n} \tag{1.12}$$

Man nennt diese stehenden Wellen die longitudinalen Eigenschwingungen oder Moden des optischen Resonators und klassifiziert sie nach der ganzen Zahl q. So zeigt Bild 1.5 die 3. und 4. longitudinale Mode eines optischen Resonators. Aus der Bedingung für die Lichtgeschwindigkeit v

$$v = \frac{c}{n} = \nu\,\frac{\lambda}{n} \tag{1.13}$$

(c = Lichtgeschwindigkeit im Vakuum)

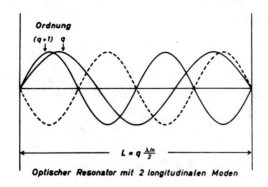

**Ordnung**
$(q+1)$  $q$

$L = q \frac{\lambda/n}{2}$

Optischer Resonator mit 2 longitudinalen Moden

Bild 1.5:
Optischer Resonator mit der
dritten und vierten longitudinalen Eigenschwingung

ergibt sich für die Frequenz $\nu$ der longitudinalen Mode:

$$\nu = q \frac{c}{2Ln} \qquad (1.14)$$

Daraus folgt, daß die Eigenschwingungen des Resonators in der Frequenz
äquidistant sind. Der Frequenzunterschied benachbarter Eigenschwingungen
ist:

$$\Delta\nu = \frac{c}{2Ln} \qquad (1.15)$$

Mit zunehmender Resonatorlänge wird das Spektrum der longitudinalen Moden
dichter. Eine Lichtwelle, welche durch stimulierte Emission entsteht, wird somit
im optischen Resonator nur dann verstärkt, wenn ihre Frequenz mit einer Eigen-
frequenz des optischen Resonators zusammenfällt. Meist ist dies jedoch kein
Problem, da sehr viele Eigenschwingungen verschiedener longitudinaler Ordnung
des Resonators innerhalb der Floureszenzlinie liegen (Bild 1.6).

Ein konkretes Beispiel für longitudinale Moden eines Halbleiterlasers gibt Bild
1.7. Zahl und Intensität der einzelnen Moden ist offensichtlich eine Funktion der
Pumpleistung und damit der Verstärkung. Laser, welche im kontinuierlichen
Betrieb nur mit geringer Verstärkung arbeiten emittieren auch nur wenige Lingi-
tudinalmoden. Ein Beispiel hierfür ist der He-Ne-Gaslaser (siehe Kapitel 1.6.3).

Da die optische Resonatorlänge als Funktion der Temperatur, des Drucks,
mechanischer Erschütterungen etc. schwankt, ist die Frequenz der einzelnen
Moden des Lasers entsprechenden Schwankungen unterworfen. Man kann freilich mit einigem Aufwand z. B. He-Ne-Laser so stabilisieren, daß eine Frequenzstabilität von $\Delta\nu = 1$ MHz erreicht wird.

10

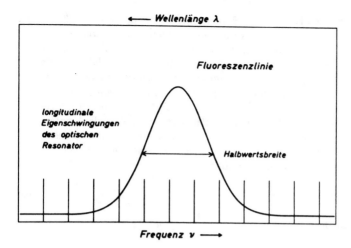

Bild 1.6: Schema einer Fluoreszenzlinie und der in der Frequenz äquidistanten Eigenschwingungen eines Resonators.

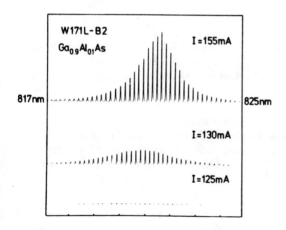

Bild 1.7: Spektrum der longitudinalen Eigenschwingungen eines Doppelhetero-struktur-Halbleiterlasers im Bereich 817 nm – 825 nm für 3 verschiedene Ströme I.

Die in Bild 1.5 gezeigten Knoten und Bäuche einer stehenden Welle stellen die sich zeitlich ändernde Feldstärkeverteilung des (elektrischen oder magnetischen) Feldes der (elektromagnetischen) Lichtwelle in Abhängigkeit von der Ausbreitungsrichtung des Lichtes dar. Die Lichtwelle besitzt in gleicher Weise eine Feldstärkeverteilung in den Ebenen senkrecht zur Ausbreitungsrichtung. Die hierfür existierenden Eigenschwingungen des Resonators nennt man transversal elektromagnetische Moden, abgekürzt $TEM_{mn}$, wobei der Index m die Zahl der Knoten in der x-Richtung und der Index n die Zahl der Knoten in der y-Richtung gibt. Der Grundmode der transversalen Richtung ist der $TEM_{oo}$-Mode. Er hat die mathematische Form einer zweidimensionalen Gausskurve. Hier ist die Feldstärke gegeben als

$$E(x, y) = E \frac{w_0}{w} \exp\left(-\frac{2r^2}{w^2}\right) \tag{1.16}$$

wobei w die Größe des Radius des Strahls ist. Er ist definiert durch

$$w = w_0 \left[1 + \left(\frac{\lambda z}{\pi n w_0^2}\right)^2\right]^{1/2} \tag{1.17}$$

$w_0$ ist der Radius der Taille des Strahls. Für die konfokale Spiegelanordnung hat $w_0$ die besonders einfache Gestalt

$$w_0 = \sqrt{\frac{L\lambda}{2\pi n}} \tag{1.18}$$

In diesem Fall wird

$$w = w_0 \sqrt{1 + \left(\frac{2z}{L}\right)^2} \tag{1.19}$$

Dabei wird die Längskoordinate z immer von der Taille des Strahls aus gerechnet. Für nicht-konfokale Anordnungen hängt $w_0$ von den Spiegelradien ab. Der Radius der Mode ist definiert als der Abstand von der Modenmitte, an dem die Intensität ($\sim$ dem Quadrat der Feldstärke) auf $1/e^2$, also auf etwa 13 % der des Wertes in der Mitte abgesunken ist. Aus den Gleichungen (1.17) und (1.19) ergibt sich, daß der Radius des Laserstrahls ausgehend von der Taille sich erweitert. Die Feldstärkeverteilung ist sich jedoch immer ähnlich. Ein derartiges Lichtbündel mit sich erweiterndem Gauss'schen Querschnitt wird Gauss'scher Strahl genannt. Außerhalb des Resonators hat der Laser im Grundmode einen vollen Öffnungswinkel.

$$\delta = \lim_{z \to \infty} \frac{w(z)}{z} = \frac{2\lambda}{\pi n w_0} \tag{1.20}$$

Dieser Öffnungswinkel entspricht dem aus der klassischen Beugungstheorie folgenden, wenn wir eine Welle an einer Lochblende mit dem Radius der Strahltaille beugen. Aus (1.18) und (1.20) folgt das interessante Ergebnis, daß der Öffnungswinkel eines Lasers unter sonst gleichen Bedingungen mit $\lambda$ zunimmt.

Langwellige Laser sind somit also immer divergenter als kurzwellige.

Transversale Moden höherer Ordnung spielen in der Praxis keine große Rolle, da sich ihr Radius w und ihr Öffnungswinkel $\delta$ um den Faktor $(2m + 1)^{1/2}$ vergrößert. Man kann höhere transversale Moden sehr einfach durch das Einfügen einer Irisblende in den inneren Strahlengang unterdrücken.

Nach dieser Diskussion der Wechselwirkung von Strahlung mit einem optischen Resonator wird nun auf optimalen Aufbau eines Resonators und darin entstehende Verluste eingegangen. Die von uns bisher diskutierte Resonatoranordnung bewirkt eine Ausrichtung des Lichts. Denn nur Strahlen, welche etwa in Richtung der Verbindungsachse der beiden Spiegel laufen, haben eine Möglichkeit, auf einen der Spiegel zu treffen, reflektiert zu werden und damit im Resonator zu verbleiben. Um eine Laseroszillation entstehen zu lassen, muß der Resonator möglichst verlustfrei sein. Dies bedeutet u.a., daß alle auf einen Spiegel fallende Strahlen so reflektiert werden müssen, daß sie auf den gegenüberliegenden Spiegel treffen. Daraus ergibt sich sofort eine Bedingung für den Krümmungsradius der beiden Spiegel: Entweder der Krümmungsmittelpunkt des einen Spiegels oder der Spiegel selbst müssen zwischen dem anderen Spiegel und seinem Krümmungsmittelpunkt liegen. Die beiden gerade noch stabilen Grenzfälle, welche sich aus dieser Bedingung ergeben, sind die planparallele Fabry-Perot-Anordnung und die konzentrische Anordnung mit $R = \dfrac{L}{2}$.

Bild 1.8 zeigt diese beiden Anordnungen und die besonders stabile und leicht zu justierende konfokale und die hemisphärische Anordnung. Bei stabilen Resonatoren wird das nutzbare Laserlicht über einen geringfügig durchlässigen Spiegel ausgekoppelt.

Bei Hochleistungslasern (z. B. $CO_2$, YAG:Nd) werden zunehmend instabile Resonatoren eingesetzt. Die über die Spiegelberandung austretende im Nahfeld kreisringförmige Lichtleistung stellt hier die Laserausgangsleistung dar. Mit einer konfokalen Anordnung läßt sich ein paralleler Laserstrahl erzeugen (siehe Bild 1.9).

Es gibt eine ganze Reihe von Gründen für „Verluste" im Resonator. Einer davon ist der nur teilweise reflektierende Auskoppelspiegel, der den nutzbaren Anteil des Laserlichts durchläßt. Die gesamten Verluste eines Resonators kann man durch eine Abklingkonstante $\tau_A$ charakterisieren, welche angibt, in welcher Zeit die Laserintensität nach dem Abschalten der Verstärkung auf $\dfrac{1}{e}$ gefallen ist.

$$\left(\frac{dI}{dt}\right)_A = -\frac{I}{\tau_A} \qquad (1.21)$$

13

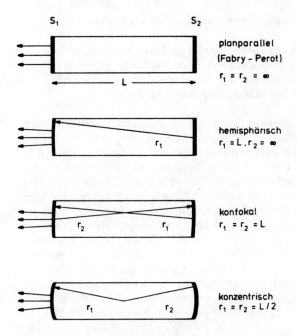

Bild 1.8: Die beiden Grenzfälle stabiler Resonatoranordnungen: die sphärische und die Fabry-Perot-Anordnung, und zwei besonders stabile Anordnungen: die hemisphärische und die konfokale Anordnung.

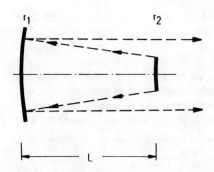

Bild 1.9: Konfokaler instabiler Resonator

Der Zusammenhang zwischen der Zeitkonstante $\tau_A$ und der Güte Q (Q von quality) des Resonators ist

$$Q = 2 \pi \nu \tau_A \qquad (1.22)$$

wobei $\nu$ die Laserfrequenz ist.

Ein stabil arbeitender Laser ist dadurch gekennzeichnet, daß eine zwischen den Spiegeln hin und her laufende Welle weder verstärkt noch abgeschwächt wird. Dann müssen die Verluste durch die Verstärkung genau kompensiert werden. Nach (1.3) und (1.6) gilt für die Zunahme der Intensität durch stimulierte Emission im 4-Niveausystem:

$$\left( \frac{dI}{dt} \right)_{st} = I\, B_{32}\, g(\nu)\, (n_3 - n_2\, \frac{g_3}{g_2}) \qquad (1.23)$$

Hier haben wir noch die Linienformfunktion $g(\nu)$ eingeführt, um der endlichen Breite der Niveaus des Laserübergangs gerecht zu werden ($g(\nu)\, d\nu = 1$). $g_3$ und $g_2$ sind die Entartungsgrade der Niveaus 3 und 2. Die Bedingung für das Anschwingen der Oszillation ist dann:

$$\left( \frac{dI}{dt} \right)_{st} + \left( \frac{dI}{dt} \right)_{A} = 0 \qquad (1.24)$$

woraus als Schwellbedingung für die Oszillation folgt:

$$(n_3 - n_2\, \frac{g_3}{g_2}) = \frac{1}{\tau_A\, B_{32}\, g(\nu)} \qquad (1.25)$$

Dabei ist zu bemerken, daß die Überbesetzungsdichte und damit die Verstärkung während des stabilen Betriebs geringer sein wird als beim Anschwingen. Dies führt beim Einschalten zu Relaxationsoszillationen der Ausgangsleistung.

Bei sehr vielen der heute gebräuchlichen Lasertypen sind die Spiegel des optischen Resonators nicht gleichzeitig die Endflächen des aktiven Materials. Dies ist z. B. bei vielen Gaslasern der Fall, welche durch Fenster abgeschlossen sind. Beim Durchgang durch ein senkrecht zur Lichtausbreitungsrichtung angebrachtes Fenster wird der Strahl jedesmal durch Reflexion geschwächt. Man kann dies zum Teil vermeiden, wenn man die Endflächen des Laserrohrs unter dem Grenzwinkel $\alpha$ der Totalreflexion, dem Brewsterwinkel, ankittet, welcher gegeben wird durch die Bedingung

$$\tan \alpha = n \qquad (1.26)$$

n = Brechungsindex des Fensters

Dann wird das in der Reflexionsebene polarisierte Licht nicht reflektiert und tritt damit ungeschwächt durch das Fenster. Das senkrecht zur Reflexionsebene polarisierte Licht wird dagegen teilweise reflektiert und damit geschwächt. Für diese Polarisationsrichtung sind die Verluste also wesentlich größer. In der Praxis sind aus diesem Grund die aus einem mit Brewsterfenstern versehenen Laser austretenden Strahlen besser als 100 : 1 in der Reflexionsebene des Fensters polarisiert. In Bild 1.1 ist dies die Vertikale in der Papierebene.

Man kann die Verluste an einer exakt planparallel geschliffenen Platte aus z. B. Quarz — einem Etalon — welche bewußt in den Strahlengang gebracht wurde, nutzen. Eine solche Platte teilt den Resonator in mehrere Teilresonatoren auf. Die Resonanzbedingung muß dann für alle Teilresonatoren erfüllt werden. Die geringsten Verluste hat diejenige longitudinale Eigenschwingung, welche die verschiedenen Resonatorbedingungen (siehe 1.12) gleichzeitig am besten erfüllt. Man erhält damit eine zusätzliche Frequenzselektion.

## 1.4 Pulserzeugung

Eine ganze Reihe von Lasern lassen sich nicht im Dauerstrichbetrieb (englisch: cw = continuous wave) betreiben. Häufig ist beispielsweise das aktive Material der thermischen Dauerbelastung nicht gewachsen. Es gibt andererseits eine ganze Reihe von Anwendungen, welche es wünschenswert erscheinen lassen, extrem kurze Pulse oder Pulse hoher Spitzenleistung zur Verfügung zu haben. Die Entwicklung von Methoden zur Erzeugung reproduzierbarer Pulse nimmt deshalb eine wichtige Stellung in der Laserphysik und der nichtlinearen Optik ein. Wir wollen hier auf einige der wichtigsten Methoden eingehen.

Der Resonator bestimmt weitgehend die Ausstrahlungseigenschaften des Laserstrahls. Wir lernten bereits im vorigen Abschnitt den Begriff der Güte Q als Maß für die Resonatorverluste kennen. Der größte Teil der im Augenblick praktizierten Modulationstechniken beruht auf einem gezielten Schalten der Resonatorverluste, also der Güte. Man nennt diese Schalter Güteschalter oder mit dem englischen Ausdruck Q-switch. Die zu Grunde liegende Idee ist sehr einfach. Man hält die Verluste des Resonators künstlich so lange auf einem hohen Niveau, bis eine starke Überbesetzung des Laserausgangszustandes erreicht ist. In diesem Augenblick wird die Güte des Resonators erhöht, die Verstärkung ist nun plötzlich sehr viel größer als die Verluste, und die gesamte in der Materie während des Pumpens gespeicherte Energie wird in einem leistungsstarken Puls abgegeben. Der Witz dieser Methode ist zweifach: Es wird vermieden, daß der Oszillationsvorgang bereits bei einer geringen Überbesetzung beginnt, welche dann auch nicht mehr stark anwächst. Gleichzeitig erhält man meist die Pulse zu einer von außen genau steuerbaren Zeit.

Es gibt eine ganze Menge sehr verschiedener Methoden der Güteschaltung eines Resonators. Man kann sie in passive, aktive mechanische und aktive optische Methoden einteilen. Die wichtigsten davon sollen kurz beschrieben werden.

Eine sehr elegante passive Methode nutzt die Eigenschaften sättigbarer Absorber (z. B. Farbstoffe). Eine Küvette mit einer Farbstofflösung wird in den Strahlengang des Resonators gebracht. Der Farbstoff verhindert das Anschwingen der Oszillation dadurch, daß er die zu Beginn geringe emittierte Lichtintensität absorbiert. Dadurch bleibt Zeit für den Aufbau einer starken Überbesetzung im Laserausgangsniveau. Dies führt zu einer anwachsenden Emission, welche den Absorber sättigt, er wird plötzlich transparent, die Güte des Resonators erhöht sich und ein starker Puls wird frei. Als Farbstoff für den Rubinlaser wird beispielsweise in Aceton gelöstes Cryptocyanin verwandt. Der große Vorteil dieser Methode ist ihre Einfachheit und Billigkeit. Ein gewisser Nachteil liegt darin, daß die Eintreffzeit des Pulses und seine Amplitude etwas variieren (Zeit- und Amplitudenjitter).

Eine ebenfalls einfache aktive mechanische Methode arbeitet mit einem rotierenden Auskoppelspiegel (z. B. Spiegel 2 in Bild 1.1). Dabei rotiert der Spiegel um eine zum Lichtweg senkrechte Achse. Solange die Normale des Spiegels eine große Abweichung von der Laserachse hat, ist die Güte des Resonators sehr schlecht; beim Hereindrehen des Spiegels erhöht sie sich, um dann plötzlich sehr gut zu werden. In diesem Augenblick wird der Laserpuls frei. Man muß — falls mit einer gepulsten „Pumpe" gearbeitet wird — nur die „Pumpe" dergestalt mit der Rotation synchronisieren, daß die Anregung kurz vor dem Hereindrehen des Spiegels in die Parallelstellung geschieht. Die Pulslänge, welche man mit dieser Methode erhält (25 — 50 nsec), ist etwas größer als bei den anderen Methoden.

Die aktiven optischen Methoden beruhen auf elektro-optischen, magneto-optischen oder akusto-optischen Effekten, wie z. B. dem Pockelseffekt und dem Kerreffekt, dem Faradayeffekt, oder dem Braggeffekt. Bei ihrer Anwendung erhält man wesentlich kürzere Pulsdauern als bei den mechanischen Methoden, und die Synchronisation zum Erfassen des Augenblicks maximaler Überbesetzung läßt sich präziser durchführen.

Mit derartigen Güteschaltungen lassen sich Pulsdauern bis zu etwa 8 nsec (Wiederholraten bis zu etwa 50 kHz) und Spitzenleistungen im Gigawattbereich erreichen. Grundlegende Voraussetzung für die Anwendbarkeit einer dieser Methoden ist eine lange Lebensdauer des Laserausgangszustandes. Nur dann kann der beschriebene Speichereffekt eintreten. Die ersten vier Lasermaterialien der nachfolgenden Tabelle erfüllen diese Bedingungen, die letzten drei erfüllen sie nicht.

Tabelle 1.1:  Lebensdauer der Laserausgangsniveaus verschiedener
aktiver Materialien.

| Laser | Wellenlänge ($\mu$) | Lebensdauer ($\mu$ sec) |
|---|---|---|
| $CO_2$ | 10,6 | 4000 |
| $NdP_5O_{14}$ | 1,06 | 66 |
| Nd : YAG | 1,06 | 230 |
| Rubin | 0,69 | 4000 |
| HeNe | 0,63 | 0,1 |
| $Ar^+$ | 0,49 | 0,01 |
| HeCd | 0,33 | 0,26 |

Eine besonders kurze Lebensdauer weisen die Ausgangszustände der für viele
Anwendungen interessante Edelgas-Ionenlaser $Ar^+$, $Kr^+$ und $Xe^+$ auf.
Bei diesen Lasern wendet man zur Pulserzeugung besser Verfahren der Auskoppelmodu-
lation an (englisch: *cavity dumping*). Diese Verfahren lassen eine höhere Wieder-
holfrequenz zu und sind reproduzierbarer als die Güteschaltungen – die endliche
Zeit, die ein Resonator braucht, um eine Oszillation aufzubauen und die zur
Erzeugung der Besetzungsinversion benötigte Zeit setzen eine obere Schranke
für die Wiederholfrequenz einer Güteschaltung.

Bei der Auskoppelmodulation wird der Laser kontinuierlich gepumpt und der
Resonator ist in einem Zustand maximal möglicher Güte. Ein Material hoher
optischer Qualität wie eine Quarzplatte wird mit einem piezoelektrischen Trans-
ducer versehen und in den Strahlengang gebracht. Mit Hilfe dieses elektronisch
gesteuerten Transducers wird eine Schallwelle erzeugt. Diese induziert in dem
optischen Material ein akustisches Beugungsgitter, welches das Laserlicht von der
Resonatorachse wegbeugt und somit die Resonatorverluste sehr groß macht.
Dabei wird ein kurzer Lichtpuls aus dem Resonator ausgekoppelt. Bild 1.10
zeigt den schematischen Aufbau eines Lasers mit Auskoppelmodulation.

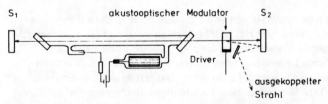

Bild 1.10:  Gaslaser mit akusto-optischem Modulator. Die gestrichelte Linie
zeigt den Lichtweg bei der Auskopplung.

18

Man kann mit dieser Methode ohne weiteres Wiederholraten von mehreren zehn MHz und Pulsbreiten zwischen 7 nsec und CW erreichen. Bei Ionenlasern übertrifft die dann zur Verfügung stehende Pulsspitzenleistung die CW-Leistung um den Faktor 30 – 50. Der große Vorteil ist hier, daß kontinuierlich eine sehr hohe Energiedichte im Resonator hoher Güte gespeichert ist, die beliebig abgerufen werden kann. Man benötigt dazu auch keine großen Spannungen. Optimal ist eine Auskopplung, welche Verluste in der Größe der Summe aller sonstiger Resonatorverluste erzeugt.

Mit den bisher beschriebenen Techniken kann man keine Pulse erhalten, welche kürzer als einige Nanosekunden sind. Für manche Anwendungen (z. B. Kernfusion) ist man an ultrakurzen Pulsen im Picosekundenbereich (1 psec = $10^{-12}$ sec) interessiert, welche hohe Leistungen (eventuell mehrere Gigawatt bis Terrawatt) haben sollen. Die Methode der *Modenkopplung* (mode locking) macht solche Pulse möglich. Diese Methode soll abschließend diskutiert werden.

Normalerweise koexistiert im Laser immer eine ganze Zahl longitudinaler Moden, welche zeitlich voneinander unabhängig sind und zeitveränderliche, statistische Phasendifferenzen aufweisen (siehe Abschnitt 1.3). Sie haben den Frequenzabstand $\Delta \nu = \dfrac{c}{2nL}$ . Man moduliert nun die Güte des Resonators genau mit dieser Frequenz $\nu_m = \dfrac{c}{2nL}$ , z. B. mit einem akustooptischen Modulator. Der reziproke Wert dieser Frequenz ist genau die Zeit, welche die Lichtwelle benötigt, um einmal im Laser umzulaufen. Die Lichtwelle im Resonator nimmt somit die Form hin- und herlaufender Impulse an. Entsprechend besteht die Emission aus einer periodischen Pulsfolge. Durch die Modulation werden Seitenbanden der Eigenschwingung $\nu_0$ mit der größten Verstärkung im Abstand $n\nu_m$ erzeugt. Die Frequenzen $\nu_0 \pm n\nu_m$ fallen natürlich mit den Eigenschwingungen des Resonators zusammen. Im Gegensatz zu unabhängig entstandenen longitudinalen Seitenmoden, sind jetzt jedoch alle Moden in ihrer Phase und Amplitude gekoppelt. Einer Reihe äquidistanter Pulse mit fester Phasenbeziehung im Frequenzraum entspricht als Fouriertransformierte ein kurzer Puls im Zeitraum. Dabei ist die Pulsbreite $\Delta t$ im wesentlichen gleich dem Reziproken der Bandbreite $\Delta \nu$ der spontanen Emissionslinie. Manche Lasermaterialien wie $Nd^{3+}$ : Glas haben sehr große Linienbreiten ($\approx 20$ nm). Hier können u. U. Tausende von longitudinalen Schwingungen gekoppelt werden, wobei gleichzeitig die Leistung sich um den Faktor n der Zahl der gekoppelten Moden erhöht. In Verbindung mit synchronem Pumpen und Pulskompressionstechniken kann man Pulse im Subpicosekundenbereich erhalten. Entsprechende Geräte sind heute kommerziell erhältlich. Ausführliche Darstellungen dieser Methoden findet man in Ref. 5.

## 1.5 Ausstrahlungseigenschaften

Die Ausstrahlungseigenschaften von Lasern sind durch die bei der induzierten Emission erfolgende *phasenrichtige* Verstärkung der elektromagnetischen Welle bestimmt, welche in dem Resonator eine stehende Welle bildet. Ohne Zweifel werden Details, welche letztlich für die Anwendung entscheidend sind, wie Wellenlänge oder Leistungsdichte des Strahls, von Material und Pumpvorgang des spezifischen Lasers abhängen. Doch haben *alle Laser* die *gemeinsame Eigenschaft,* daß sie über eine weit größere zeitliche und räumliche Kohärenz verfügen als klassische Lichtquellen. Dabei versteht man unter zeitlicher Kohärenz, daß die Phase eines Wellenzuges an einem festgehaltenen Ort zu verschiedenen Zeiten $n \cdot \Delta t$ mit $\Delta t = 1/\nu$ ($\nu$: Lichtfrequenz, $n = 0, \pm 1, \pm 2, \pm 3 \ldots$ ) dieselbe ist — keine Phasensprünge auftreten. Damit äquivalent ist, daß bei festgehaltener Zeit die Phasen an verschiedenen Orten $n \cdot \Delta x = n \cdot \lambda$ ($\lambda$: Lichtwellenlänge im Lasermaterial, $n = 0, \pm 1, \pm 2, \ldots$ ) des Wellenzuges dieselben sind. Eine ideale kohärente Welle ist im Raum und in der Zeit unendlich lang. Der tatsächlich erreichte Grad der Kohärenz des Lichtes wird z. B. durch die Kohärenzlänge — die tatsächliche Länge des Wellenzuges über welche die oben angegebene Phasenkorrelation existiert — gemessen. Spontan emittiertes Licht ist weitgehend inkohärent. Es gibt keine festen Phasenbeziehungen zwischen verschiedenen Orten und zu verschiedenen Zeiten. Der Begriff der Kohärenz ist für alle Anwendungen — insbesondere die Interferenzfähigkeit — so wichtig, daß er im Kapitel 2, Abschnitt 2 noch näher diskutiert werden soll.

Die räumliche Kohärenz ermöglicht es, den Laser auf einen Durchmesser zu fokussieren, welche nur durch Beugungseffekte begrenzt wird. Der Durchmesser d eines fokussierten Strahls ist näherungsweise gegeben durch

$$d = \frac{\lambda f}{D} \cdot \frac{1}{\pi} \qquad (1.27)$$

wobei $\lambda$ die Wellenlänge des Lasers, f die Brennweite der Linse und D der Durchmesser des Laserstrahls ist. Nehmen wir als Beispiel einen 1 W Laser der Wellenlänge $10^{-6}$ m, den Strahldurchmesser 2 mm und eine Linse mit F = 2 mm: Im Fokus erhalten wir dann eine Leistungsdichte von über $10^8$ W/cm$^2$! Man kann im Gegensatz zu konventionellen Lichtquellen im Bild wesentlich höhere Leuchtdichten erreichen als sie in der Quelle vorhanden sind. Dies ist entscheidend für die Anwendungen in der Materialbearbeitung. Leistungsdichten von $10^{15}$ W/cm$^2$ werden heute im Impulsbetrieb erreicht.

Die geringe Divergenz des Laserstrahls im TEM$_{oo}$-Mode ermöglicht es, kleine Laser als Richtgeräte kostengünstig im Bau- und Vermessungswesen einzusetzen. Diese Eigenschaft wird auch bei der direkten Nachrichtenübertragung mit Richtstrahlen benutzt.

Die zeitliche Kohärenz ist die Voraussetzung für alle interferometrischen und holographischen Anwendungen. Sie ist eine direkte Folge der hohen Monochromasie (Frequenzgenauigkeit), welche man vor allem bei Geräten erreicht, welche im stabilisierten Einmodenbetrieb arbeiten. Ohne große Schwierigkeiten kann die Frequenz von He-Ne-Lasern z. B. auf 10 kHz stabilisiert werden. Eine Genauigkeit von 10 Hz erfordert schon größere Anstrengungen. Thermische und mechanische Instabilitäten des Resonators setzen hier die Grenze.

## 1.6 Lasertypen

Die zur Zeit gebräuchlichen Laser lassen sich in vier Klassen einteilen. Kriterium für diese Einteilung ist die Kombination von aktivem Material und Pumpmechanismus.

### 1.6.1 Festkörperlaser

Das aktive Material eines Festkörperlasers besteht aus einem einkristallinen Isolator, in dessen Kristallgitter in geringer Zahl Fremdatome wie Chrom oder Neodym eingebaut sind. Diese „Störstellen" sind die wichtigen laseraktiven Atome. Das Wirtsgitter spielt u. U. beim Pumpprozeß eine Rolle. Seit kurzem gibt es auch stöchiometrische Festkörperlaser. Bei ihnen ist das laseraktive Atom Bestandteil der chemischen Verbindung des Wirtsgitters.

Alle diese Laser wurden optisch gepumpt.

Die Absorption des Pumplichts und die Laseremission sind mit Übergängen zwischen elektronischen Niveaus verknüpft.

Die Entwicklung von Pumplichtreflektoren und von speziellen leistungsstarken Lampen spielte eine entscheidende Rolle beim Fortschritt der Festkörperlaser. Um einen möglichst günstigen Wirkungsgrad des Pumplichts zu erhalten, werden häufig einfach- oder doppelelliptische Reflektoren benutzt. Dies sind zylindrische Anordnungen, deren Querschnitt aus einer Ellipse oder einer Doppelellipse besteht. Die Gesetze der Geometrie verlangen, daß alle von einem Brennpunkt einer Ellipse ausgehenden Strahlen am Rande in den zweiten Brennpunkt reflektiert werden. Man stellt also in den einen Brennpunkt eine stabförmige Lampe und in den zweiten Brennpunkt den Laserkristall. Dann wird alles Pumplicht auf den Laserkristall reflektiert, mit Ausnahme des an den Stirnseiten reflektierten Lichts. Andere gebräuchliche Reflektoranordnungen sind rotationselliptische und vierfachelliptische Anordnungen.

Erstaunlicherweise haben sich kommerziell bis heute nur drei Festkörper-Lasertypen durchsetzen können, zu welchen erst vor kurzem ein vierter, der F-Zentrenlaser, gekommen ist. Ein fünfter Typ von Lasern hat gewisse Entwicklungschancen. Drei dieser fünf Typen arbeiten mit demselben aktiven Ion, nämlich Neodym. Der älteste ist der Rubinlaser.

### 1.6.1.1 Rubinlaser

Rubin ist Aluminiumoxid, $Al_2O_3$, welches mit Chrom dotiert wurde. Undotiertes $Al_2O_3$ ist unter dem Namen Saphir bekannt. Die optimale Dotierung scheint bei etwa 0,04—0,05 Gewichtsprozent Chrom zu liegen. Der Rubinlaser ist der einzige in Anwendung befindliche Laser, dessen Wirkungsweise auf dem Drei-Energieniveausystem basiert. Man muß also mehr als die Hälfte aller aktiven Atome anregen, um auch nur die Inversionsschwelle zu erreichen. Doch treffen bei Rubin zwei entscheidend wichtige Materialeigenschaften zusammen. Einerseits besitzt Chrom zwei Pumpbänder, welche sehr breit sind und fast alles Licht vom grünen bis zum violetten Teil des Spektrums absorbieren. Dies ergibt einen hohen Pumplichtwirkungsgrad. Weiterhin hat das Ausgangsniveau des Laserüberganges die extrem hohe Lebensdauer von 3—4 msec, besitzt also eine hohe Speicherfähigkeit. Die Emission von Rubin liegt im roten Teil des Spektrums bei 6940 Å ($\hat{=}$ 1,79 eV). Er ist der einzige Festkörperlaser, der im Sichtbaren emittiert. Rubinlaser arbeiten sowohl im Dauerbetrieb (Leistung bis etwa 2 Watt) als auch gepulst. Modengekoppelte Rubinlaser können Pulse mit Spitzenleistungen im GW-Bereich (1 GW = $10^9$ W) von wenigen psec Dauer erzeugen. Die Puls-Wiederholfrequenz ist jedoch niedrig und liegt im Hz-Bereich. Der Wirkungsgrad liegt bei etwa 1%.

### 1.6.1.2 Neodymlaser

Neodym ist ein Element aus der Gruppe der seltenen Erden. In Yttrium-Aluminium-Granat (YAG) mit der chemischen Formel $Y_3Al_5O_{14}$ tritt es an die Stelle von Yttrium. Nd dotierter YAG hat eine besonders große Bedeutung erlangt, da er einen extrem niedrigen Schwellwert besitzt. Bereits mit normalen Lampen einer Leistung von wenigen hundert Watt erreicht man Laseremission. Diese Laser haben eine extrem hohe Zuverlässigkeit und lassen sich sowohl im Dauerstrichbetrieb (Leistung bis zu 600 W bei kommerziellen Geräten und mehr als 1 kW im Labor), als auch gepulst betreiben. (Die typischen Pulsenergien kommerzieller Geräte liegen unter 1 Joule (s. Tabelle 1.2).) Der Wirkungsgrad liegt bei etwa 3 %. Die Lebensdauer $\tau_A$ des Laserausgangsniveaus ist dotierungsabhängig und liegt für 1 % Dotierung bei etwa 250 $\mu$sec. Damit liegt die maximale Wiederholfrequenz f im Q-switch-Betrieb bei < 4 kHz, (f $\simeq \dfrac{1}{\tau_A}$ ), falls man sich nicht mit eingeschränkter Spitzenleistung zufrieden geben will. Die

Emission von Nd : YAG liegt im Ultraroten bei 1,06 $\mu$. Bei Verwendung spezieller Spiegel ist es möglich, auch Laserübergänge bei etwas kürzeren und etwas längeren Wellenlängen zu erhalten. Der Nachteil des YAG resultiert aus der Schwierigkeit, große Kristalle zu ziehen, welche die gewünschte optische Homogenität haben. Dies hat darüber hinaus einen hohen Preis der Laserstäbe zur Folge. Da die Ausgangsleistung auch eine Funktion der Kristallgröße ist, lassen sich mit Nd : YAG keine extremen Hochleistungslaser bauen.

Dies ist jedoch mit Nd-dotiertem Glas möglich, welches mit guter optischer Qualität in großen Stücken leicht herstellbar ist. Anstelle eines regulären Kristallgitters ist der Wirt nun eine quasi-amorphe, in Erstarrung befindliche Flüssigkeit. Die Laseremission findet bei derselben Wellenlänge wie im YAG statt, doch ist die Linie wegen der irregulären Umgebung auf 10—20 nm verbreitert. Dies birgt unschätzbare Vorteile für den Hochleistungspulsbetrieb. Die große Linienbreite erlaubt die Koexistenz einer großen Zahl longitudinaler Moden. Mit Mode-locking kann man dann leicht Pulse im psec-Bereich mit Spitzenleistungen bei GW erhalten. Mittels blitzlampengepulster Nd-Glaslaser mit nachgeschaltetem sättigbarem Absorber — eine technisch sehr einfache Anordnung — lassen sich sehr kurze 5 ps-Pulse einer Spitzenleistung von $10^{10}$ W und einer Pulsenergie von 50 mJ erreichen. Die Spitzenleistung liegt bei dieser Anordnung etwa einen Faktor 10 höher als bei YAG-Lasern. Letztere können in dieser Anordnung andererseits bei Wiederholraten bis 50 Hz arbeiten, so daß die *mittlere* Ausgangsleistung um diesen Faktor höher ist. In neuesten Hochleistungslaser-Entwicklungen gelang es, 1 ns Pulse einer Energie von 50 kJ und einer Spitzenleistung von $5 \cdot 10^{13}$ W zu erzielen. Mit mehreren hintereinandergeschalteten Glasstäben erhält man noch höhere Leistungen. Nd-Glaslaser sind mit die leistungsstärksten Laser überhaupt. Die geringe thermische Belastbarkeit von Glas verhindert jedoch einen Einsatz im Dauerbetrieb. Die maximale Repetitionsrate liegt bei 1 Hz.

Die Emission sowohl der YAG- als auch der Glaslaser ist aufgrund der hohen Spitzenleistung im Pulsbetrieb hervorragend zur Frequenzvervielfachung mit guter Ausbeute geeignet. Dabei wird die Emission dieser Laser auf nicht linear optische Kristalle wie KDP fokussiert. Aufgrund der quadratischen, kubischen usw. Terme der Polarisierbarkeit dieser Materialien werden höhere Harmonische emittiert. Deren Wellenlängen liegen dann im Grünen bei 532 nm oder im UV bei 355 nm oder 266 nm. Insbesondere bei YAG-Lasern gibt es eine Vielzahl verschiedenster Typen, welche unterschiedlichsten Anforderungen angepaßt sind. Einen beispielhaften tabellarischen Überblick über einige Typen eines französischen Herstellers und deren Spezifikationen gibt Tabelle 1.2. Die einzelnen Typen unterscheiden sich noch durch eine Reihe weiterer hier nicht aufgeführter Eigenschaften.

Tabelle 1.2: Emissionseigenschaften verschiedener Nd:YAG Laser eines französischen Herstellers

| Parameter | Einheit | Bedingung | Wellenlänge (nm) | YG 441 | YG 442 | YG 471 | YG 472 | YG 482 |
|---|---|---|---|---|---|---|---|---|
| Energie pro Puls | mJ | 10 pps Q-switched 3 – 15 ns | 1064 | 280 | 1000 | 250 | 600 | 1500 |
| | | | 532 | 110 | 400 | 100 | 240 | 650 |
| | | | 355 | 45 | 160 | 35 | 90 | 210 |
| | | | 266 | 20 | 80 | 15 | 35 | 100 |
| | | 10 pps mode-locked 30 ps | 1064 | | | 10 | 60 | |
| | | | 532 | | | 4 | 25 | |
| | | | 355 | | | 1,2 | 10 | |
| | | | 266 | | | 0,6 | 4 | |

Einige Entwicklungen der letzten 10 Jahre haben gezeigt, daß Nd auch in stöchiometrischen Verbindungen laseraktiv bleiben kann. Ein Beispiel hierfür ist $NdP_5O_{14}$, Neodympentaphosphat. In einer stöchiometrischen Verbindung hat man eine sehr hohe Konzentration von aktiven Atomen. Die Schwelleistung beim Pumpen mit einer monochromatischen Lichtquelle liegt im $NdP_5O_{14}$ und ähnlichen Verbindungen unter 1 mW. Dies ist die niedrigste bekannte Schwelleistung aller Laser überhaupt.

Neben Nd gibt es noch eine große Zahl anderer seltener Erden in den verschiedensten Wirtskristallen (z. B. Dy, Sm, Ho in $CaF_2$, $CaWoO_4$ etc.), welche laseraktiv sind. Sie haben — außer bei gewissen militärischen Anwendungen — bisher keine große industrielle Bedeutung erlangt.


### 1.6.1.3 Farbzentren-Laser

Der Wirtskristall eines Farbzentren-Lasers, der jüngsten und vielversprechensten Entwicklung der Familie der Festkörperlaser, ist ein Alkalihalogenidkristall wie z. B. KCl, RbCl oder KF. Durch Röntgenbestrahlung und/oder Eindiffusion von Alkaliatomen werden Halogenleerstellen erzeugt, welche von Elektronen besetzt werden können. Diesen Defekttyp nennt man F-Zentrum. Ist ein dem Elektron benachbartes Atom eine Alkalistörstelle (z. B. Li in KCl), so nennt man den Gesamtkomplex $F_A$-Zentrum. $F_A$, diesem ähnliche $F_B$- und $F_2$-Zentren sind für Laserzwecke besonders geeignet. Charakteristisch für die Zentren sind breite Absorptionsbanden im Sichtbaren oder nahen IR. Gepumpt wird mit Blitzlampen oder Edelgas-Ionenlasern. Eine einzigartige Eigenschaft dieser Laser ist es, daß sie eine breitbandige Emission im nahen IR besitzen. Der von verschiedenen Alkalihalogeniden überdeckte Spektralbereich liegt z. Zt. zwischen 0,8 $\mu$m und 3,5 $\mu$m. Mittels eines dispersiven Elements im Resonator — z. B. einem Gitter — kann die Emission eines einzelnen Lasers pro Kristall kontinuierlich um 150 nm bis 600 nm verschoben werden. Dies ist für viele Anwendungen von Interesse. Die Laser können sowohl kontinuierlich mit einigen 10 mW Ausgangsleistung wie gepulst betrieben werden. Vor Betriebsaufnahme müssen die Kristalle, welche in einem Dewar sitzen, auf die Temperatur des flüssigen Stickstoffs (77 K) abgekühlt werden. Bei Zimmertemperaturbetrieb würden sie zerstört werden. Kommerzielle Lasersysteme benutzen heute $F_A$-Zentren in KCl : Li, KCl : Na und RbCl : Li (Emission bei 2,3 — 3,3 $\mu$m) und besitzen einen Wirkungsgrad von einigen Prozent. Höhere Wirkungsgrade haben $F_2^+$-Zentren in KF, KCl und NaCl (Emission bei 1,25 — 1,77 $\mu$m), welche jedoch schwieriger zu betreiben sind.

## 1.6.2 Farbstofflaser

Der Deutsche F. P. Schäfer demonstrierte bereits 1966 die Durchstimmbarkeit eines Farbstofflasers. Eine konzentrierte Suche nach neuen Farbstoffen (Dyes) setzte in den 70er Jahren ein[8]. Dyelaser haben in den letzten Jahren eine sehr schnelle Entwicklung durchgemacht und einen Durchbruch bei den verschiedensten Anwendungen erlebt. Das aktive Medium ist eine wässrige oder alkoholische Lösung des Farbstoffes. Ihr Hauptmerkmal ist die extrem große Linienbreite der spontanen Emission (bis zu 1000 Å). Sie sind somit ähnlich wie F-Zentrenlaser gänzlich untypische Laser. Wenn man ein dispersives Element wie z. B. ein Prisma oder ein Gitter in den Strahlengang des Resonators bringt, kann man den Laser damit fast über den ganzen Fluoreszenzbereich abstimmen. Darauf und auf die Unzahl bekannter Farbstoffe, deren Emission in Verbindung mit nichtlinear optischen Bauelementen sich vom UV bei 195 nm bis ins IR bei 5 $\mu$m erstreckt, stützt sich das große Interesse. Fast alle im sichtbaren und nahen IR emittierenden Dyes lassen sich heute kontinuierlich betreiben. Ihre Ausgangsleistung liegt im mW- bis W-Bereich, je nach Bauart und Pumplichtquelle. Sie haben einen hohen Wirkungsgrad (bis zu 25 %) und werden entweder mit anderen Lasern (z. B. Argon- oder YAG-Lasern) oder mit Lampen gepumpt. Auch ihr Preis ist interessant —1 g eines Dyes (z. B. Rhodamin 6G) ist ausreichend für eine Füllung und kostet z. Zt. 20,— DM.

Tabelle 1.3 gibt einen kleinen Überblick über einige Farbstoffe und die spektrale Lage ihrer Emission. Tabelle 1.4 vergleicht die Charakteristika von kontinuierlich gepumpten mit gepulsten Farbstofflasern, wobei die gepulste Lichtquelle eine Blitzlampe, ein Exzimer-Laser oder ein YAG-Laser ist (Quelle: Laser Focus Bayer's Guide).

## 1.6.3 Gaslaser

Das aktive Medium ist ein Gas oder ein Metalldampf. Häufig besteht es aus mehreren Komponenten. Der wichtigste Anregungsmechanismus ist die elektrische Entladung. Dabei befindet sich das Gas in einer Röhre, welche meist mit Brewsterfenstern abgeschlossen ist (siehe Bild 1.10). An den beiden Enden befinden sich Elektroden, zwischen denen eine Hochspannung angelegt wird. Im elektrischen Feld werden Elektronen beschleunigt. Die dabei aufgenommene kinetische Energie wird bei Stoßprozessen wieder abgegeben und dient zur Anregung der laseraktiven Atome oder Moleküle. Häufig werden Überträgerprozesse benutzt, bei denen ein bestimmtes Atom oder Molekül einen besonders großen Wirkungsquerschnitt für die Anregung besitzt, jedoch selbst nicht laseraktiv ist. Über weitere Stoßprozesse wird die Energie dann an das laseraktive Atom oder Molekül transferiert. Die beim Laserübergang beteiligten Energieniveaus sind keineswegs immer elektronischer Natur, sondern häufig

Tabelle 1.3: Einige der heute gebräuchlichsten Farbstoffe

| Farbstoff | Emissionsbereich (nm) |
|---|---|
| PTB | 341 – 356 |
| PPO | 357 – 391 |
| PBD | 355 – 415 |
| Umbelliferon 47 | 391 – 567 |
| Carbostyryl 3 | 415 – 490 |
| Coumarin 47 | 440 – 506 |
| Umbelliferon 48 | 447 – 569 |
| Rhodamin 590 (6G) | 540 – 640 |
| Rhodamin 610 (B) | 580 – 655 |
| Cresylviolett | 644 – 709 |
| Nilblau | 692 – 783 |
| Cyanin 22 | 760 – 812 |
| DTTC-Jodid | 808 – 889 |
| DDC-Jodid 4 | – 930 – |
| Xenocyanin | – 1000 – |
| Tetracyanin | – 1100 – |

auch Schwingungs- oder Rotationszustände. Die Wellenlängen der entsprechenden Laseremissionen verschiedener Gase reichen vom UV ($H_2$-, $N_2$-Laser, Edelgasionenlaser) über den Submillimeterbereich (HCN, DCN) bis in den Millimeterbereich. Es gibt eine solche große Zahl von Gaslasern, welche auch eine – häufig wissenschaftliche – Anwendung finden, daß es den Rahmen dieses Buches sprengen würde, sie alle zu diskutieren. Es sei auf das Tabellenwerk von Beck, Englisch und Gürs verwiesen, welches 6100 verschiedene Laserübergänge zwischen 0,110 μm und 1991 μm auflistet. Wir beschränken uns hier auf die vier Laserarten, welche bei den später diskutierten Anwendungen zum Einsatz kommen.

### 1.6.3.1 He-Ne-Laser

Der He-Ne-Laser war der erste kontinuierliche und der erste Gaslaser überhaupt, welcher 1961 von Javan[9] erfunden wurde. Er arbeitet mit einem Gemisch von etwa 5 Teilen He auf 1 Teil Ne bei einem Gesamtdruck von 3 – 30 Torr, je nach

Tabelle 1.4: Charakteristische Eigenschaften verschiedener Farbstofflasersysteme

| Pumpquelle | Kontin. Laser | Blitzlampe | Exzimer Laser | YAG Laser |
|---|---|---|---|---|
| Pump-Wellenlänge | Linien im Sichtbaren und nahen IR | breitbandig UV-IR | starke Linien im UV | starke Linien im UV, IR und Sichtbaren |
| Durchstimmbereich | 380 – 1000 nm | 220 – 960 nm | 217 – 970 nm | 195 – 5000 nm |
| Spitzenleistung | 1 W, $10^2 - 10^3$ W, falls mode-locked | $10^5$ | $10^6$ W | $10^7$ W |
| Durchschnittsleistung | 1 W, $10^{-2} - 10^{-1}$ W, falls mode-locked | 10 W | 2 W | 2 W |
| Pulse: Energie | $10^{-8}$ J, falls mode-locked | 1 J | 0,01 J | 0,1 J |
| Pulse: Länge | $10^{-12} - 10^{-10}$ sec, falls mode-locked | $10^{-4} - 10^{-6}$ sec | $10^{-8}$ sec | $10^{-8}$ sec |
| Repetitions-Rate | $10^7$ Hz, falls mode-locked | 1 Hz | 100 Hz | 30 Hz |
| Spektrale Reinheit | $10^{-6}$ nm $10^{-4}$ nm, falls mode-locked | $0,5-10^{-3}$ nm | $10^{-3}$ nm | $10^{-3}$ nm |
| Stabilität | sehr gut | gering | gut | gut |
| Systemkosten | mittel | niedrig | mittel | mittel-hoch |
| Betriebskosten | hoch | hoch | hoch | mittel-niedrig |

Bauart des Entladungsrohres. Das laseraktive Gas ist hier Ne. Ein He-He-Laser emittiert sowohl im Infraroten (3,90 $\mu$, 1,15 $\mu$) als auch im Sichtbaren. Die am meisten benutzte Linie liegt im roten Spektralbereich bei 632 nm. Ausgangsleistungen im Dauerstrichbetrieb bis zu 100 mW können hier erzielt werden. In einer Gleichstromgasentladung reichen 10 mA, um die für den Laserbetrieb erforderliche Inversion zu erreichen. Der typischerweise erreichte Verstärkungsfaktor ist mit G = 1,1 sehr klein. Dieser Laser zeichnet sich ganz besonders durch seine hohe Frequenzstabilität und seine extrem lange Lebensdauer aus. 10.000 – 15.000 Betriebsstunden werden selbst bei Geräten, die nur einige hundert DM kosten, garantiert. In kommerziellen Geräten werden standardmäßig Frequenzstabilitäten von 1 MHz entsprechend einer Längenstabilität des Resonators von $\Delta L = \lambda/3000$ erreicht. Dieser Laser findet weitgehend Anwendung in der Holographie und der Laserinterferometrie. Jedoch auch als Bau- und Vermessungslaser ist er auf Grund seiner Robustheit hervorragend geeignet.

### 1.6.3.2 Edelgas-Ionenlaser

Diese Laser arbeiten nur mit einem Gas. Die Energieaufnahme aus der Gasentladung und der Emissionsvorgang finden an demselben Atom statt. Die laseraktiven Übergänge sind nicht solche des neutralen Atoms, sondern des einfach ionisierten Ions. Man benötigt deshalb eine hohe Stromdichte von mehreren A/mm$^2$ zur Anregung der Entladung. Dies erfordert aufwendige, stabilisierte Netzgeräte, speziell konstruierte Entladungsrohre aus BeO oder Quarz und eine effektive Wasserkühlung bei den größeren Geräten, da die Plasmatemperatur hoch ist. Meist werden Magnetspulen um das Entladungsrohr gewickelt, deren longitudinales Feld zu einer Kompression der Entladung und zu einer Schonung des Plasmarohres führt.

Die große Bedeutung, welche vor allem Ar$^+$- und Kr$^+$-Laser gefunden haben, liegt darin, daß sie in der Lage sind, gleichzeitig auf vielen Linien vom UV bis zum IR, mit Leistungen bis zu 10 W pro Linie zu emittieren. Dies macht sie sowohl in allen Zweigen der Spektroskopie wie auch als Anregungslichtquelle für Farbstofflaser unentbehrlich.

Tabelle 1.5 gibt die Wellenlängen und typische Ausgangsleistungen eines starken Kr-Lasers.

Durch Frequenzverdopplung der leistungsstärkeren Linien kann man noch eine ganze Zahl weiterer UV-Linien erhalten.

Die Laserausgangsniveaus dieser Laser haben alle eine relativ kurze Lebensdauer. Dies macht sie zur Energiespeicherung wenig geeignet. Q-switch-Methoden werden deshalb nicht verwandt. Man verwendet jedoch mit Erfolg

Tabelle 1.5

| λ (mW) | I$_{garant}$ (mW) | λ (nm) | I$_{garant}$ (mW) |
|--------|-------------------|--------|-------------------|
| 323,9 | 1000 | 482,5 | 400 |
| 337,5 | 1000 | 520,8 | 600 |
| 350,7 | 1000 | 530,9 | 1200 |
| 356,4 | 1000 | 568,1 | 800 |
| 406,7 | 1200 | 647,1 | 2500 |
| 413,1 | 1200 | 676,4 | 600 |
| 415,4 | 1200 | 752,5 | 500 |
| 422,6 | 1200 | 799,3 | 120 |
| 468,0 | 300 | 858,3 | 3 |
| 476,2 | 400 | | |

die Auskoppelmodulation und mode-locking, letzteres oft gefolgt von einer Einzelpulsselektion.

### 1.6.3.3 $CO_2$ - Laser

Der $CO_2$ -Laser ist ohne Zweifel der wichtigste aller Infrarot-Laser, sowohl für wissenschaftliche als auch für industrielle Anwendungen. Im Gegensatz zu den bisher diskutierten Gaslasern ist das aktive Medium hier ein *molekulares* Gas. Ein Molekül besitzt neben elektronischen Anregungszuständen auch Schwingungs- und Roationsanregungszustände. Während die Frequenzen elektronischer Anregungen im sichtbaren und ultravioletten Teil des Spektrums liegen, liegen die Frequenzen von molekularen Schwingungen im nahen und mittleren IR und die Frequenzen von Rotationen liegen im fernen IR. Die stimulierte Emission von $CO_2$ findet zwischen Roationssubniveaus verschiedener Schwingungsniveaus des elektronischen Grundzustandes statt[10]. Bild 1.11 zeigt die drei Grundschwingungen eines $CO_2$ -Moleküls.

Da die Energie, welche man zur Anregung von Schwingungsniveaus benötigt, wesentlich geringer ist als im Falle elektronischer Niveaus, ist beim $CO_2$ -Laser die mittlere freie Energie der Elektronen in der Gasentladung größer als die zur Anregung benötigte Energie. Man erhält einen wesentlich höheren Pumpwirkungsgrad als bei den zuvor besprochenen Gaslasern. Er liegt bei bis zu 30 %. Kommerzielle Geräte haben i. a. einen etwas geringeren Wirkungsgrad von 15 – 20 %. Dem $CO_2$ -Laser ähnliche CO-Laser erreichen sogar 63 %! Dies ist der höchste Wirkungsgrad aller Gaslaser überhaupt. Das $CO_2$ wird nicht

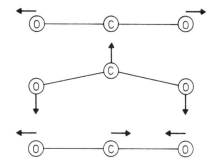

Bild 1.11:
Drei Fundamentalschwingungen eines $CO_2$-Moleküls. Von oben nach unten: Symmetrische Streckschwingung, Knickschwingung und asymmetrische Streckschwingung

direkt gepumpt, da es keinen sehr großen Wirkungsquerschnitt für Elektronenstoß hat. Man nimmt ein Gasgemisch aus z. B. $CO_2$ : $N_2$ : He = 1 : 2 : 10. Der durch Elektronenstoß angeregte Stickstoff überträgt seine Schwingungsenergie an das Kohlendioxid. He trägt dazu bei, die Temperatur der Gasentladung zu senken und stabilisiert diese. Ein weiterer Grund für den hohen Wirkungsgrad ist die lange Lebensdauer von etwa 4 msec des Laserausgangsniveaus, im Kontrast zu allen anderen hier diskutierten Gaslasern (siehe Tabelle 1.1). So ist es möglich, $CO_2$-Laser im Q-switch-Betrieb zu pulsen.

Die Emission liegt im mittleren IR und verteilt sich auf eine große Anzahl von Linien zwischen etwa 9,2 $\mu$ und 10,9 $\mu$, welche einen Abstand von 30 − 50 GHz haben. Mit Hilfe von Prismen oder Beugungsgittern werden einzelne Frequenzen selektiert. Da die Linienbreite der Emissionslinien sehr gering ist ($\approx$ 60 MHz), fällt i. a. nur eine longitudinale Mode des Resonators in den möglichen Verstärkungsbereich. Der $CO_2$-Laser kann also ohne große Hilfsmittel im Einmodenbetrieb arbeiten. Die große Wellenlänge bringt Nachteile für die Fokussierung mit sich. Dies wird später noch diskutiert werden. Die Ausgangsleistung eines $CO_2$-Lasers konventioneller Bauart (einfach oder mehrfach gefaltete Röhre mit longitudinaler Entladung) liegt bei bis zu 1 kW im Dauerbetrieb − bei maximal 60 W Ausgangsleistung pro Meter Rohrlänge.

Noch weitaus höhere Leistungen erzielt man mit Gastransport-, Gasdynamik- und Atmosphärendrucklasern. Beim Gastransportlaser strömt das Gas nicht longitudinal sondern transversal durch den Resonatorraum. Nach dem Prinzip der Umwälzkühlung können sehr große Wärmemengen abgeführt werden. TEA-Laser (TEA: transverse excitation, atmospheric pressure) sind äußerst kompakte Geräte, welche heute 10 kW und mehr Ausgangsleistung erreichen. Die Ausgangsleistung von Gasdynamiklasern ist noch eine Zehnerpotenz größer. Diese eignen sich jedoch weniger zum industriellen Einsatz.

Bild 1.12 zeigt ein Schema eines solchen Lasers.

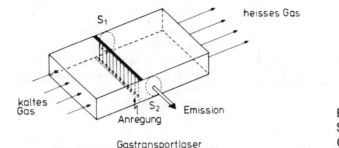

Bild 1.12:
Schema eines
Gastransportlasers

### 1.6.3.4 Excimer-Laser

Gepulste Laserstrahlung im Ultravioletten zwischen 175 nm und 483 nm kann
mit Excimer-Lasern erzeugt werden. Excimere sind Edelgashalogenide. Dieser
Lasertyp hat die bis vor wenigen Jahren gebräuchlichen Stickstofflaser fast
völlig vom Markt verdrängt. Die am weitesten verbreiteten Geräte arbeiten mit
einer transversalen Anregung bei Atmosphärendruck oder mehr (s. Bild 1.12)
mit schneller Gaszirkulation. Es werden Gasgemische mit 1 – 10 % Edelgas-
anteil, einem Halogenanteil von etwa 0,2 % und He als Puffergas verwandt.
Kommerzielle Geräte erreichen bis zu ein Joule Ausgangsenergie pro Puls bei
Laserpulslängen von 5 – 35 ns und Wiederholraten bis zu 250 Hz. Tabelle 1.5
gibt eine Zusammenstellung heute kommerziell verfügbarer Gase, deren Emissionswellenlängen und für die vier gebräuchlichsten Gase eines Herstellers die
mittlere Leistung und die Pulsenergie.

Tabelle 1.5: Excimer-Laser

| Gas | Wellenlänge (nm) | mittlere Leistung (bei 200 bzw. 250 Hz) | Pulsenergie (bei 1 Hz) |
|-----|------------------|------------------------------------------|------------------------|
| ArCl | 175 | – | – |
| ArF | 193 | 40 W | 350 mJ |
| KrBr | 206 | – | – |
| KrCl | 223 | – | – |
| KrF | 249 | 100 W | 400 mJ |
| XeBr | 282 | – | – |
| XeCl | 308 | 60 W | 350 mJ |
| XeF | 348 – 354 | 15 W | 90 mJ |
| XeF | 483 | – | – |

### 1.6.4 Halbleiterlaser

Bereits kurz nach der Entdeckung des Rubin- und He-Ne-Lasers wurde 1962 die Möglichkeit von Laseremission durch Halbleiter diskutiert und verifiziert[11]. Die Wirkungsweise und der Pulsmechanismus von Halbleiterlasern (auch Injektions-laser genannt), unterscheidet sich völlig von denen anderer Laser. Der Injektions-laser besteht in seiner einfachsten Form aus einem p-n-Übergang. Die p- und n-Bereiche sind so stark dotiert, daß das Fernminiveau im Valenzband bzw. im Leitungsband liegt (entarteter Halbleiter). Legt man eine Vorwärtsspannung aus-reichender Größe an, so werden Elektronen in den p-Bereich und Löcher in den n-Bereich injiziert und es entsteht eine Besetzungsumkehr. Diese führt zu einer stimulierten Emission, dabei wirkt der Halbleiter selbst als Lichtleiter und Resonator.

Die neuesten Entwicklungen basieren auf Heterostrukturen — Schichtstrukturen alternierender chemischer Zusammensetzung. Ein Beispiel dafür ist der in Bild 1.13 dargestellte GaAs V-Nut-Laser, der den Aufbau $Ga_x Al_{1-x} As$ —

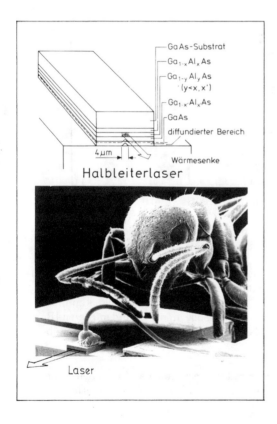

GaAs-Substrat
$Ga_{1-x} Al_x As$
$Ga_{1-y} Al_y As$
$(y<x,x')$
$Ga_{1-x'} Al_{x'} As$
GaAs
diffundierter Bereich
4 µm
Wärmesenke
Halbleiterlaser
Laser

GaAs-Doppelhetero-strukturlaser
(Bild: AEG-Telefunken, Ulm)

Bild 1.13

GaAs – $Ga_x Al_{1-x} As$ besitzt. Bei direkten Halbleitern, wie z. B. GaAs, liegt die Ausbeute der Umwandlung elektrischer in Lichtenergie bei bis zu 30 %, ein ansonsten kaum erreichter Wert. Die Emission der meisten Laserdioden liegt im Roten und Infraroten, doch gelingt es mit Quantenwall-Lasern aus InAlGaP/GaAs bis 0,63 μm zu kommen. Es ist sehr schwierig, p-n-Übergänge in Materialien herzustellen, deren Emission im Blauen oder UV liegt. Hier muß man sich mit Kunstgriffen behelfen, welche die Ausbeute sehr stark reduzieren. Bild 1.14 gibt einen Überblick über die Emissionswellenlängen von III – V, II – VI und IV – VI Heterostrukturlasern.

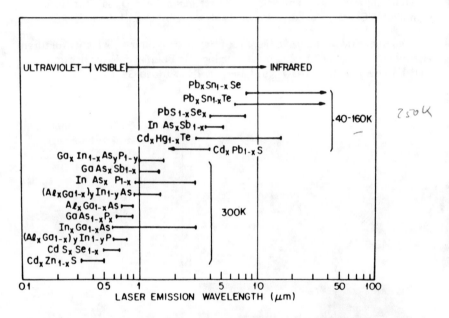

Bild 1.14:   Emissionswellenlängen heute verfügbarer Halbleiterlaser.

Von besonderer Bedeutung für Anwendungen beim Nachweis von kleinen Teilchen und Gasen (s. Kapitel 7 und 8 dieses Buches) sind die abstimmbaren *Bleisalz-Laserdioden*. Sie gestatten eine zumindest abschnittweise kontinuierliche Durchstimmung der Emissionswellenlänge im nahen und mittleren IR. Das Emissionszentrum ist durch die chemische Zusammensetzung des Halbleiters festgelegt (Bild 1.15).

Bei Verwendung vieler Laserdioden mit unterschiedlicher Zusammensetzung läßt sich der gesamte Spektralbereich von etwa 2,5 μm bis 30 μm nahezu

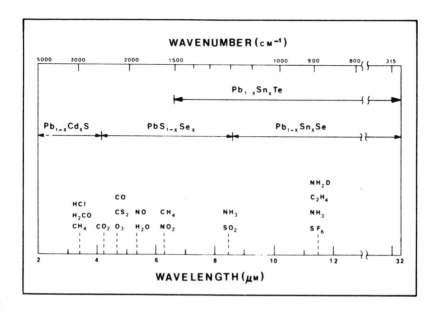

Bild 1.15: Emissionswellenlängen und Wellenzahlen einiger Infrarot-Halbleiter-
laser und Absorptionslinien wichtiger Gase

lückenlos überdecken. Der Emissionsbereich einer Einzeldiode beträgt in der
Regel mehr als 100 cm$^{-1}$. Die Grobabstimmung erfolgt durch Änderung der
Betriebstemperatur — dadurch ändert sich auch der Schwellstrom. Die Frequenz-
Feinabstimmung erfolgt durch Änderung des Diodenstroms. Im single-mode
Betrieb beträgt der elektronisch durchstimmbare Frequenzbereich etwa 15 GHz
(0,5 cm$^{-1}$), wobei die Frequenzauflösung besser als 10 MHz sein kann. Aller-
dings ist die kontinuierliche Ausgangsleistung dieser Laserdioden sehr gering.
Sie beträgt ca. 20 — 50 $\mu$W im single-mode Betrieb (bis 500 $\mu$W im multi-mode
Betrieb). Die Betriebstemperatur der Laserdioden liegt im Bereich von etwa
10 — 100 K und erfordert den Einsatz von kleinen Kältemaschinen, zusammen
mit einer relativ aufwendigen Regeleinheit zur präzisen Temperaturkontrolle.
Laserdiodensysteme, die für einen industriellen Einsatz geeignet sind, stehen
heute kommerziell zur Verfügung.

Heute verfügbare GaAs-Laser haben bei einer Wellenlänge von 860 nm Ausgangsleistungen von 200 mW, sogenannte „arrays" emittieren bis zu 4 W. Die
Schwellströme liegen bei wenigen mA. Die große Bedeutung der Halbleiterlaser

liegt in ihrer geringen Größe (der Laser im Bild 1.13 ist mit 0,3 mm Länge kleiner als ein Ameisenkopf), sowie in der Möglichkeit, sie mit extrem hohen Frequenzen zu modulieren (GHz) und sie mit Lichtfasern zu koppeln. Derartige Systeme werden schon in allernächster Zukunft zur Informationsübertragung eingesetzt werden und unser Telefonsystem revolutionieren. Mittels direkter elektrischer Modulation gelingt es auch ohne jegliche komplizierte nichtlineare optische Elemente, kurze Pulse bis hinunter zu 2 ps Dauer zu erzeugen (Bimberg und Mitarbeiter, Ref. 12).

D. Bimberg

# 2. Einführung in die Kohärenzpolitik

## 2.1 Einleitung

Information über die Konturen eines Objektes ist in der Phase einer daran gestreuten Lichtwelle enthalten. Die Phaseninformation wird zur Intensitätsinformation transformiert durch den Mechanismus der Interferenz zweier Wellen. Voraussetzung für diesen Prozeß ist eine Kohärenz der beiden Wellen – die Existenz einer *festen* Phasenbeziehung zwischen ihnen. Im ersten Abschnitt sollen die Begriffe Interferenz und Kohärenz mit etwas größerer Genauigkeit als im einleitenden Kapitel erläutert werden. Ihr Verständnis bildet die Voraussetzung dafür, die Grundlagen der Holographie und ihre vielfältigen Anwendungen sowie der Interferometrie zu begreifen.

## 2.2 Kohärenz und Interferenz

Der Begriff Kohärenz und die Größe der Kohärenz einer realen Lichtquelle wird mit Hilfe der Interferenzeigenschaften dieser Lichtquelle definiert. Dabei versteht man unter Interferenz allgemein die Überlagerung verschiedener Wellen unter Berücksichtigung ihrer Amplituden, Frequenzen und Phasen. Da für Lichtwellen das aus den Maxwellschen Gleichungen folgendes Prinzip der linearen Superposition gilt, breitet sich jede Welle so aus, als ob die anderen nicht vorhanden wären. Somit erhält man das resultierende Wellenfeld durch Vektoraddition der Einzelfelder.

Wir wollen nun zwei elektromagnetische Wellen derselben Frequenz $\nu = \omega/2\pi$ betrachten, welche in derselben Richtung $\vec{r}$ sich fortpflanzen. Dann wird ihre elektrische Feldstärke gegeben durch

$$E_1 = E_{02} \, e^{i(\omega t - \vec{k}\vec{r}_1 - \phi_1)} \tag{2.1}$$

$$E_2 = E_{02} \, e^{i(\omega t - \vec{k}\vec{r}_2 - \phi_2)} \tag{2.2}$$

dabei ist $\vec{k}$ der Wellenvektor des Lichts mit

$$k = \frac{2\pi}{\lambda} \tag{2.3}$$

und $\phi_1$ und $\phi_2$ sind die Phasen der beiden Wellen. Die Feldstärke E der Gesamtwelle ist dann

$$E = E_1 + E_2 \tag{2.4}$$

Meßbar ist jedoch nicht die Feldstärke E sondern nur die Intensität I dieser Welle. Diese ist gleich dem zeitlichen Mittel des Amplitudenquadrats der Feldstärke

$$I = \frac{1}{2} E E^* \tag{2.5}$$

wobei $E^*$ die zu E konjugiert komplexe Größe ist. Setzt man (2.1) bis (2.4) in (2.5) ein, so erhält man

$$I = I_1 + I_2 + 2 \sqrt{I_1 I_2} \ \cos [\vec{k} (\vec{r}_2 - \vec{r}_1) + \phi_2 - \phi_1] \tag{2.6}$$

dabei sind $I_{1,2}$ die Intensitäten der Wellen 1 und 2. Es ist bemerkenswert, daß die resultierende Intensität nicht gleich der Summe der Einzelintensitäten ist, sondern sich davon durch den Interferenzterm

$$2 \sqrt{I_1 I_2} \ \cos [\vec{k} (\vec{r}_2 - \vec{r}_1) + \phi_2 - \phi_1] \tag{2.7}$$

unterscheidet. Besitzen nun beide Wellen zeitlich konstante Phasen $\phi_1$, $\phi_2$, so ergibt sich sofort aus (2.7), daß es immer Wegdifferenzen $\vec{r}_2 - \vec{r}_1$ gibt, für welche der Interferenzterm und damit die Intensität I maximal wird. Aufeinanderfolgende Maxima unterscheiden sich dann in ihren Wegdifferenzen genau um $\lambda$.

Ändert sich die Phasendifferenz $\phi_2 - \phi_1$ jedoch in statistischer Weise, so gibt es keine solche Interferenzstreifensysteme. Die zeitliche Änderung der Phase $\phi$ einer solchen Welle bestimmt die *zeitliche Kohärenz*. Nur unendlich monochromatische Wellen mit der Frequenzbandbreite $\Delta \nu = 0$ sind zeitlich völlig kohärent. Solche existieren jedoch nicht. Die Kohärenzzeit ist das Reziproke der Frequenzbandbreite $\Delta \nu$

$$\Delta \nu \, \Delta t = 1 \tag{2.8}$$

Die Kohärenzlänge $\Delta l$ errechnet sich daraus zu

$$\Delta l = \frac{c}{\Delta \nu} \tag{2.9}$$

Der Wellenzug hat also über eine Länge $\Delta l$ eine konstante Phase.

Ein kontinuierliches Spektrum im sichtbaren Bereich hat demnach eine Kohärenzlänge von etwa $10^{-4}$ cm. Ein frequenzstabilisierter He-Ne-Laser mit

mit $\Delta \nu$ = 10 kHz hat dagegen eine Kohärenzlänge von 3 · $10^6$ cm oder 30 km!

Ein klassischer Versuch, Kohärenzlängen zu messen, stammt von Michelson. Zeitliche Kohärenz wird oft mit Hilfe dieses Zweistrahlinterferenz-Versuchs definiert.

Bild 2.1 zeigt das Schema des Versuchs.

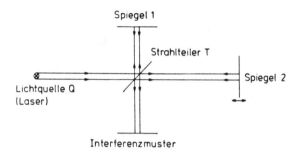

Bild 2.1:  Aufbau eines Michelson-Interferometers

Das Licht einer Quelle Q wird durch einen halbdurchlässigen Strahlteiler T getrennt und fällt auf die Spiegel 1 und 2. Dort wird es reflektiert, und der Strahlteiler vereinigt die beiden Teilbündel wieder, welche auf einen Schirm fallen. Auf diesem wird genau dann ein Interferenzbild erzeugt, wenn der Wegunterschied der beiden Teilbündel nicht größer als die Kohärenzlänge ist. Durch Verschieben eines der beiden Spiegel kann der Wegunterschied verändert werden. Die Spiegelverschiebung d zwischen aufeinanderfolgenden Maxima ist gegeben durch

$$2d = m\lambda \qquad (m = 1, 2, 3, \dots ) \qquad\qquad (2.10)$$

Inhomogenitäten der Spiegel oder des Strahlteilers machen sich als Irregularitäten in den Interferenzmustern bemerkbar. Hierauf beruhen viele Anwendungen.

In ähnlicher Weise kann man die *räumliche Kohärenz* definieren. Dies wird durch den Youngschen Versuch verdeutlicht (Bild 2.2).

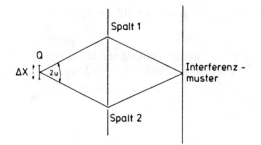

Bild 2.2:
Aufbau eines Youngschen
Doppelspaltexperiments

Wir nehmen eine monochromatische Lichtquelle Q mit der endlichen Ausdehnung $\Delta x$ und dem Öffnungswinkel 2u. Diese beleuchtet einen Doppelspalt $S_1$ und $S_2$. Wir fragen, wann die von den beiden Spalten ausgehenden Wellen noch miteinander interferieren werden. Dies wird dann der Fall sein, wenn beide von den Spalten kommenden Lichtwellen eine definierte Phase besitzen. Hierfür läßt sich leicht die Grenzbedingung

$$\Delta x \sin u < \lambda \qquad (2.11)$$

oder

$$\frac{\Delta x \sin u}{\lambda} < 1 \qquad (2.12)$$

herleiten. (2.12) enthält eine Maßangabe, wann noch räumliche Kohärenz (Interferenzfähigkeit bei räumlicher Ausdehnung) zu erwarten ist. Analog dazu sagt (2.9), wann noch Interferenzfähigkeit bei Nichtmonochromasie zu erwarten ist. Man sieht hier, daß zeitliche und räumliche Kohärenz durchaus verschiedene Dinge sind, die nicht miteinander gekoppelt sein müssen. Lichtquellen sind nun in der Realität meist zweidimensional und werden durch eine Strahlungsfläche $\Delta F$ und einen räumlichen Öffnungswinkel $\Delta \Omega$ beschrieben. Durch Kombination der zeitlichen und räumlichen Interferenzbedingungen erhält man eine *allgemeine Kohärenzdefinition:*

$$\frac{\Delta F}{\lambda^2} \Delta \Omega \Delta \nu \Delta t < 1 \qquad (2.13)$$

## 2.3 Holographie

Unter Holographie versteht man die *vollständige* Nutzung der in der Amplitude *und* der Phase einer Lichtwelle enthaltenen Information über den leuchtenden

Gegenstand (holos = ganz, vollständig). Mit Hilfe der Phaseninformation können die räumlichen Eigenschaften des Gegenstandes rekonstruiert werden. Bei der gängigen Informationsaufzeichnung (z. B. bei der Photographie) wird nur die Amplitudeninformation der Lichtwelle benutzt, Intensitäten werden aufgezeichnet und man erhält (rekonstruiert) zweidimensionale Bilder. Dies rührt daher, daß nach (2.5) die Intensität $I = \frac{1}{2} EE^*$ ist, und bei dieser Multiplikation der komplexe Exponentialfaktor von (2.1), welcher die Phase enthält, herausfällt. Es bleibt das Amplitudenquadrat übrig.

Gabor[13] schlug 1948 einen Weg vor, die Phaseninformation zu bewahren. Erst nach Erfindung des Lasers konnte diese Idee jedoch richtig genutzt werden. Gabors Idee beruht darauf, die von einem Gegenstand kommenden Wellenzüge mit einem ungestörten kohärenten Feld zu überlagern und zur Interferenz zu bringen. Sind die Phasen der beiden interferierenden Wellen gleich, so ergibt sich eine Erhöhung der Intensität, sind die Phasen entgegengesetzt, so vermindert sich die Intensität. Stellt man in den Weg der interferierenden Wellen beispielsweise eine Photoplatte so kann damit die Phaseninformation in der Form von Intensitätsinformation festgehalten werden.

Wir wollen nun versuchen, eine einfache mathematische Beschreibung des in Bild 2.3a gezeigten Auflichthologramms zu geben. Dabei versteht man unter Auflicht, daß das dreidimensionale Objekt eine Lichtwelle streut. Das vom Laser kommende Licht wird in zwei Bündel geteilt. Das am Gegenstand gestreute Bündel wird beschrieben durch

$$E_1 = E_{01}(x, y, z)\, e^{i\Phi_1(x,y,z)} \tag{2.14}$$

Dabei haben wir im Vergleich mit (2.1) und (2.2) den Zeitfaktor $e^{i\omega t}$, der in allen Bündeln derselbe ist, weggelassen. Sowohl die Amplitude $E_{01}$ als auch die Phase $\Phi_1$ sind eine Funktion der Ortskoordinaten x, y und z.

Der Referenzstrahl wird beschrieben durch

$$E_2 = E_{02}(x, y, z)\, e^{i\Phi_2(x,y,z)} \tag{2.15}$$

An der Stelle der Photoplatte ist die Amplitude der interferierenden Wellen gegeben durch die Summe der Einzelamplituden $E_1$ und $E_2$. Registriert wird die Intensität I

$$I = \frac{1}{2}(E_1 + E_2)(E_1{}^* + E_2{}^*)$$

$$= \frac{1}{2}(E_1 E_1{}^* + E_1 E_2{}^* + E_2 E_1{}^* + E_2 E_2{}^*)$$

$$= \frac{1}{2}(E_{01}{}^2 + E_{01}E_{02}e^{i(\Phi_1 - \Phi_2)} + E_{01}E_{02}e^{-i(\Phi_1 - \Phi_2)} + E_{02}{}^2) \tag{2.16}$$

41

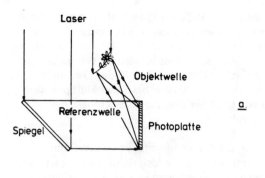

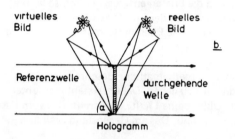

Bild 2.3: Holographische Aufnahme (a) und Wiedergabe (b) eines
Objektes (Auflichtholographie)

Von der Photoplatte wird also tatsächlich eine Intensitätsverteilung registriert,
welche sowohl Information über die Phasen als über die Amplituden enthält.
Dabei ist die Schwärzung s der Photoplatte in der Praxis proportional dem
Logarithmus der Summe des auftreffenden Lichtes während der Belichtungszeit t.

$$s = S_0 + a \log (I t) \tag{2.17}$$

Man kann nach der Entwicklung die Photoplatte so kopieren, daß die Amplitu-
dendurchlässigkeit des Positivs gerade proportional zu I wird.

Wir haben nun ein Hologramm erhalten und wollen daraus den Gegenstand
rekonstruieren. Dies ist in Bild 2.3b dargestellt. Das Positiv wird beispielsweise
an den Ort gestellt, an dem die Platte bei der Aufnahme stand. Es wird wieder
mit der Referenzwelle $E_2$ beleuchtet. Die vom Positiv durchgelassene Welle $I_t$ ist

42

$$I_t = p E_{02} e^{i\Phi_2} I \qquad\qquad (2.18)$$

Die Proportionalitätskonstante p, welche alle Amplituden etwas ändert, wollen wir im Weiteren gleich eins setzen.

Dann ist nach (2.16)

$$2 I_t = E_{02} (E_{01}{}^2 + E_{02}{}^2) e^{i\Phi_2} + E_{01} E_{02}{}^2 e^{i\Phi_1} + E_{01} E_{02}{}^2 e^{-i(\Phi_1 - \Phi_2)} \qquad (2.19)$$

Der erste Ausdruck auf der rechten Seite ist uninteressant. Er beschreibt eine durch das Positiv durchlaufende Referenzwelle mit modifizierter Amplitude. Der zweite Ausdruck ist genau unsere Objektwelle $E_{01} e^{i\Phi_1}$, modifiziert durch den konstanten Amplitudenfaktor $E_{02}{}^2$. Das heißt aber, daß unsere ursprüngliche Objektwelle vollständig rekonstruiert ist! Sie breitet sich genau so aus, als ob sie von dem hinter dem Hologramm liegenden Gegenstand kommen würde. Blickt also der Betrachter in der entsprechenden Richtung durch das Hologramm, so meint er den Gegenstand in seinen drei Dimensionen zu sehen. Der dritte Summand enthält nochmals die Information des Objektes, dieses Mal jedoch modifiziert mit dem Faktor $E_{02}{}^2 e^{-i\phi_2}$. Dadurch ändert sich die räumliche Ausbreitungsrichtung. Außerdem hat die Phase $e^{-i\Phi_1}$ das umgekehrte Vorzeichen wie die Phase der Originalwelle $e^{i\Phi_1}$. Dadurch entsteht eine Welle, welche in Richtung „negativer Zeiten" läuft. Wenn die Objektwellen divergent waren, so werden sie jetzt konvergent. Vor dem Hologramm entsteht ein dreidimensionales reelles Bild des Objektes, welches z. B. mit einer Fernsehkamera abgetastet werden kann.

Der zwischen Objekt und Referenzwelle eingeführte Neigungswinkel $\alpha$ führt dazu, daß alle drei Summanden von (2.19) räumlich getrennt werden. Dieses System der Wellenfrontrekonstruktion ist vielfältig nutzbar. So kann man beispielsweise beachtliche Vergrößerungen dadurch erzielen, daß man zur Wiedergabe eine Welle mit wesentlich größerer Wellenlänge $\lambda'$ nutzt. Die Vergrößerung V ist dann

$$V = \frac{\lambda'}{\lambda} \qquad\qquad (2.20)$$

Stellt man ein Hologramm mit einem Elektronenmikroskop her ($\lambda = 5 \cdot 10^{-2}$ Å), und rekonstruiert im Sichtbaren ($\lambda = 5000$ Å), so ergibt sich eine Vergrößerung $V = 10^5$.

Eine andere Eigenschaft eines Hologramms ist verblüffend. Jedes kleine Bruchstück des Hologramms enthält bereits die vollständige Information. Man kann daraus das Objekt rekonstruieren. Denn jeder Punkt des Hologramms hat von allen Teilen des Objekts Licht erhalten. Arbeitet man nur mit Teilen des ursprünglichen Hologramms, verringert sich freilich die Auflösung.

Zur Aufnahme und Wiedergabe von Hologrammen gibt es eine ganze Reihe verschiedener Techniken. So kann z. B. die Wiedergabe nicht nur mit durchfallendem sondern auch mit reflektiertem Licht erfolgen. Falls die Dicke der das Hologramm tragenden Schicht groß ist, so spricht man von Volumenhologrammen. Da in ihnen große Informationsmengen speicherbar sind, kommt ihnen eine ganz besondere Bedeutung zu.

Im Prinzip können mit jeder kohärenten Welle Hologramme aufgenommen werden. So gibt es eine Ultraschallholographie, welche Anwendung in der Werkstoffprüfung oder Medizin findet.

Auf all diese verschiedenen Techniken wird — soweit sie im Rahmen der hier besprochenen Anwendungen von Bedeutung sind — in den nächsten Kapiteln eingegangen werden.

W. Englisch, R. Baumert

# 3. Materialbearbeitung mit Lasern

## 3.1 Einleitung

Die Versuche zur Materialbearbeitung mit Laserlicht sind beinahe so alt wie der Laser selbst. Es dauerte jedoch etwa 10 Jahre bis bei den verschiedenen Lasern und auch den entsprechenden Bearbeitungsverfahren ein Kenntnis- und Entwicklungsstand erreicht wurde, der einen technischen Einsatz möglich erscheinen ließ. Nach einer weiteren Dekade intensiver Forschungs- und Entwicklungsarbeiten stehen heute zuverlässig arbeitende Systeme mit ausreichend hoher Leistung zur Verfügung, die in zunehmendem Maße als Werkzeug in der industriellen Produktion eingesetzt werden. Die Anwendungen sind dabei so vielfältig, daß eine detaillierte Behandlung weit über den Rahmen dieses Buches hinausgehen würde. Statt dessen sollen für verschiedene Anwendungsgebiete die Möglichkeiten und Grenzen der Materialbearbeitung mit Laser aufgezeigt werden, um damit dem in der Praxis stehenden Ingenieur ein Hilfsmittel in die Hand zu geben, das seine eigenen Überlegungen stimuliert und ihn befähigt zu entscheiden, ob für sein spezielles Problem der Einsatz eines Bearbeitungslasers technisch und wirtschaftlich sinnvoll ist.

Für ein weiterführendes Studium dieses Themenkreises sei auf die bisher erschienenen Fachbücher und die zahlreichen Konferenzberichte verwiesen, die eine Fülle von Zitaten aus der Spezialliteratur enthalten[1 − 10].

## 3.2 Grundlagen der Materialbearbeitung mit Lasern

Bild 3.1 zeigt schematisch die Anordnung und die Wirkungsweise der Materialbearbeitung mit Laserlicht: Die Laserstrahlung wird durch ein optisches System auf das Werkstück fokussiert und dort absorbiert. Die dabei entstehende Wärme wird als Prozeßwärme für die verschiedenen Bearbeitungsverfahren eingesetzt.

Die Laser-Materialbearbeitung ist damit primär ein thermisches Bearbeitungsverfahren. Von wesentlichem Einfluß sind hierbei die spezifischen Eigenschaften des Laserlichts zusammen mit den Parametern der Fokussierungsoptik sowie die optischen und thermischen Eigenschaften des Werkstoffs. Die wichtigsten Einflußgrößen (vgl. Bild 3.1) werden in den folgenden Abschnitten soweit diskutiert, wie dies zum Verständnis des Bearbeitungsvorgangs erforderlich ist.

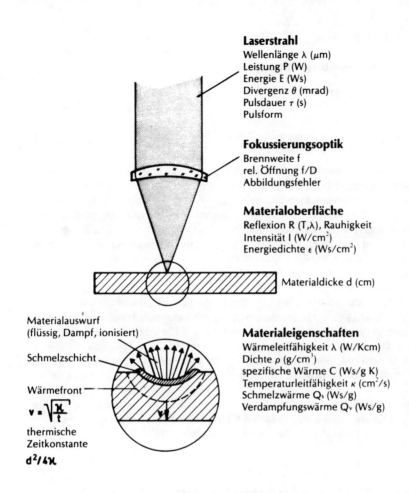

**Laserstrahl**
Wellenlänge λ (μm)
Leistung P (W)
Energie E (Ws)
Divergenz θ (mrad)
Pulsdauer τ (s)
Pulsform

**Fokussierungsoptik**
Brennweite f
rel. Öffnung f/D
Abbildungsfehler

**Materialoberfläche**
Reflexion R (T,λ), Rauhigkeit
Intensität I (W/cm$^2$)
Energiedichte ε (Ws/cm$^2$)

Materialdicke d (cm)

Materialauswurf
(flüssig, Dampf, ionisiert)

Schmelzschicht

Wärmefront

$v = \sqrt{\dfrac{\varkappa}{t}}$

thermische
Zeitkonstante
$d^2/4\varkappa$

**Materialeigenschaften**
Wärmeleitfähigkeit λ (W/Kcm)
Dichte ρ (g/cm$^3$)
spezifische Wärme C (Ws/g K)
Temperaturleitfähigkeit κ (cm$^2$/s)
Schmelzwärme Q$_s$ (Ws/g)
Verdampfungswärme Q$_v$ (Ws/g)

Bild 3.1: Schema der Anordnung zur Laser-Materialbearbeitung mit
Zusammenstellung der wichtigsten Prozeßparameter

### 3.2.1 Leistungsdichte und Fokussierung des Laserlichts

Nach den Gesetzen der Optik läßt sich bei natürlichem, also inkohärentem Licht
die Leistungsdichte (Leistung pro Flächeneinheit = Intensität) durch optische
Abbildung auf keine Weise über die Leistungsdichte in der Quelle hinaus
erhöhen. Das heißt, daß man durch Abbilden der Sonne z. B. höchstens eine
Temperatur erreichen kann, die der auf der Sonnenoberfläche entspricht (also

46

etwa 6000 °C). In der Praxis treten Verluste auf, und die erreichbare Temperatur liegt noch niedriger.

Diese Einschränkung gilt nicht für den Laser. Er ist ein rückgekoppelter Lichtverstärker und emittiert monochromatisches kohärentes Licht. Wie in Kapitel 1 des Buches diskutiert, ist die Bündelbarkeit lediglich durch die Beugung und die Ausstrahlungseigenschaften (Modenbild) begrenzt. Die optimale Bündelung wird dann erreicht, wenn der Laser im sog. transversalen Grundmode schwingt (TEM$_{oo}$). Die Intensitätsverteilung über den Strahlquerschnitt folgt dann einer Gaußverteilung.

$$J (r) = J_o \exp\left[- 2r^2/R_o{}^2\right] \tag{3.1}$$

Hierbei ist $J_o$ die maximale Intensität im Strahlzentrum, $R_o$ ist der Strahlradius, bei dem die Intensität auf den Bruchteil $1/e^2$ abgefallen ist. Die Beziehung zwischen $J_o$ und der Gesamtleistung P im Strahl erhält man durch Integration über den Strahlquerschnitt zu

$$P = \frac{\pi}{2} J_o R_o{}^2 . \tag{3.2}$$

Fokussiert man ein solches annähernd paralleles Laserbündel der Wellenlänge $\lambda$ mit einer Sammellinse oder einem Parabolspiegel der Brennweite f, so ergibt sich nach den Gesetzen der Beugungstheorie in der Umgebung der Brennebene eine schlauchförmige Einschnürung des Laserbündels (Bild 3.2), wobei die radiale gaußförmige Intensitätsverteilung erhalten bleibt. Die Stelle der engsten Einschnürung am Ort z = o wird als Strahltaille oder Brennfleck bezeichnet. Der Brennfleckradius $r_o$ ist definiert als der Abstand von der Strahlachse zu den $1/e^2$-Punkten der Intensitätsverteilung. Es gilt in guter Näherung:

$$r_o = \frac{1}{\pi} \frac{\lambda f}{R_o} \tag{3.3}$$

wobei D = 2 $R_o$ der Durchmesser des einfallenden Laserbündels ist (ebenfalls bezogen auf die $1/e^2$-Intensitätspunkte).

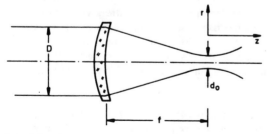

Bild 3.2: Fokussierung eines gaußförmigen Laserbündels

Die Maximalintensität im Zentrum des Brennflecks folgt aus Gl. (3.2) zu

$$J_F = J_o \, (z = o) = \frac{2\,P}{\pi \, r_o^2} \, . \tag{3.4}$$

Das Verhältnis f/D wird häufig als f-Zahl oder relative Öffnung der Fokussierungsoptik bezeichnet. Aus Gl. (3.3) und (3.4) folgt sofort, daß bei gegebener Wellenlänge ausschließlich dieser Parameter die Brennfleckgröße und damit die erzielbare Leistungsdichte im Fokus bestimmt.

Außerhalb der Strahltaille vergrößert sich der Fleckradius ($1/e^2$-Intensität) in Abhängigkeit vom Abstand z gemäß

$$r_o \, (z) = \frac{2\lambda f}{\pi\,D} \, [1 + (\frac{z\,\pi\,D^2}{4\lambda f^2})^2]^{1/2} \, . \tag{3.5}$$

Mit Hilfe dieser Beziehung und unter Berücksichtigung der gaußförmigen Intensitätsverteilung läßt sich das radiale Leistungsdichteprofil eines fokussierten Laserbündels für jede Entfernung berechnen.

Emittiert der Laser nicht im transversalen Grundmode, sondern mit höherer Modenstruktur, so sind die angegebenen Beziehungen nicht mehr gültig. Die Intensitätsverteilung ist dann nicht mehr gaußförmig und der Brennfleckdurchmesser in der Strahltaille ist größer. Bei gleichbleibender Gesamtleistung des Lasers bedeutet dies eine Verminderung der erzielbaren Leistungsdichte im Fokus.

Dies kann erhebliche Konsequenzen haben. Bei einer Bearbeitung mit Materialabtrag, wie beim Bohren und Schneiden, ist nicht so sehr die Gesamtleistung des Lasers maßgebend für das Ergebnis, sondern vielmehr die erzielbare Leistungsdichte. Es kann daher durchaus vorkommen, daß infolge der schlechteren Fokussierbarkeit ein leistungsstarker Multimodenlaser schlechtere Ergebnisse bringt, als ein Laser mit geringerer Ausgangsleistung aber Emission im Grundmode.

Beim Schweißen von Werkstoffen hingegen muß das Material in einer gewissen Breite und Tiefe aufgeschmolzen werden um eine einwandfreie Verbindung zu erhalten. Hierzu ist primär eine gewisse Gesamtenergie aufzuwenden. Dabei sollte die Leistungsdichte einen bestimmten Maximalwert nicht überschreiten, um eine lokale Überhitzung und ein zu starkes Abdampfen zu vermeiden (s. auch Abschnitt 3.2.4). Daher ist eine Minimierung des Brennfleckdurchmessers nicht in jedem Fall sinnvoll.

Einige Laser arbeiten kontinuierlich, andere gepulst. Im Impulsbetrieb lassen sich während sehr kurzer Zeit sehr hohe Spitzenleistungen erzielen. Entsprechend hoch ist die im Fokus erzielbare Leistungsdichte und die dadurch erzeugte Temperatur. Aber auch im Dauerbetrieb reicht bei guter Bündelung die Leistung starker Laser aus, um jegliches Material zu verdampfen. In Tabelle 3.1 sind die in der Materialbearbeitung hauptsächlich eingesetzten Laser mit anderen Energiequellen in bezug auf die erzielbaren Leistungsdichten miteinander verglichen.

Tabelle 3.1: Vergleich der Leistungsdichten, die sich mit verschiedenen in der Materialbearbeitung eingesetzten Energiequellen erzielen lassen

| Quelle | Pulsdauer | Leistung | Leistungsdichte |
|---|---|---|---|
| $CO_2$-Laser | kont. | 1 kW | $10^7$ W/cm$^2$ |
| $CO_2$-Laser (Riesenimp.) | $10^{-7}$ s | 100 MW* | $10^{12}$ W/cm$^2$ |
| Festkörperlaser (Normalimp.) | $10^{-4}$ s | 0.1 MW* | $10^{10}$ W/cm$^2$ |
| Festkörperlaser (Riesenimp.) | $10^{-8}$ s | 100 MW* | $10^{13}$ W/cm$^2$ |
| Schweißflamme | kont. | 1,6 kW | $5 \cdot 10^4$ W/cm$^2$ |
| Elektronenstrahl | kont. | 3,0 kW | $10^9$ W/cm$^2$ |
| Sonne mit Brennglas gebündelt ($D \simeq 5$ cm) | kont. | 2 W | $< 300$ W/cm$^2$ |

* Pulsspitzenleistung

### 3.2.2 Reflexion, Absorption, Strahlungsankopplung

Beim Auftreffen der Lichtwelle auf die Oberfläche eines Mediums wird entsprechend dem Reflexionsvermögen des Materials ein gewisser Bruchteil der Lichtenergie reflektiert. Der andere Teil dringt in das Medium ein und wird dort mehr oder weniger stark absorbiert. Sowohl die Reflexion wie auch die Absorption ändert sich sehr stark mit der Wellenlänge und zwar bei verschiedenen Materialien sehr unterschiedlich (Bild 3.3).

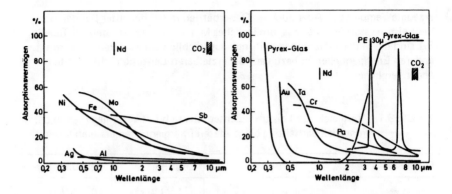

Bild 3.3: Absorptionsvermögen einiger metallischer und nichtmetallischer Werkstoffe

Es gilt die Bilanzgleichung

$$R + A + T = 1 \tag{3.6}$$

Hierbei bedeuten R das Reflexionsvermögen, A das Absorptionsvermögen und T die Transmission des Werkstoffs.

Zur Abschätzung des Reflexionsvermögen R bei senkrechter Inzidenz kann die folgende Beziehung benutzt werden:

$$R = \frac{(1-n)^2 + k^2}{(1+n)^2 + k^2} \tag{3.7}$$

Hierbei ist angenommen, daß die Oberfläche des Materials an Luft angrenzt. Die beiden Größen n und k sind der Realteil bzw. der Imaginärteil des komplexen Brechungsindex. Die entsprechenden Zahlenwerte können aus Standard-Tabellenwerken entnommen werden. Bei schiefer Inzidenz ist das Reflexionsvermögen auch noch von der Polarisation des Lichtes abhängig. Bei völlig undurchsichtigen Werkstoffen (T = 0), wie z. B. bei Metallen, ist das Absorptionsvermögen gegeben durch

$$A = 1 - R = \frac{4n}{(n+1)^2 + k^2} \tag{3.8}$$

Der Mechanismus der Absorption, also die Umwandlung von Lichtenergie in Wärme ist ein sehr komplizierter Vorgang. Man unterscheidet nach zwei Stoffgruppen, den Metallen und Nichtmetallen.

50

Bei Metallen erfolgt die Absorption durch die Elektronen im Leitungsband. Demgemäß ist das optische Verhalten wesentlich durch die elektrische Leitfähigkeit des Metalls bestimmt. Dies gilt insbesondere für den infraroten Spektralbereich. Da die Leitungselektronen mehr oder weniger frei beweglich sind, tritt eine Art Skineffekt auf, der die Eindringtiefe der Lichtwelle drastisch reduziert. Bei den meisten Metallen liegt sie in der Größenordnung von 10 bis 100 nm, beträgt also nur Bruchteile der Lichtwellenlänge.

Ebenso gilt, daß mit zunehmender elektrischer Leitfähigkeit auch das Reflexionsvermögen zunimmt. Da die Metalle generell eine sehr gute Leitfähigkeit besitzen, reflektieren sie im blanken Zustand zwischen 90 % und nahezu 100 % der auftreffenden Infrarot-Lichtenergie (Tabelle 3.2). Der weitaus größte Teil der einfallenden Laserenergie wird daher ungenutzt zurückgeworfen.

Tabelle 3.2: Typische Werte des Reflexionsvermögens einiger metallischer Werkstoffe (polierte Oberfläche, Zimmertemperatur, senkrechte Inzidenz) bei den Wellenlängen $\lambda = 1{,}06\ \mu m$ (Nd-Laser) und $\lambda = 10{,}6\ \mu m$ ($CO_2$-Laser)

|  | Reflexionsvermögen | |
|---|---|---|
|  | $\lambda = 1{,}06\ \mu m$ | $\lambda = 10{,}6\ \mu m$ |
| Aluminium | 0,96 | 0,98 |
| Eisen | 0,70 | 0,96 |
| Gold | 0,97 | 0,985 |
| Kupfer | 0,95 | 0,985 |
| Molybdän | 0,60 | 0,97 |
| Nickel | 0,74 | 0,97 |
| Silber | 0,96 | 0,99 |
| Tantal | 0,85 | 0,95 |
| Titan | 0,58 | 0,92 |
| Wolfram | 0,60 | 0,97 |
| Zink | 0,84 | 0,97 |

Technische Werkstückoberflächen sind jedoch in der Regel nicht poliert, sondern mehr oder weniger rauh und meist mit Oxidschichten belegt, so daß in der Praxis mit etwas geringeren Reflexionsgraden, d. h. mit einer besseren Strahlungsankopplung gerechnet werden kann. In vielen Fällen ist es nützlich, spezielle Absorptionsschichten künstlich aufzubringen, um die Strahlungsankopplung noch weiter zu verbessern. Solche Schichten sind z. B.

- Oxide
- Graphit
- Phosphate.

Für die praktische Anwendung besonders wichtig ist die Tatsache, daß bei nahezu allen Metallen das Reflexionsvermögen (ähnlich wie die elektrische Leitfähigkeit) mit zunehmender Temperatur abnimmt. Qualitativ ist dieser Zusammenhang in Bild 3.4 dargestellt, hier am Beispiel des Absorptionsvermögens. Der Absorptionsgrad (d. h. der Strahlungs-Kopplungskoeffizient) nimmt mit der Temperatur bis zum Erreichen des Schmelzpunktes relativ langsam zu. In diesem Bereich zeigt sich bei vielen Metallen auch noch eine deutliche Wellenlängenabhängigkeit. Am Schmelzpunkt wächst dann der Absorptionsgrad sehr rasch an und kann bei der Verdampfungstemperatur Werte bis 80 % und darüber erreichen. Dieses Verhalten zeigt sich in qualitativ ähnlicher Weise bei nahezu allen Metallen.

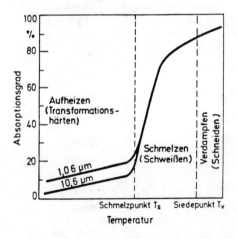

Bild 3.4:
Temperaturabhängigkeit
des Absorptionsvermögens
von Metallen (qualitativ)

Das rasche Anwachsen des Strahlungs-Kopplungskoeffizienten im Bereich der Schmelz- und Verdampfungsphase läßt sich aus der Temperaturabhängigkeit des Reflexionsvermögens an der Metallgrenzfläche alleine nicht befriedigend deuten.

Tatsächlich bildet sich mit zunehmender Intensität und damit zunehmender Temperatur eine immer dichter werdende Dampf- und Plasmawolke an der Bearbeitungsstelle aus (vgl. Bild 3.1), die in Wechselwirkung mit der eingestrahlten Laserintensität tritt. Das teilionisierte Plasma wirkt dabei wie ein Energiewandler, der die einfallende Laserenergie via inverse Bremsstrahlung mit hohem Wirkungsgrad in Wärmeenergie umformt und an das Material ankoppelt. Die Strahlungsankopplung ist damit weniger von der Temperatur sondern primär von der Intensität und der Einwirkungsdauer abhängig. Dieser Bereich der sog. anomalen Absorption zeigt ein typisches Schwellenverhalten, das sich bei nahezu allen Materialien wiederfindet: Oberhalb einer kritischen Intensität $J_c$ (etwa $10^7 - 10^8$ W/cm²) strebt die Absorption sprunghaft gegen den Wert 1. Bild 3.5 veranschaulicht den Effekt der anomalen Absorption bei Aluminium unter Verwendung eines TEA-$CO_2$-Lasers[11]. Man sieht, daß die von der Probenoberfläche reflektierte Strahlung zunächst der Laserimpulsform genau folgt. Bei Erreichen von $J_c$ vermindert sich die Reflexion sprunghaft, wodurch der Rest der Impulsenergie nahezu vollständig an das Material ankoppeln kann. Gegen Ende des Impulses, wenn die Laserintensität bereits auf nahezu Null abgesunken ist, kehrt das normale Reflexionsverhalten ebenso plötzlich wieder.

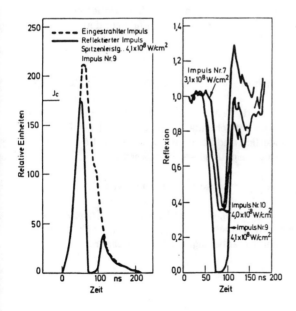

Bild 3.5:
Anomale Reflexion von Aluminium oberhalb einer kritischen Laserintensität $J_c$ (nach[11])

Insgesamt ergibt sich, daß die Intensitätsabhängigkeit der Absorption eine nahezu vollständige Umwandlung der Laserenergie in Prozeßwärme zuläßt und zwar so, daß wesentlich mehr Prozeßwärme erzeugt wird als durch Wärmeleitung abtransportiert werden kann. Damit ist auch bei „schwierigen" (z. B. Kupfer, Silber, Gold, Diamant) Werkstoffen eine Bearbeitung mit maximalem Wirkungsgrad und minimaler Erwärmung des Werkstücks möglich.

Bei der anderen Gruppe von Werkstoffen, den Nichtmetallen, geraten bei großen Wellenlängen die Gitterbausteine des Festkörpers (Moleküle, Ionen) in Schwingungen, bei kürzeren Wellenlängen werden die Elektronen der Atomhülle angeregt. Diese Anregung wird dann durch Stöße auf das Gitter übertragen und verteilt und so in Wärme umgesetzt. Die Energie der Lichtwelle nimmt auf ihrem Weg ins Innere des Mediums exponentiell mit der Absorptionskonstanten $\alpha$ ab. Für das Absorptionsvermögen gilt

$$A = (1 - R) (1 - \exp(-\alpha z)). \tag{3.9}$$

Der Absorptionskoeffizient $\alpha$ ist im allgemeinen stark wellenlängenabhängig. Er ist gegeben durch

$$\alpha = \frac{4\pi k}{\lambda} \tag{3.10}$$

wobei k wieder der Imaginärteil des komplexen Berechnungsindex ist.

Bei transparenten Medien ist $\alpha = 0$, d. h. die Eindringtiefe ist unbegrenzt. Bei starker Absorption ($\alpha \geqslant 10^3$ cm$^{-1}$) wird sie sehr klein und liegt dann nur mehr in der Größenordnung der Lichtwellenlänge.

### 3.2.3 Thermisches Materialverhalten

Der Anteil der Laserenergie, der in das Material eingekoppelt und dort absorbiert wird, heizt das Werkstück auf. Das entstehende Temperaturprofil $T = T(x, y, z, t)$ ist räumlich und zeitlich veränderlich und kann im Prinzip durch Lösen der drei-dimensionalen Wärmeleitungsgleichung berechnet werden:

$$\rho C \frac{\partial T}{\partial t} = \frac{\partial}{\partial x} (\lambda \frac{\partial T}{\partial x}) + \frac{\partial}{\partial y} (\lambda \frac{\partial T}{\partial y}) + \frac{\partial}{\partial z} (\lambda \frac{\partial T}{\partial z}) + q(x, y, z, t). \tag{3.11}$$

Die Größe $q(x, y, z, t)$ ist der Quellterm, d. h. die Rate mit der Energie dem Material zugeführt wird. Sie hat die Dimension Ws/(cm$^3$ s) und ist über den Absorptionsgrad von der Temperatur abhängig. Die Materialparameter

$\rho$ = Materialdichte (g/cm$^3$)

$\lambda$ = Wärmeleitfähigkeit (W/cmK)

$C$ = Wärmekapazität (Ws/gK)

sind in der Regel ebenfalls orts- und temperaturabhängig.

Insgesamt ergibt sich eine äußerst komplizierte nichtlineare Differentialgleichung, die im allgemeinen nur näherungsweise und mit großem Aufwand numerisch zu lösen ist.

Unter stark vereinfachenden Annahmen und Randbedingungen lassen sich jedoch analytische Lösungen angeben, die in vielen Fällen sehr hilfreich sind. Sie tragen zu einem besseren physikalischen Verständnis für den Aufheizvorgang bei und ermöglichen auch eine erste Abschätzung der Verfahrensparameter für ein bestimmtes Bearbeitungsproblem. Um solche Lösungen ermitteln zu können, treffen wir die folgenden Annahmen:

— Der Werkstoff ist homogen und isotrop.
— Die an sich temperaturabhängigen und daher zeitlich veränderlichen Materialparameter und der Strahlungs-Kopplungskoeffizient können durch konstante Mittelwerte angenähert werden.

Damit läßt sich die Wärmeleitungsgleichung vereinfachen zu

$$\nabla^2 T - \frac{1}{\kappa} \frac{\partial T}{\partial t} = - \frac{q\,(x, y, z, t)}{\lambda} \tag{3.12}$$

Die Größe $\chi$ wird Temperaturleitfähigkeit oder auch thermischer Diffusionskoeffizient genannt und ist gegeben durch

$$\kappa = \lambda/(\rho\,C) \tag{3.13}$$

Sie hat die Dimension (cm$^2$/s) und gibt an, wie schnell ein Material thermische Energie aufnimmt und weiterleitet. So ist z. B.

$$x = 2\,(\kappa t)^{1/2} \tag{3.14}$$

die Strecke, die eine Wärmefront innerhalb der Zeit t fortschreitet.

Um einfache Lösungen zu erhalten, reduzieren wir das Problem auf den einachsigen Wärmestoß in den einseitig begrenzten Raum, d. h. wir betrachten ein kreissymmetrisches Laserbündel, dessen Achse am Ort (r = o, z = o) auf eine unendlich ausgedehnte Platte auftrifft, deren Dicke (z-Richtung) sehr groß ist gegenüber der Dicke der erwärmten Randschicht. Die Randschichtdicke ist charakterisiert durch $(\kappa \tau)^{1/2}$, wobei $\tau$ die Einwirkungsdauer des Laserlichts ist. Außerdem soll die Absorption in einer sehr dünnen Oberflächenschicht $\delta$ erfolgen

$$\delta \ll (\kappa\, \tau)^{1/2}.$$

Einige wichtige Modellfälle, für die sich analytische Lösungen finden lassen[12], sind im folgenden zusammengestellt. Angegeben sind jeweils die Lösungen für den zeitlichen Temperaturverlauf T $(r=o, z, t)$ entlang der Achse, da hier die Temperatur am höchsten ist.

a) Annahmen: Der Brennfleckdurchmesser ist groß gegenüber $(\kappa\, \tau)^{1/2}$, d. h. die Wärmeableitung parallel zur Oberfläche ist zu vernachlässigen. Das Laserbündel hat einen ebenen Intensitätsverlauf mit der Zeitabhängigkeit

$t < o$ : J (t) = o
$o \leqslant t \leqslant \tau$ : J (t) = $J_o$ = const.
$t > \tau$ : J (t) = o.

Die Lösungen lauten:

Für $o < t < \tau$:

$$T\,(o, z, t) = \frac{2\,AJ_o}{\lambda}\,(\kappa\, t)^{1/2}\;\mathrm{ierfc}\left[\frac{z}{2\,(\kappa\, t)^{1/2}}\right] \tag{3.15}$$

A ist der Absorptionsgrad des Materials. ierfc ist eine spezielle Funktion, deren Werte in einschlägigen Handbüchern tabelliert sind.

An der Oberfläche (z = o) gilt:

$$T\,(o, o, t)\;\frac{2\,AJ_o}{\lambda}\,(\kappa\, t)^{1/2}\;\mathrm{ierfc}\left[\frac{z}{2\,(\kappa\, t)^{1/2}}\right] \tag{3.16}$$

Für $t > \tau$:

$$T\,(o, z, t) = \frac{2\,AJ_o}{\lambda}\left\{(\kappa\, t)^{1/2}\;\mathrm{ierfc}\left[\frac{z}{2\,(\kappa\, t)^{1/2}}\right] - \right.$$

$$\left. - (\kappa\, (t-\tau))^{1/2}\;\mathrm{ierfc}\left[\frac{z}{2\,(\kappa\, (t-\tau))^{1/2}}\right]\right\} \tag{3.17}$$

b) Annahmen: Der Laser strahlt kontinuierlich mit der Leistung $P_o$ ein. Die Intensität ist gleichförmig innerhalb eines Kreises mit Radius a konzentriert, wobei a $\gtrless$ $(\kappa\, t)^{1/2}$ sein darf. Es gilt

56

$t \leqslant 0 \qquad : J(r, t) = 0$
$t > 0, 0 \leqslant r \leqslant a : J(r, t) = J_0 = \text{const.}$
$r > a \qquad : J(r, t) = 0$

Die Lösungen lauten $(t > 0)$:

$$T(0, z, t) = \frac{2 A P_0}{\pi a^2 \lambda} (\kappa t)^{1/2} \left\{ \text{ierfc} \left[ \frac{z}{2 (\kappa t)^{1/2}} \right] - \right.$$

$$\left. - \text{ierfc} \left[ \frac{(z^2 + a^2)^{1/2}}{2 (\kappa t)^{1/2}} \right] \right\} \tag{3.18}$$

An der Oberfläche $(r = 0, z = 0)$ ergibt sich

$$T(0, 0, t) = \frac{2 A P_0}{\pi a^2 \lambda} (\kappa t)^{1/2} \left\{ \frac{1}{\pi^{1/2}} - \text{ierfc} \left[ \frac{a}{2 (\kappa t)^{1/2}} \right] \right\} \tag{3.19}$$

Bei genügend langer Einstrahldauer stellt sich ein Gleichgewicht ein und die Oberfläche erreicht die Maximaltemperatur:

$$T(0, 0, \infty) = \frac{A P_0}{\pi a \lambda} = T_{max} . \tag{3.20}$$

c) Annahme: Der Laser strahlt kontinuierlich ein und besitzt eine gaußförmige Intensitätsverteilung $J(r) = J_0 \exp[-2 r^2/r_0^2]$. Es gilt:

$t \leqslant 0 : J(r, t) = 0$
$t > 0 : J(r, t) = J(r).$

Die Lösung lautet $(t > 0)$:

$$T(0, 0, t) = \frac{A J_0 r_0}{\lambda (2 \pi)^{1/2}} \arctan \left[ \frac{8 \kappa t}{r_0^2} \right]^{1/2} . \tag{3.21}$$

Im Gleichgewicht gilt:

$$T(0, 0, \infty) = \frac{A J_0 r_0}{2 \lambda} \left( \frac{\pi}{2} \right)^{1/2} = T_{max} . \tag{3.22}$$

Weiterführende Modellrechnungen sind z. B. in[1] und [12] zu finden.

Die angegebenen Gleichungen gelten in dieser Form nur für das Aufheizen eines Werkstücks ohne Phasenänderung. Die meisten Bearbeitungsprozesse erfordern jedoch den Übergang in die flüssige bzw. dampfförmige Phase. Im Prinzip lassen sich solche Phasenänderungen auch in der Wärmeleitungsgleichung berücksichtigen, die Lösungen werden dann jedoch noch komplizierter und aufwendiger.

Einige vereinfachte theoretische Modelle werden z. B. in Ref. [1, 5, 12] behandelt.

Einige nützliche Anhaltspunkte lassen sich bereits aus dem stark vereinfachten „Bohrermodell" gewinnen. Wir betrachten hierzu unseren Modellfall a (einachsiger Wärmestoß, Wärmeableitung in radialer Richtung zu vernachlässigen):

Nach der Zeit

$$t_s = \frac{T_s \lambda^2 \pi}{4 A J_o^2 \kappa}$$  (3.23)

erreicht die Oberfläche (z = o) gerade die Schmelztemperatur $T_s$. Es entsteht eine Schmelzzone, deren Front (T = $T_s$) mit der Geschwindigkeit $v_s$ in das Material hineinwandert.

$$v_s = \frac{A J_o}{\rho (Q_s + C \Delta T_s)} \exp [- v_s \delta (t)/\kappa].$$  (3.24)

Hierbei sind $Q_s$ (Ws/g) die latente Schmelzwärme und $\delta$ (t) die Schichtdicke der Schmelzzone. Die zeitliche Änderung von $\delta$ (t) folgt aus der Erhaltungsgleichung

$$F \cdot \frac{d\delta}{dt} = F v_s (\delta) - \frac{dV_{loss}}{dt}$$  (3.25)

wobei F die Fläche der Schmelzzone ist. $dV_{loss}/dt$ sind die Materialverluste der Schmelze (Volumen pro Zeiteinheit) infolge von externen Einflüssen (z. B. Ausblasen mit Gasstrahl).

Wird keine Schmelzflüssigkeit entfernt, so steigt bei ausreichend hoher Laserintensität die Temperatur an der Oberfläche sehr bald bis zum Siedepunkt $T_v$ und darüber. Es bildet sich eine Verdampfungsfront (T = $T_v$) aus, die mit der Geschwindigkeit $v_v$ in das Material läuft:

$$v_v \frac{A J_o}{\rho (Q_s + Q_v + C \Delta T_v)} .$$  (3.26)

$Q_v$ = ist die latente Verdampfungswärme. Wird $J_o$ weiter erhöht, so vergrößert sich auch $v_v$ bis der theoretische Grenzwert, die Schallgeschwindigkeit im Material $c_s$ erreicht ist. In diesem Übergangsbereich gilt

$$v = c_s \exp [- 2 Q_v Z/3 N k_B T_v].$$  (3.27)

Hierbei sind Z das Atomgewicht des Materials, N die Loschmidtzahl und $k_B$ die Boltzmannkonstante.

In diesem Bereich sehr hoher Intensitäten ist v nicht mehr abhängig von $J_o$. Bei den meisten Metallen tritt diese Sättigung bei $J_o \approx 10^8$ W/cm$^2$ auf; die Dampfgeschwindigkeit beträgt dann ca. $10^5 - 10^6$ cm/s.

### 3.2.4 Bearbeitungsvorgang

Während des Bearbeitungsvorgangs laufen verschiedene physikalische Prozesse ab, die sich grob in vier Bereiche einteilen lassen:

- Aufheizen (z. B. Transformationshärten)
- Schmelzen (z. B. Schweißen, Umschmelzhärten, Legieren)
- Verdampfen (z. B. Bohren, Schneiden, Materialabtrag)
- Ionisieren (Plasmaerzeugung)

Die wichtigsten Parameter zur Steuerung dieser Prozesse sind die Leistungsdichte und die Einwirkungsdauer der Laserstrahlung. Sie können je nach Bearbeitungsvorgang, um viele Größenordnungen variieren. Bild 3.6 zeigt eine Zusammenstellung der wichtigsten Bearbeitungsverfahren, geordnet nach der jeweils günstigsten Kombination von Leistungsdichte und Einwirkungsdauer. Die gestrichelten Geraden geben die Linien konstanter Energiedichte an.

Bereits der Vorgang des reinen Aufheizens wird technisch für Zwecke des *Transformationshärtens* von Metallen ausgenutzt. Mit Hilfe des wohldefinierten Laserbündels lassen sich ausreichend hohe Aufheiz- und Abkühlgeschwindigkeiten erzielen um lokal eng begrenzte Teile, z. B. einer Stahloberfläche, martensitisch zu härten, ohne daß das umgebende Material in seinen mechanischen Eigenschaften wesentlich beeinflußt wird. Unter der Randbedingung, daß die Werkstückoberfläche im Zentrum des Laserflecks gerade noch nicht aufschmilzt ($T \approx T_s$) lassen sich die erforderliche Schwellen-Intensität $J_s$ und die zugehörige Einwirkungsdauer z. B. mit Hilfe von Gl. (3.16) abschätzen. Die Dicke des Materials, die bis zur Austenitisierungstemperatur aufgeheizt wird und die Abkühlrate können dann mit Hilfe von Gl. (3.15) bzw. (3.17) ermittelt werden.

Bei erhöhter Leistungsdichte wird an der Oberfläche eines metallischen Werkstücks sehr schnell die Schmelztemperatur erreicht und überschritten. Für die Herstellung einer Schweißverbindung müssen die Leistungsdichte und die Einwirkungsdauer so bemessen werden, daß die Probe an der bestrahlten Stelle nur schmilzt und wenig oder gar kein Material abgetragen wird. Der Wärmetransport ins Innere des Materials erfolgt dabei durch Wärmeleitung (vgl. Abschnitt 3.2.3, Gl. (3.23) bis (3.25)). Die dabei erreichbare Aufschmelztiefe d ist primär durch die absorbierte Energiedichte $\epsilon$ (Ws/cm$^2$) bestimmt. Ein oberer Grenzwert läßt sich mit der folgenden Faustformel abschätzen:

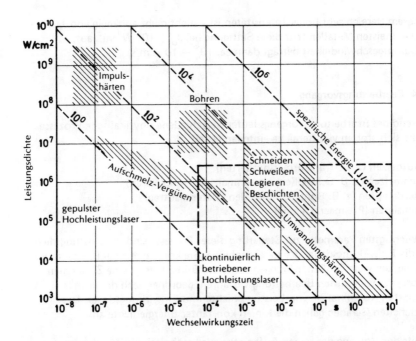

Bild 3.6: Parameterfeld für die Laser-Metallbearbeitung. Die durchbrochenen Geraden sind die Linien konstanter Energiedichte (nach C. M. Banas)

$$d_{max} \lesssim \frac{\epsilon}{\rho \, (Q_s + C \, \Delta T_s)} \qquad (3.28)$$

Tatsächlich treten Verluste durch Wärmeleitung auf und die erreichbare Aufschmelztiefe ist geringer. Optimales Aufschmelzen wird dann erreicht, wenn die Rate der Energiezufuhr den thermischen Zeitkonstanten des Werkstoffs angepaßt ist. Eine Abschätzung der optimalen Kombination von Leistungsdichte und Einwirkungsdauer t und die damit erzielbare Aufschmelztiefe läßt sich mit Hilfe von Gl. (3.15) bzw. (3.18) durchführen. Dabei gilt die Randbedingung, daß die Temperatur im Zentrum des Laserflecks an der Oberfläche des Werkstücks nicht über der Siedetemperatur liegen sollte: $T_{max}\,(0, 0, t') \lesssim T_V$.

Die theoretischen Rechnungen und die praktische Erfahrung zeigen, daß die so erreichbaren Schweißtiefen sehr begrenzt sind (typisch < 1 mm). Das Schmelzschweißen von Metallen unter Ausnutzung der Wärmeleitung findet daher vor allem bei der Feinbearbeitung Anwendung.

60

Kontinuierliche Schweißnähte mit großer Schweißtiefe erfordern den Einsatz von Lasern mit hoher Ausgangsleistung und hoher Leistungsdichte. Für solche *Tiefenschweißungen* wird bevorzugt der $CO_2$-Hochleistungslaser eingesetzt. Bild 3.7 zeigt schematisch die Schmelzbadgeometrie: Bei ausreichend hoher Leistungsdichte an der Werkstückoberfläche entsteht zunächst ein Dampfkanal, durch den die Laserenergie in das Innere des Materials vordringen kann. Der Druck des abdampfenden Materials hält dem hydrostatischen Druck des umgebenden flüssigen Materials die Waage. Bewegt sich der Laserstrahl relativ zum Werkstück, so bleibt, bei geeignet gewählten Prozeßparametern, der Dampfkanal auch dynamisch stabil. Er wandert durch das Werkstück, wobei an der Vorderfront ständig neues Material aufschmilzt, das sich an der rückwärtigen Front wieder verfestigt. Als Resultat entsteht eine Schweißnaht, deren Tiefe ein Mehrfaches der Breite beträgt. Der Bereich optimaler Leistungsdichte für diese Art der Tiefenschweißung liegt etwa bei $10^6 - 10^7$ W/cm$^2$. Bei zu geringen Leistungsdichten bildet sich kein Dampfkanal aus; bei zu hoher Intensität wird das Schweißgut durch übermäßiges Verdampfen teilweise ausgeschleudert und der Dampfkanal wird instabil. Abgesehen von Grenzfällen ist die Schweißtiefe bei konstanter Laserleistung in der Regel umgekehrt proportional zur Schweißgeschwindigkeit (Bild 3.8). Verringert man die Schweißgeschwindigkeit bei konstanter Laserleistung, so schmilzt mehr Material in der Umgebung des Dampfkanals auf, entsprechend der erhöhten Energieeinbringung pro Längen-

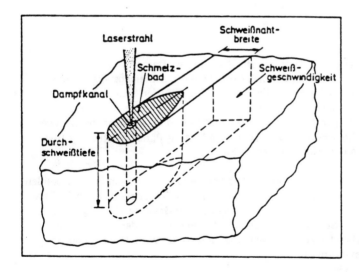

Bild 3.7: Schweißbadgeometrie (schematisch) beim Tiefenschweißen

61

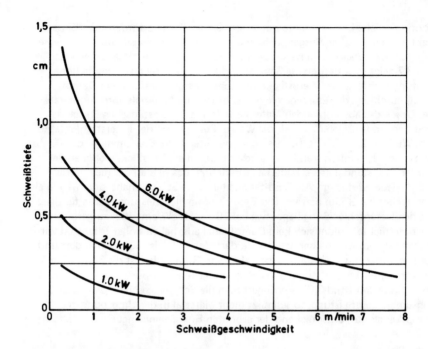

Bild 3.8:  Abhängigkeit der Schweißtiefe von der Schweißgeschwindigkeit für verschiedene Laserleistungen

einheit. Bei zu langsamer Geschwindigkeit kann der Dampfdruck den hydrodynamischen Kräften in der Schmelze nicht mehr das Gleichgewicht halten, der Dampfkanal kollabiert und die Schweißtiefe reduziert sich drastisch. Kurz vor diesem Zusammenbruch ist die Schweißtiefe am größten. Bild 3.9 zeigt den aus zahlreichen Experimenten empirisch ermittelten Zusammenhang zwischen der maximalen Schweißtiefe d und der Laserleistung P, der durch eine Kurve $d \sim P^{0,7}$ recht gut angenähert werden kann.

Beim Vergleich von konventionellen Schweißverfahren mit dem Laserschweißen wird oft der geringe elektrische Wirkungsgrad des $CO_2$-Lasers (typisch 15 %) als Nachteil angeführt. Beim Schweißen ist jedoch der Gesamtwirkungsgrad zu vergleichen, in den entscheidend die Effektivität eingeht mit der die eingebrachte Energie zum Schmelzen des Schweißgutes ausgenutzt wird. Dieser Schmelzwirkungsgrad ist definiert als

$$\eta_s = \frac{\rho \, (Q_s + C \, \Delta T_s)}{P} \, \frac{dV}{dt} = \frac{E_s}{E_L} \qquad (3.29)$$

62

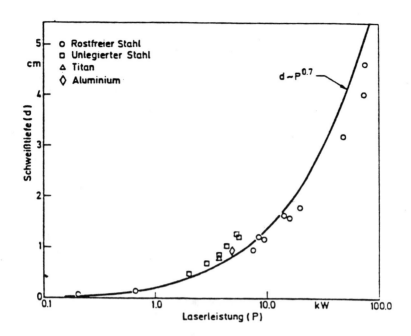

Bild 3.9: Empirisch ermittelter Zusammenhang zwischen Schweißtiefe und Laserleistung (nach [13])

wobei $E_s$ die zum Schmelzen des Volumenelements dV erforderliche Energie, $E_L$ die aufgewendete Laserenergie und dV/dt das pro Zeiteinheit aufgeschmolzene Volumen bedeutet. Kalorimetrische Messungen haben gezeigt, daß beim Tiefenschweißen der meisten Metalle Schweißwirkungsgrade von 70 % bis 90 % erzielt werden können[13]. Das heißt nur 10 % bis 30 % der aufgewendeten Laserenergie geht verloren. Entsprechend gering ist die Aufheizung des Werkstücks. Bei konventionellen Verfahren, z. B. beim Lichtbogen, ist die erforderliche spezifische Energieeinbringung um etwa eine Größenordnung höher. Daher ist die gesamte elektrische Primärenergie, die zur Herstellung einer Schweißnaht bestimmter Länge aufgebracht werden muß, beim Laser und beim Lichtbogen durchaus vergleichbar, wobei beim Lichtbogenschweißen die Wärmebelastung des Werkstücks wesentlich größer ist.

Im Gegensatz zum Schweißen ist beim *Bohren* und *Schneiden* eine möglichst wirkungsvolle Entfernung des Materials erwünscht. Die Effizienz des Materialabtrags wird wesentlich von der eingebrachten Leistungsdichte bestimmt. Bild 3.10 zeigt als Beispiel die Abhängigkeit der Bearbeitungsgeschwindigkeit

63

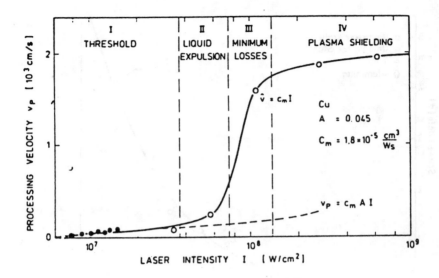

Bild 3.10: Abhängigkeit der Bohrgeschwindigkeit in Kupfer von der Intensität der Nd-Laser-Impulse. Die Bestrahlungszeit beträgt $5 \cdot 10^{-8}$ s – $5 \cdot 10^{-7}$ s (nach [14])

von der eingestrahlten Intensität beim Bohren von Kupfer mit Nd-Laser Impulsen. Charakteristisch ist ein rascher Anstieg der Bearbeitungsgeschwindigkeit in einem kritischen Intensitätsbereich. Dieses Verhalten ist typisch und findet sich bei nahezu allen Metallen. Nach G. Herziger[14] lassen sich vier Bereiche unterscheiden, in denen unterschiedliche Wechselwirkungsprozesse dominieren.

I. Schwellenbereich: Ab einer gewissen Intensität wird die Siedetemperatur an der Oberfläche erreicht und Material beginnt quantitativ abzudampfen. Wie in Abschnitt 3.2.3 erläutert, bildet sich eine Verdampfungsfront aus, die mit der Geschwindigkeit $v_P$, der Bearbeitungsgeschwindigkeit in das Material eindringt. Ihr voraus läuft eine Schmelzzone der Dicke $\delta$. Der Schwellenbereich ist charakterisiert durch das stetige Abdampfen einer Oberfläche, wobei die Wärmeableitung noch eine erhebliche Rolle spielt. Die Bearbeitungsgeschwindigkeit ist annähernd proportional zur Laserintensität

$$v_P = A \, C_m \, J \qquad\qquad (3.30)$$

Im Faktor $A < 1$ sind die Verluste durch Wärmeleitung berücksichtigt. $C_m$ ist die reziproke spezifische Energie, die zum Verdampfen aufgewendet werden muß:

$$C_m = [\rho \, (Q_s + Q_v + C \, \Delta T_v)]^{-1} \qquad (3.31)$$

II. Bereich mit Flüssigkeitsaustreibung: Bei erhöhter Leistungsdichte erhöht sich auch die deponierte Energiedichte in der Schmelzzone. Es kann zu lokalen Überhitzungen und zur Kavitation kommen. Das Material wird eruptionsartig nicht nur als Dampf sondern auch in flüssiger Form herausgeschleudert. Die Flüssigkeitströpfchen setzen sich an der Bearbeitungsstelle ab und können unregelmäßige Strukturen bilden, die die Qualität der Bearbeitung beeinträchtigen. Die Bearbeitungsgeschwindigkeit nimmt überproportional zu, da keine Energie aufgewendet werden muß, um den flüssig ausgetriebenen Anteil des Materials zu verdampfen.

III. Bereich der anomalen Absorption: Dieser Bereich ist gekennzeichnet durch eine plötzliche Zunahme des Absorptionsvermögens und eine optimale Energieankopplung infolge der Laser-Plasma-Wechselwirkung (vgl. Abschnitt 3.2.2). Dementsprechend erhöht sich die Verdampfungsrate. Die Dicke der schmelzflüssigen Zone geht stark zurück und es wird praktisch kein flüssiges Material mehr herausgeschleudert. Die Bearbeitungsgeschwindigkeit erreicht nahezu die theoretische Obergrenze:

$$v_P = C_m \, J \qquad (3.32)$$

IV. Abschirmbereich: Bei noch höherer Intensität werden die Elektronen in der abdampfenden Plasmawolke durch die hohe Lichtfeldstärke so stark beschleunigt, daß sie ihrerseits Stoßionisationsprozesse durchführen können. Dadurch steigt die Zahl der freien Ladungsträger lawinenartig an (Gasdurchbruch) und die Lichtenergie ist bereits im Plasma nahezu vollständig absorbiert. Die Energieübertragung auf das Werkstück erfolgt indirekt über das Plasma durch Strahlung und Wärmekontakt. Die Geometrie der Bearbeitungsstelle wird nicht mehr durch die Abmessungen des Laserflecks bestimmt, sondern durch die Abmessungen der Plasmawolke, die wesentlich größer sein kann.

Ähnlich wie beim Schweißen kann auch bei der abtragenden Bearbeitung ein Wirkungsgrad definiert werden.

$$\eta_v = \frac{\rho \, (Q_s + Q_v + C \, \Delta T_v)}{P} \, \frac{dV}{dt} = \frac{E_V}{E_L} \qquad (3.33)$$

Er ist das Verhältnis aus der Energie $E_V$, die zur Verdampfung der Masse $\rho \, dV$ benötigt wird und der eingestrahlten Laserenergie. Bild 3.11 zeigt diesen

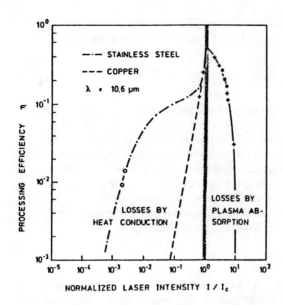

Bild 3.11: Wirkungsgrad der Laserbearbeitung mit Materialabtrag in Abhängigkeit von der normierten Laserintensität. Die experimentellen Daten stammen aus Bohrversuchen mit dem $CO_2$-Laser (nach [14])

Wirkungsgrad in Abhängigkeit von der Laserintensität. Das Maximum liegt bei der kritischen Intensität $J_c$ (vgl. Abschnitt 3.2.2). Der ideale Wert $\eta = 1$ wird tatsächlich mit Excimer- und Nd-Lasern näherungsweise erreicht. Bei der Bearbeitung mit $CO_2$-Lasern liegt der maximale Wirkungsgrad bei $\eta \approx 0,5$. Ursache hierfür ist die Teilabschirmung durch das entstehende Plasma, das einen Transmissionsgrad von ca. 0,5 hat.

Für Intensitäten $J < J_c$ verringert sich der Wirkungsgrad bedingt durch Reflexions- und Wärmeleitungsverluste. Der Abfall für $J > J_c$ W/cm$^2$ ist auf zunehmende Abschirmung des Werkstücks durch das entstehende Plasma zurückzuführen.

Das Bohren von Löchern mit kleinem Durchmesser ist eine Domäne des gepulsten Festkörperlasers. Da dieser Lasertyp in der Lage ist, die erwünschten Leistungsdichten von ca. $10^8$ W/cm$^2$ zu erzeugen, können die eben diskutierten Erkenntnisse mit Vorteil angewendet werden, um den Bohrprozeß und die Bearbeitungsqualität zu optimieren.

66

Zum kontinuierlichen Schneiden von Werkstoffen benötigt man leistungsstarke kontinuierlich emittierende Laser. Hierfür kommt praktisch ausschließlich der $CO_2$-Laser in Betracht. Allerdings reicht die Leistungsdichte der heute verfügbaren Laser dieses Typs nicht aus, um das gesamte Material in der Schnittfuge mit hohem Wirkungsgrad zu verdampfen. Ohne besondere Maßnahmen dominiert die Wärmeableitung und es entsteht primär eine Schmelzzone ähnlich wie beim Schweißen. Abhilfe läßt sich durch Anwendung der Gasstrahltechnik schaffen. Hierbei wird ein Hochgeschwindigkeits-Gasstrahl koaxial zum Laserbündel auf die Werkstückoberfläche gerichtet, mit dem Effekt, daß das Schmelzgut nahezu vollständig ausgeblasen wird. Verwendet man ein reaktives Gas, wie z. B. Sauerstoff oder auch Luft, so wird zusätzliche Reaktionswärme an der Bearbeitungsstelle freigesetzt, die ein Mehrfaches der eingestrahlten Laserenergie betragen kann. Diese zusätzlich deponierte Energie führt zu einer wesentlich höheren Bearbeitungsgeschwindigkeit.

### 3.2.5 Merkmale der Laser-Bearbeitungsverfahren

Die Laserstrahlung ist eine sehr wertvolle Energieform. Ihre Eigenschaften bestimmen die Merkmale der Laser-Bearbeitungsverfahren:

— Die Laserverfahren arbeiten berührungsfrei. Sie gehören zu den Präzisions-Bearbeitungsverfahren.

— Die Laserstrahlung kann auf einen sehr kleinen, örtlich scharf begrenzten Fleck konzentriert werden. Die wärmebeeinflußte Zone außerhalb der eigentlichen Bearbeitungsstelle ist sehr schmal.

— Laserlicht durchdringt ohne wesentliche Schwächung Luft und andere Gase. Man kann daher die Bearbeitung in jeder gewünschten Atmosphäre (oxidierend, reduzierend, inert) durchführen. Selbstverständlich ist auch eine Bearbeitung im Vakuum möglich. Darüber hinaus können auch abgekapselte Objekte durch das Hüllmaterial hindurch bearbeitet werden, falls dieses für die Wellenlänge des Laserlichts transparent ist.

— Das Laserlicht kann mit Hilfe von Spiegeln und Linsen nahezu beliebig abgelenkt und fokussiert werden. Dies ermöglicht die Einhaltung eines großen Arbeitsabstands und die Bearbeitung auch an schwer zugänglichen Stellen. Außerdem läßt sich der Strahl von leistungsstarken Lasern mit Hilfe von Strahlteilern in mehrere Teilbündel aufspalten, so daß gleichzeitig an verschiedenen Stellen gearbeitet werden kann. Zusätzliche Vorteile sind durch den Einsatz von flexiblen Lichtleitfasern zu erwarten, sobald diese mit den geforderten Eigenschaften allgemein zur Verfügung stehen.

- Der räumlich und zeitlich genau definierte Strahl ermöglicht die Einhaltung enger Bearbeitungstoleranzen und gewährleistet eine hohe Reproduzierbarkeit des Bearbeitungsergebnisses.

- Die Laser-Bearbeitungsverfahren sind sehr gut für eine Automatisierung geeignet.

- In vielen Fällen arbeitet der Laser wirtschaftlicher als konventionelle Verfahren. Dabei ist zu berücksichtigen, daß der Laserstrahl ein Werkzeug darstellt, das nie stumpf wird. Die Wartungs- und Betriebskosten von Lasergeräten liegen i. a. niedrig. Allerdings sind die Anschaffungskosten zum Teil noch recht hoch. Es ist jedoch zu erwarten, daß bei vermehrtem Bedarf und entsprechend größeren Stückzahlen die Preise für Lasersysteme erheblich zurückgehen werden.

Darüber hinaus bietet die Materialbearbeitung mittels Laser nicht nur technologische Verbesserungen und wirtschaftliche Vorteile gegenüber anderen Verfahren. Sie ist eine neue Methode und kann auch solche Aufgaben übernehmen, die auf andere Weise nicht zu erfüllen sind.

### 3.2.6 Klassifizierung der verschiedenen Werkstoffe in bezug auf ihre Bearbeitbarkeit mit Laser

Ordnet man die breite Palette der Werkstoffe nach Gesichtspunkten der Laserbearbeitung, so gelangt man zu der in Bild 3.12 gezeigten Einteilung (gilt für den $CO_2$-Laser):

Voraussetzung für jede Art der Materialbearbeitung ist, daß die Laserenergie in das Material eindringen kann und dort absorbiert wird. Man kann daher das Reflexionsvermögen der Werkstoffe als erstes Kriterium verwenden und gelangt damit automatisch zur Unterscheidung nach Metallen und Nichtmetallen.

Bei den Metallen sind neben den Reflexionseigenschaften (vgl. Abschnitt 3.2.2, Tabelle 3.2) vor allem die Wärmeleitfähigkeit und die Temperaturleitfähigkeit für das Verhalten bei der Bearbeitung mit Laser maßgebend. Berücksichtigt man noch die verschieden hoch liegenden Schmelztemperaturen, so gelangt man zu einer weiteren Unterteilung. Für eine ungefähre relative Einschätzung der verschiedenen Metalle in bezug auf den Schwierigkeitsgrad bei der Laserbearbeitung läßt sich aus Gl. (3.16) bzw. (3.19) der Parameter S ableiten:

$$S = \frac{\lambda^2 \, T_s^{\,2}}{A^2 \, \kappa} \qquad (3.34)$$

Mit zunehmendem S wachsen auch die Schwierigkeiten. Vergleichsmaßstab ist

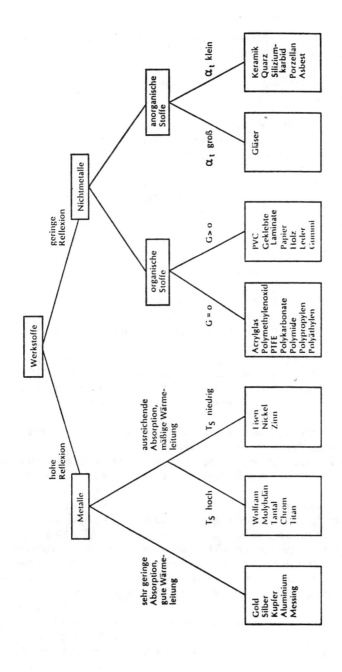

Bild 3.12: Einteilung der Werkstoffe nach Gesichtspunkten der Laserbearbeitung
($T_s$ = Schmelztemperatur, G = Glutfestigkeit, $\alpha_t$ = thermischer Ausdehnungskoeffizient)

hier die relative Zeit, die zum Erreichen der Schmelztemperatur an der Oberfläche eines Werkstücks benötigt wird. Bei materialabtragender Bearbeitung sind außerdem noch die Siedetemperatur und die Verdampfungswärme zu berücksichtigen. Bei Anwendung eines reaktiven Arbeitsgases liegen z. T. völlig andere Verhältnisse vor.

In Tabelle 3.3 sind die wichtigsten thermischen Kenndaten für eine Reihe von Metallen zusammengestellt. Die angegebenen Zahlenwerte für $\rho$, C, $\lambda$ und $\kappa$ gelten für Zimmertemperatur und ändern sich bei hohen Temperaturen zum Teil erheblich.

Betrachtet man die nichtmetallischen Werkstoffe, so läßt sich eine weitere Unterteilung in organische und anorganische Materialien treffen. Dabei ist weniger der Gehalt an Kohlenstoff und Wasserstoff maßgebend als das Verhalten bei hohen Temperaturen. Nahezu alle organischen Stoffe schmelzen oder zersetzen sich bereits bei mäßig hohen Temperaturen, während die meisten anorganischen auch sehr hohen Temperaturen widerstehen können.

Zur weiteren Unterteilung der anorganischen Materialien läßt sich mit Vorteil der thermische Ausdehnungskoeffizient heranziehen, der ein Maß für die bei der Bearbeitung erzeugten thermischen Spannungen darstellt. Quarz, Keramiken und ähnliche Materialien haben niedrige Ausdehnungskoeffizienten. Sie lassen sich sehr gut mit dem $CO_2$-Laser bearbeiten. Insbesondere bei geringen Materialstärken werden hervorragende Ergebnisse erzielt. Das Schneiden von Gläsern hingegen ist schwierig. Wegen des großen thermischen Ausdehnungskoeffizienten treten hohe thermische Spannungen auf, die sehr leicht zu Sprüngen führen.

Die sehr zahlreichen organischen Materialien zeigen das unterschiedlichste Verhalten bei der Bestrahlung mit intensivem $CO_2$-Laserlicht. Manche schmelzen, andere zersetzen sich, wieder andere neigen zur Verkohlung. Für eine Klassifizierung und Beurteilung der Bearbeitbarkeit müssen alle diese Effekte soweit wie möglich berücksichtigt werden. Aus der Kunststofftechnik sind zwei Testmethoden bekannt, die das Verhalten eines organischen Kunststoffs bei mittleren bis hohen Temperaturen erkennen lassen und damit auch Aussagen über die Bearbeitbarkeit mit Laser gestatten. Es handelt sich um den Glutfestigkeitstest und den Vicat-Nadeltest. Aus den Testergebnissen lassen sich zwei Zahlenwerte gewinnen (Glutfestigkeit G und Vicattemperatur $T_{vi}$), die für das betreffende Material charakteristisch sind. Bei einem Vergleich dieser Größen mit experimentellen Beobachtungen zeigt sich, daß bei der Bearbeitung mit dem $CO_2$-Laser Materialien mit hoher Vicattemperatur und G = 0 sanft abgerundete, glatte Schnittkanten aufweisen, jedoch kaum zu schweißen sind. Materialien mit niedriger Vicattemperatur und G = 0 lassen sich leicht schweißen, zeigen jedoch beim Schneiden sehr oft Unebenheiten und Ablagerungen auf der Rückseite. Materialien mit G > 0 tendieren zum Verkohlen. Mit zunehmendem G wächst der Grad

Tabelle 3.3: Thermische Kenndaten einiger ausgewählter reiner Metalle

($\rho$ = Dichte, C = spezifische Wärme, $\lambda$ = Wärmeleitfähigkeit, $\kappa$ = Temperaturleitfähigkeit,
$T_s$ = Schmelztemperatur, $T_v$ = Siedetemperatur, $Q_s$ = Schmelzwärme, $Q_v$ = Verdampfungswärme)

| | $\rho$ *) (g/cm³) | C *) (Ws/gK) | $\lambda$ *) (W/cmK) | $\kappa$ *) (cm²/s) | $T_s$ **) (°C) | $T_v$ (°C) | $Q_s$ (Ws/g) | $Q_v$ (kWs/g) |
|---|---|---|---|---|---|---|---|---|
| Aluminium | 2,70 | 0,90 | 2,2 | 0,91 | 660 | 2450 | 397 | 10,9 |
| Chrom | 6,93 | 0,44 | 0,90 | 0,30 | 1900 | 2640 | 280 | 6,7 |
| Eisen | 7,86 | 0,45 | 0,80 | 0,23 | 1535 | 2735 | 277 | 6,3 |
| Gold | 19,3 | 0,13 | 3,1 | 1,24 | 1063 | 2700 | 67 | 1,65 |
| Kupfer | 8,92 | 0,38 | 3,9 | 1,15 | 1083 | 2590 | 205 | 4,8 |
| Molybdän | 10,2 | 0,25 | 1,3 | 0,51 | 2620 | 4800 | 290 | 5,6 |
| Nickel | 8,9 | 0,45 | 0,81 | 0,20 | 1453 | 2800 | 303 | 6,5 |
| Silber | 10,5 | 0,23 | 4,2 | 1,74 | 961 | 2200 | 105 | 2,3 |
| Tantal | 16,6 | 0,14 | 0,56 | 0,24 | 3000 | 5400 | 174 | 4,2 |
| Titan | 4,5 | 0,52 | 0,22 | 0,094 | 1670 | 3300 | 324 | 9,0 |
| Wolfram | 19,3 | 0,13 | 1,8 | 0,72 | 3380 | 5500 | 192 | 4,4 |
| Zink | 7,14 | 0,38 | 1,1 | 0,41 | 420 | 907 | 111 | 1,8 |
| Zinn | 5,8 | 0,23 | 0,65 | 0,49 | 232 | 2690 | 60 | 2,4 |

*) bei T = 20 °C,  **) bei p = 1 bar

der Verkohlung. Nach W. Ulmer[15] läßt sich aus der Vicattemperatur und der Glutfestigkeit eine dritte Zahl N, die sogenannte „Laserzahl" gewinnen. Sie ist ein Maß für die Schneidbarkeit von organischen Materialien und ist folgendermaßen definiert:

$$N = \frac{T_{vi}^2}{(G + 1)^3 \cdot 100} \tag{3.35}$$

Dabei gilt die folgende Bewertung:

$N > 20$: Ergebnis gut bis sehr gut
$9 < N < 20$: Ergebnis ausreichend
$N < 9$: Ergebnis schlecht bis sehr schlecht

In Tabelle 3.4 sind für einige organische Kunst- und Naturstoffe Zahlenwerte für die Glutfestigkeit, die Vicattemperatur und die daraus berechnete Laserzahl angegeben.

Tabelle 3.4: Rangfolge verschiedener organischer Materialien in bezug auf ihre Schneidbarkeit mit dem $CO_2$-Laser. Die Laserzahl N errechnet sich aus der Vicattemperatur $T_{vi}$ und der Glutfestigkeit G.

| Parameter / Werkstoff | $T_{vi}$ | G | N | zunehmend bessere Schneidbarkeit |
|---|---|---|---|---|
| Geklebte Laminate | 200 | 4 | 3 | |
| Leder | 200 | 3 | 6 | |
| PVC | 80 | 1 | 8 | |
| Polyurethan | 100 | 1 | 12 | |
| Holz | 200 | 2 | 14 | |
| Papier | 200 | 2 | 14 | |
| Polyäthylen | 60 | 0 | 36 | |
| Polypropylen | 90 | 0 | 81 | |
| Polymide | 180 | 0,5 | 96 | |
| PTFE (Teflon) | 110 | 0 | 121 | |
| Acrylglas (Plexiglas) | 120 | 0 | 144 | |
| Polycarbonate | 150 | 0 | 225 | |
| Polymethylenoxid | 160 | 0 | 256 | ↓ |

Die Laserzahl hat keine tiefergehende physikalische oder chemische Bedeutung, dennoch stimmt sie recht gut mit den experimentell gewonnenen Erfahrungen überein. Die zur Berechnung nötigen Zahlenwerte sind in jedem einschlägigen Tabellenwerk enthalten.

### 3.3 Techniken der Materialbearbeitung mit Lasern

Die wichtigsten Bearbeitungsverfahren mit Laserstrahlung, nach Aufgaben geordnet, sind:

*Fügen*
— Schweißen (Tiefschweißen, Impulsschweißen)
— Löten (Weichlöten, Hartlöten)

*Trennen*
— Schneiden (Brenn-, Schmelz- und Verdampfungsschneiden)
— Ritzen
— Perforieren
— Trimmen und Abgleichen elektronischer Bauteile

*Bohren*
— Bohren kleiner Löcher (definierte Bohrgeometrie)

*Definierter Materialabtrag*
— Auswuchten
— Trimmen mechanischer Bauteile (z. B. Frequenzabgleich von Schwingern)
— Beschriften und Markieren

*Oberflächenveredelung*
— Umwandlungshärten
— Umschmelzen, Verglasen (metallische Gläser)
— Legieren, Dispergieren
— Beschichten, Verdichten von Beschichtungen

Für die einzelnen Bearbeitungsverfahren gelten gemeinsame Verfahrensparameter, die sich aus den Eigenschaften der Laserstrahlung und des zu bearbeitenden Materials ergeben (s. Abschnitt 3.2). Die einzelnen Verfahren zur Metallbearbeitung sind in Abschnitt 3.2.4 erläutert und im Überblick nach Leistungsdichte und Wechselwirkungszeit geordnet in Bild 3.6 graphisch wiedergegeben.

Das Gebiet der Materialbearbeitung mit Laser läßt sich in die Bereiche Feinbearbeitung, Oberflächenveredelung und Grobbearbeitung unterteilen. Die Schwerpunkte der Feinbearbeitung liegen in der Feinwerktechnik und in der Elektroindustrie, die der Oberflächenveredelung und der Grobbearbeitung in der metallverarbeitenden Industrie, z. B. Maschinenbau und besonders in der Automobilindustrie. In den genannten Anwendungsbereichen besitzen die einzelnen Bearbeitungsverfahren, gewisse anwendungsspezifische Merkmale, die im folgenden anhand von Beispielen näher erläutert werden.

### 3.3.1 Feinbearbeitung

Die Feinbearbeitung erfolgt vorzugsweise punktförmig und ist daher durch kleine Bearbeitungsdimensionen gekennzeichnet. Die aufgeschmolzenen Werkstoffvolumina liegen in der Regel unter 1 mm$^3$, die verwendeten Materialstärken liegen zwischen einigen Mikrometern und etwa 1 mm.

Der Feinbearbeitung ist der Impulsbetrieb mit geringen mittleren Leistungen besonders angepaßt. Demgemäß sind vorwiegend gepulste Festkörperlaser (Nd:YAG, Nd:Glas) und für bestimmte Fälle auch gepulste $CO_2$-Laser im Einsatz. Einige typische Daten von Lasern, die hierbei Verwendung finden, sind in Tabelle 3.8, Abschnitt 3.4 zusammengestellt.

Zu den Anwendungsschwerpunkten der Feinbearbeitung in der Elektro- und Feinwerktechnik zählen:

— Schweißen und Löten (Nahtschweißen, Punktschweißen) an metallischen Werkstoffen mechanischer und elektromechanischer Bauteile
— Schneiden und Bohren kleiner Dimensionen von Metallen und von einigen nichtmetallischen Werkstoffen (Ritzen/Scriben von Keramiksubstraten)
— Definierter Abtrag von Material (Trimmen/Abgleichen elektrischer und mechanischer Bauteile)
— Beschriften und Markieren
— Härten

Im Prinzip besteht ein Lasergerät für die Feinbearbeitung aus drei Teilen: dem Laserkopf (Strahlungsquelle), der Fokussierungsoptik, die meist mit einer Beobachtungsoptik kombiniert ist, und der Versorgungseinheit, die das Kühlsystem, die Stromversorgung und die verschiedenen Kontroll- und Meßeinrichtungen beinhaltet. Bild 3.13 zeigt als Beispiel ein Festkörper-Impulslasergerät für die Mikrobearbeitung, das besonders klein und einfach aufgebaut ist. Der Laserkopf ist an ein handelsübliches Stereomikroskop angeflanscht. Die Beobachtungsoptik dient zugleich als Fokussierungsoptik. Durch Umklappen des Schwenkspiegels (ferngesteuert oder per Hand) wird der Laser gezündet, das Laserlicht in den Strahlengang eingespiegelt und zugleich das Auge vor eventuell reflektiertem Laserlicht geschützt.

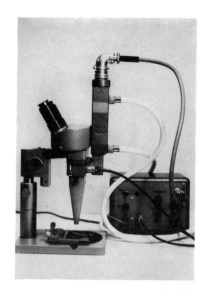
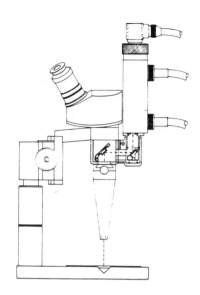

Bild 3.13: Festkörper-Impulsgerät für die Mikrobearbeitung (Lasermikroskop).
Links: Ansicht des Gerätes
Rechts: Schema mit Schnitt durch eine Einspiegelungsoptik
(Werkbild: Battelle-Institut, Frankfurt am Main)

Trotz der kleinen Abmessungen des Laserkopfes lassen sich damit Pulsenergien
bis zu 3 J erzeugen. Als aktives Material kann wahlweise ein Nd-Glasstab oder
ein Rubinstab eingesetzt werden.

Viele Aufgaben der Feinbearbeitung erfordern ein möglichst flexibles Gerät.
Für diesen Zweck existieren Laser-Komponenten-Systeme, die in Modulbau-
weise ausgeführt sind und zahlreiche Kombinations- und Variationsmöglich-
keiten bieten. Ein mögliches Ausführungsbeispiel zeigt Bild 3.14. Dieses Gerät
läßt sich in beliebiger Lage (z. B. vertikal oder horizontal) aufbauen, verfügt
über einen in weiten Grenzen variablen Arbeitsabstand und kann mit zahlreichen unterschiedlichen Laserköpfen (Pulsenergien bis 20 J), Fokussierungs-
und Beobachtungsoptiken, Positioniervorrichtungen und anderen Zubehör-
teilen ausgerüstet werden.

Laserlicht der Wellenlänge des Nd:YAG-Lasers kann durch flexible Lichtleitfasern ohne große Verluste übertragen werden. Die übertragbaren Leistungen
(cw und mittlere Pulsleistung) liegen bei 100 – 150 W. Der durch die Faser

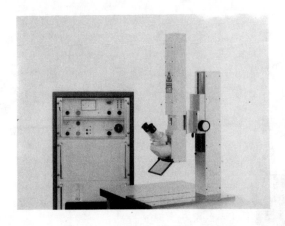

Bild 3.14:
Laser-Schweißgerät
(Werkbild: Haas-Strahl-
technik, Schramberg)

geführte Laserstrahl wird am Faserende durch ein Endstück mit eingebautem optischen Linsensystem (z. B. als Vario-Fokus) fokussiert. Die Positionierung des Endstücks kann automatisch oder manuell erfolgen.

Diese Möglichkeit erschließt ein weites Feld solcher Anwendungen, bei denen kein direkter Sichtkontakt zur Bearbeitungsstelle aus fertigungstechnischen oder rein baulichen Gründen gegeben ist. Die nahezu freie Beweglichkeit des Endstücks bietet insbesondere die Möglichkeit das Laserbearbeitungsstück in Robotersysteme einzubauen. Während in der medizinischen Anwendung Licht-leitfasern für Nd:YAG-Systeme bereits eingesetzt werden, bieten System-hersteller in der Materialbearbeitung noch keine Glasfaserstrahlführungs-systeme an.

### 3.3.1.1 Mikroschweißen und -löten

Das Mikroschweißen mit Laser gehört zu den Schmelzschweißverfahren. Seine Anwendungsbereiche sind durch die folgenden spezifischen Verfahrensmerk-male bestimmt, die sinngemäß auch für die anderen Arten der Feinbearbeitung gelten:

Beim Laserschweißen kann ein großer Arbeitsabstand (ca. 100 bis 200 mm) eingehalten werden. Damit sind viele Möglichkeiten der Werkstückzuführung gegeben, sowohl bei von Hand bedienten Vorrichtungen als auch im automati-sierten Betrieb. Da die Energieübertragung berührungslos erfolgt, werden keine mechanischen Kräfte auf die Werkstücke ausgeübt. Eine mechanische Deforma-tion während der Bearbeitung ist daher ausgeschlossen und es können

76

Schweißungen an fertig montierten, empfindlichen Baugruppen, z. B.
Meßwerken, ausgeführt werden.

Da sich der Laserstrahl mit Spiegeln oder Prismen leicht umlenken läßt, kann
das Werkstück in nahezu jeder beliebigen Lage geschweißt werden. Dies ist
besonders vorteilhaft, wenn sich die zu schweißenden Teile nur in einer bestimmten, schwer zugänglichen Lage fixieren lassen oder wenn sie bereits für mehrere
aufeinanderfolgende Arbeitsgänge fixiert sind und der Schweißvorgang ohne
neuerliches Einrichten erfolgen kann. Zumeist genügt auch eine lose Fixierung
der Teile. Lediglich die zu schweißende Stelle muß für den Strahl zugänglich sein.
Damit ist die Möglichkeit gegeben, auch in Vertiefungen und Höhlungen oder
sogar durch ein Fenster hindurch zu schweißen. Durch Aufteilung des Strahls in
verschiedene Teilbündel kann an mehreren Stellen gleichzeitig gearbeitet werden.

Das Mikroschweißen mit Laser ist bei sehr vielen metallischen Werkstoffen
anwendbar. Vor allem beim Schweißen von Stahl, insbesondere CrNi-Stahl.
Härtbare Stähle werden allerdings durch die Selbstabschreckung beim Schweißvorgang mit zunehmendem Kohlenstoffgehalt stark aufgehärtet und verspröden
bei zu hohem Kohlenstoffgehalt (s. Abschnitt 3.3.2). Generell gilt für Stähle wie
auch für Buntmetalle, daß Drehqualitäten mit Schwefel oder Bleizusatz nur ein-
geschränkt, dagegen Kaltformqualitäten gut schweißbar sind.

Gut schweißbar und verschweißbar mit vielen anderen Metallen sind Nickel und
Nickel-Basislegierungen. Schweißbar sind auch Werkstoffe wie Titan (nur auf
Titan unter Edelgas als Schutzgas) sowie die hochschmelzenden Metalle Tantal,
Molybdän und Wolfram. Die Gefahr der Versprödung ist dabei allerdings recht
hoch. Darüberhinaus können in vielen Fällen auch Werkstoffpaarungen mit zum
Teil sehr unterschiedlichen Schmelzpunkten mit gutem Erfolg geschweißt
werden. Sinterwerkstoffe sind untereinander kaum schweißbar, können aber
recht gut mit Eisen- oder Nickel-Legierungen verschweißt werden.

Die wichtigsten Fügearten sowohl für Punkt- als auch für Nahtschweißen sind:
Überlappend, Stumpfstoß und Kehlschweißung. Die konstruktive Gestaltung der
Fügestelle ist oft entscheidend für die Qualität der Verschweißung. Auch hoch-
vakuumdichte Schweißnähte können durch eine optimale Wahl aller Schweiß-
parameter in Form überlappender Schweißpunkte erzielt werden. Handelt es sich
darüberhinaus um verzugsempfindliche Teile, kann die Wärmeeinflußzone
entlang der Schweißnaht durch eine geeignete Wahl der Pulsfolgefrequenz
äußerst gering gehalten werden. Ähnlich vorteilhaft wirkt sich die geringe
Wärmeentwicklung in der Nähe der Schweißnaht aus, wenn sie in der Nähe
thermisch empfindlicher Zonen (Klebestellen, Glas- oder Keramikdurchfüh-
rungen) angebracht werden muß. Bild 3.15 zeigt ein gasdichtes Hybridschal-
tungsgehäuse mit eingeklebten Fenstern in unmittelbarer Nähe der Schweißnaht.

Bild 3.15:
Hybridschaltgehäuse mit
eingeklebten Fenstern in
unmittelbarer Nähe der
Schweißnaht
(Werkbild: LASAG,
Thun/Schweiz)

Ein wichtiges Anwendungsbeispiel aus der Praxis, bei dem die Vorteile des
Laserschweißens voll zum Tragen kommen, ist das Schweißen von Spiralfedern
für Meßgeräte oder Uhren. Sie haben die Form archimedischer Spiralen und
werden mit ihrem inneren Ende an einem ringförmigen Federträger, der Rolle,
befestigt. Die Funktionsfehler sind am geringsten, wenn der Mittelpunkt der
archimedischen Spirale identisch mit dem Mittelpunkt der Rollenbohrung ist
(Rundlauffehler), wenn die Spiralfeder in einer Ebene senkrecht zur Achse
schwingt (Flachlauffehler) und wenn ihr Austrittspunkt an der Rolle genau
definiert ist. Alle drei Kriterien hängen wesentlich von der Befestigung der
Feder an der Rolle ab.

Beim Laserschweißen wird die Spiralfeder in einer Vorrichtung tangential an
die ausgewuchtete Profilrolle gelegt, und zwar so, daß sie ohne Vorspannung
anliegt. In dieser Lage wird die Spiralfeder mit der Rolle verschweißt, ohne daß
ein Verzug auftritt. Es ergibt sich genau definierter Austrittspunkt; die Verbindung hat eine hohe Festigkeit und ist elektrisch leitend. Rund- und Flachlauffehler sind sehr klein. Bild 3.16 zeigt eine solche mit Laser geschweißte Uhr-
spiralfeder und die Schweißstelle als Ausschnitt.

Ein wesentliches Kriterium für den Einsatz eines solchen Verfahrens in der
industriellen Fertigung ist der Grad der Automatisierung, der sich damit erreichen läßt. Von der Firma Haas-Strahltechnik beispielsweise werden mikro-
prozessorgesteuerte Laser-Schweißautomaten erstellt. Bild 3.17 zeigt eine
solche Anlage mit zwei Laserquellen zum Punktschweißen der in Bild 3.18
abgebildeten Baugruppe.

Das Schweißen von Spiralfedern oder Elektrobauteilen ist nur ein Beispiel für
den industriellen Einsatz des Laser-Impulsschweißverfahrens. Es gibt zahlreiche
andere Anwendungen, für die das Impulsschweißen mit Laser Vorteile bietet,
so z. B. zum Präzisionsschweißen von Thermodrähten oder Drahtnetzen. Man
kann ferner dünne hochschmelzende Federbleche auf einem niedrigschmelzen-
den Material festschweißen. Solche Verbindungen lassen sich auf andere Weise

Bild 3.16:
Mit Laser geschweißte
Uhrspiralfelder.
Oben: Gesamtansicht.
Unten: Schweißstelle im
Ausschnitt
(Werkbild: Battelle-Institut,
Frankfurt am Main)

nur sehr schwer herstellen. Da beim Laser-Impulsschweißen die Wärmezufuhr
streng lokalisiert und kontrolliert erfolgt, ist auch die Bearbeitung von sehr
wärmeempfindlichen Materialien möglich. Ein Beispiel hierfür ist das Kontak-
tieren von Halbleiterbauelementen oder anderen elektronischen Bauteilen.
Bild 3.19 zeigt eine Punktschweißung feinster Drähte aus dem Bereich der
Elektroindustrie. Sogar lackisolierte Kupferdrähte sind problemlos schweißbar,
da die Lackschicht vor dem Aufschmelzen des Materials verdampft ist.

Beim Laserhartlöten bzw. -weichlöten liegt der besondere Vorteil ebenfalls in
der engen lokalen Begrenzung der Hitzeeinwirkung. Als Füllmaterial beim Hartlöten haben sich Silber/Kupfer/Zink/(Cadmium)/-Verbindungen, Gold/Nickel-
und Nickel/Chrom/Bor/Silizium-Verbindungen bewährt, die zusammen mit
Flußmitteln in Pulverform vor der Bearbeitung aufgebracht werden. Beim Weichlöten wird das Zinn ebenfalls vorher aufgebracht, wobei das Aufbringen in der
Regel durch Siebdruck erfolgt. Damit ergibt sich die Möglichkeit, diskrete Bau-
elemente (z. B. keramische Chip-Kondensatoren, Glasdioden) oder wertvolle
IC's nachträglich auf fertige Leiterplatten aufzubringen.

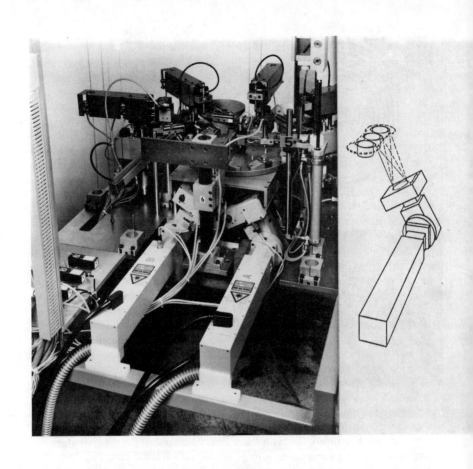

Bild 3.17: Laserschweißautomaten zum Punktschweißen von metallischen
Baugruppen.
Rechts: Schema der Strahlführung für 3 Punkte, s. auch Bild 3.18,
(Werkbild: M. C. Casotti, Dübendorf, Schweiz)

Bild 3.18:
Lasergeschweißte Baugruppen;
Rechts: Bauteil mit Automat in Bild 3.17
gefertigt.
(Werkbild SEL, Esslingen)

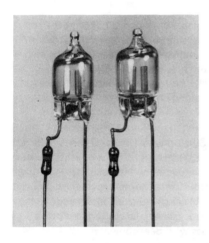

Bild 3.19:
Punktschweißverbindung feinster
LED-Anschlüsse
(Werkbild: LASAG, Thun/Schweiz)

### 3.3.1.2 Schneiden und Bohren

Für das *Schneiden* von sonst schwierig zu bearbeitenden Materialien und Formen läßt sich der gepulste Nd:YAG-Laser sehr gut einsetzen. Eine in zwei Achsen bewegliche programmierte Strahlablenkung ermöglicht bei zusätzlicher Bewegung des Werkstückes das Ausschneiden jeder beliebigen Form. Als Beispiel sei das filigran geschnittene Netzwerk (Stegbreite einige 0,1 mm) einer Senderöhre aus Graphit (s. Bild 3.20) angeführt.

$Al_2O_3$-Keramik und Siliziumwafer können oberflächlich mit Laser geritzt und anschließend gebrochen werden. Dabei lassen sich Verfahrgeschwindigkeiten von 10 m/min erreichen (siehe auch Abschn. 3.3.3.2, anorganische nichtmetallische Werkstoffe).

Bild 3.20:
Lasergeschnittene Senderöhre
aus Graphit
(Werkbild: LASAG, Thun/Schweiz)

Von großer Bedeutung ist der Einsatz des Lasers zum *Abgleich* (Trimmen) von elektrischen Dünn- und Dickschichtwiderständen in integrierten Schaltkreisen. Die sehr hohen Anforderungen an Präzision und Geschwindigkeit des Abgleichvorgangs können mit dem Laser besonders gut erfüllt werden. Da sich das Lasertrimmen weitgehend automatisieren läßt, ist es auch in bezug auf die Wirtschaftlichkeit den konventionellen Verfahren überlegen.

Die Dünn- bzw. Dickfilmschaltungen sind meist in großer Zahl auf einem gemeinsamen Keramiksubstrat oder einem Siliziumwafer untergebracht. Jede Einzelschaltung enthält in der Regel mehrere Widerstände, die möglichst genau abgeglichen werden müssen. Zum Abgleich werden feine Laserschnitte so in die Widerstandsschicht gelegt, daß der elektrische Kontakt unterbrochen ist. Je nach Art des Widerstands und der geforderten Abgleichgenauigkeit sind gerade Schnitte, Parallelschnitte, L-Formschnitte usw. günstig. Der Abgleich erfolgt dynamisch, d. h. während des Materialabtrags wird der momentane Widerstand gemessen. Nach Erreichen des gewünschten Wertes wird der Bearbeitungsvorgang gestoppt.

Die erreichbare Abgleichgenauigkeit ist nicht durch den Laser, sondern vielmehr durch die Präzision der Meßeinrichtung bestimmt. Für die meisten Zwecke reicht eine Genauigkeit von 0,1 % aus. Prinzipiell lassen sich jedoch auch 0,02 % und weniger erreichen. Neben der Präzision ist hier vor allem die Arbeitsgeschwindigkeit maßgebend. Der Laser selbst erlaubt eine so hohe Arbeitsgeschwindigkeit, daß die praktische Grenze durch das Positionieren, d. h. das Ansteuern der einzelnen Widerstände gegeben ist. Man kann z. B. das Substrat auf einem rechnergesteuerten XY-Tisch befestigen und relativ zum Laserstrahl bewegen. Günstiger ist jedoch, den Laserstrahl über bewegte Spiegel abzulenken. Auf diese Weise erreicht man Strahl-Ablenkgeschwindigkeiten von mehreren Metern pro Sekunde. Typische Bearbeitungssysteme, die in der industriellen Fertigung eingesetzt werden, arbeiten mit rechnergesteuerter Strahlablenkung und können in einer Stunde 1400 Schaltungen mit je 14 Widerständen vollautomatisch abgleichen.

Zum Trimmen von Widerständen finden sowohl der Nd: YAG-Laser als auch der $CO_2$-Laser Verwendung. Die Laser arbeiten hierzu im Dauerpulsbetrieb mit sehr hoher Pulsfolgefrequenz. Wegen der kürzeren Wellenlänge lassen sich mit dem Nd: YAG-Laser feinere Schnitte erzielen. Der $CO_2$-Laser bietet hingegen wesentlich höhere mittlere Leistungen. Dies ist vor allem beim Trimmen von Dickfilmwiderständen von Bedeutung, da hierbei vergleichsweise viel Material entfernt werden muß.

Bei spanabhebenden Verfahren ist die Form der *Bohrung* zwangsläufig durch das verwendete Werkzeug gegeben. Dies gilt nicht für das Bohren mit Laserimpulsen. Insbesondere beim Bohren von Metallen wird das Material auch im schmelzflüssigen Zustand abgetragen. Dieser Vorgang ist schwer reproduzierbar und führt häufig zu unterschiedlichsten Bohrungsgeometrien.

Neuere Untersuchungen haben jedoch gezeigt, daß auch mit dem Laser sehr genau definierte und reproduzierbare Bohrungen erzielt werden können, wenn dessen Emissionseigenschaften gut kontrolliert werden. Wichtig ist eine sehr gleichmäßige Intensitätsverteilung über den Strahlquerschnitt bei ausreichend hoher Leistungsdichte und die Beherrschung des zeitlichen Emissionsverlaufs. Materialseitig muß eine solch hohe Energie eingebracht werden, daß das Material in der Plasmaphase vorliegt. Das Plasma eruptiert aus dem Bohrloch und sorgt dabei für einen hinreichend schnellen Materialtransport auch des flüssigen Materials. Unter geeignet gewählten Bedingungen lassen sich exakt zylindrische Bohrungen herstellen.

Der Hauptanwendungsbereich des Laserbohrens liegt bei Bohrlochdurchmessern von einigen 10 $\mu$m bis ca. 1 mm bei einem Durchmesser-Tiefen-Verhältnis von mindestens 1 : 10. Bohrlöcher mit Durchmessern von 20 − 250 $\mu$m können mit einem einzigen Puls eines Grundmoden ($TEM_{oo}$)-Lasers gefertigt werden. Diese *Feinstbohrtechnik* ermöglicht Bohrtiefen bis zu 1,5 mm bei Durchmessertoleranzen von ± 10 $\mu$m und bei Oberflächenrauhigkeiten von 15 $\mu$m im Bohrloch. Bohrgeschwindigkeiten von bis zu 200 Löchern pro Sekunde sind möglich. Das *Laser-Schlagbohren* beruht auf der Anwendung einer Laserpulsfolge gleicher Intensität. Bohrlöcher von 0,1 − 1 mm Durchmesser werden Puls für Puls bis zu einer Tiefe von 6 mm (Durchmesser-Tiefenverhältnis 1 : 15) in das Material getrieben. Verwendet werden in der Regel multimode-Laser mit Pulsspitzenleistungen bis zu 25 kW und Pulsfolgefrequenzen von 20 − 70 Hz. Die dritte Bohrtechnik, das *Laserfräsen* (Trepanning), wird bei größeren Bohrlöchern mit Durchmessern von 0,5 − 5 mm angewendet. Der feinfokussierte Laserstrahl folgt in einer kreisenden Bewegung dem äußeren Umfang des Bohrlochs und arbeitet sich spiralförmig in die Tiefe. In Hochtemperaturmaterialien wie Inconel können damit z. B. in 5 s Bohrungen mit einem Durchmesser und einer Tiefe von je 3 mm durchgeführt werden.

Die Anwendung des Lasers zum Bohren kleiner Löcher beginnt also dort, wie die mechanischen Stanzverfahren ihre Grenzen finden. Das ist der Fall bei Bohrungsdurchmessern kleiner als etwa 0,5 mm und bei harten Materialien, die nicht gestanzt werden können (z. B. Molybdän, Wolfram, gehärteter Stahl, Keramik). Ein wichtiges Beispiel ist das Bohren von Uhrenlagersteinen aus Saphir bzw. Rubin. Das Laserbohrverfahren konnte soweit optimiert werden, daß es seit längerer Zeit in der industriellen Massenproduktion eingesetzt wird und allmählich sämtliche mechanischen Verfahren verdrängt. Bild 3.21 zeigt Bohrlöcher in einer Turbinenschaufel aus hochlegiertem Stahl, die als Kühlkanäle unter einem Neigungswinkel von 30° mit einem Multimode-Nd:YAG-dem Laser durch Multipuls-Schlagbohren gebohrt wurden.

Bild 3.21:
Gebohrte Kühlkanäle in einer Turbinenschaufel aus hochlegiertem Stahl
(Werkbild: LASAG, Thun/Schweiz)

Der härteste bekannte Werkstoff ist Diamant. Er wird deshalb für verschiedenste Werkzeuge benutzt, unter anderem für Ziehwerkzeuge zur Herstellung dünner Drähte. Die Bohrung in Diamantziehsteinen muß ein bestimmtes konisches Profil aufweisen. Dieses Profil läßt sich sehr gut durch Bohren mit Laserimpulsen herstellen. Um Sprünge zu vermeiden und den Verlauf der Bohrung kontrollieren zu können, arbeitet man mit mehreren aufeinanderfolgenden Laserpulsen begrenzter Leistung. Wie Bild 3.22 zeigt, bohrt man zunächst einen relativ stumpfen Eingangskegel und bringt danach die Hauptbohrung mit Laser ein. Durch ein angeschliffenes Fenster wird das Fortschreiten der Bohrung während des Bearbeitungsvorganges kontrolliert. Diese Technik eignet sich zur Herstellung selbst feinster Bohrungen mit einem Durchmesser unter 10 $\mu$m. Aber auch größere Bohrungen mit ca. 1 mm Durchmesser und 2 bis 3 mm Bohrlänge lassen sich vorteilhaft erzeugen.

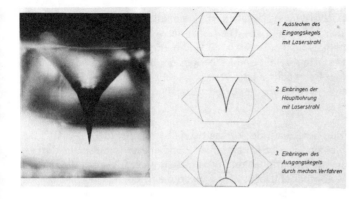

Bild 3.22:  Bohren mit Diamantziehsteinen
(Werkbild: Haas-Strahltechnik, Schramberg)

Bei dieser Anwendung beruht die Überlegenheit des Lasers gegenüber dem
mechanischen Verfahren ebenfalls auf der wesentlich höheren Bearbeitungsgeschwindigkeit: Der Zeitaufwand zur Herstellung kleiner Bohrungsdurchmesser
beträgt bei konventionellen Verfahren etwa 24 Stunden. Mit dem Laser benötigt
man hingegen nur wenige Minuten.

### 3.3.1.3 Abtragen und Beschriften

Es gibt auch Anwendungen, bei denen man nicht bohrt, um ein Loch zu
erzeugen, sondern um eine definierte Menge Material abzutragen, wie es z. B.
zum Beseitigen einer Unwucht erforderlich ist. Das *Auswuchten* mit Laser kann
dynamisch geschehen. Während das auszuwuchtende Teil schwingt oder rotiert,
wird ausgewuchtet. Bei hinreichend kurzer Impulsdauer ist die Bewegung ohne
Einfluß auf den Bearbeitungsvorgang. Die abgetragenen Massen liegen je nach
Betriebsweise des Lasers zwischen einigen Mikrogramm und einigen Milligramm
pro Impuls.

Ein Beispiel, das bereits in die industrielle Fertigung Eingang gefunden hat, ist
das Auswuchten von Zeigermeßwerken. Für das Auswuchten mit dem Laser ist
auf der Fahne Zinn so aufgebracht, daß die Unwucht in einer bestimmten
Richtung überwiegt. Mit dem Laser wird dann solange Zinn abgetragen, bis der
Zeiger die gewünschte Stellung erreicht hat. Dieses Verfahren erfordert gegenüber dem Auswuchten von Hand keine erfahrenen Fachkräfte und kann weitgehend automatisiert werden. Ähnliche Beispiele mechanischen Trimmens in der
Elektroindustrie sind das Frequenztrimmen von Torsions- oder Quarzschwingern.

*Beschriften und Markieren* von Bauteilen ist eine in allen Bereichen der Produktion permanent auftretende Aufgabe. Die bisher verwendeten Verfahren (Gravieren, Stempeln, Drücken, Ätzen u. a.) sind häufig nicht zufriedenstellend bezüglich Flexibilität, Haltbarkeit und Lesbarkeit der Beschriftung oder sie führen sogar zu einer Beschädigung des Werkstücks. Es gibt zur Zeit 5 verschiedene Lasermarkierungsverfahren, die je nach Aufgabenstellung eingesetzt werden:

Das *Maskenverfahren* beruht auf der kurzzeitigen Bestrahlung ($10^{-6} - 10^{-8}$ s) einer Maske durch einen $CO_2$-TEA-Laser oder Excimerlaser-Impuls. Die Maske beinhaltet alle Schriftinformationen und wird mittels einer Linse auf die Materialoberfläche abgebildet. Dabei wird entweder eine dünne Oberflächenschicht verdampft oder eine sichtbare chemische Änderung im Material erzeugt. Die Information einer Maske wird hier mit einem einzelnen Puls vollständig übertragen. Das Beschriften mit sich permanent ändernden Informationen (z. B. Nummerieren von Objekten) kann durch Austausch der Masken zwischen den einzelnen Laserpulsen erfolgen.

Beim *Scanningverfahren* wird der fokussierte Laserstrahl in einer Achse schnell über das Werkstück bewegt und in der zweiten Achse zeilenweise verschoben. Der Laser wird dabei gesteuert an- und ausgeschaltet. Dieses Verfahren eignet sich besonders zum Schraffieren von Flächen.

Beim *Matrixverfahren* wird der Laserstrahl über computergesteuerte x-y-Scannerspiegel so abgelenkt und gepulst, daß z. B. eine 8 x 8 Punktmatrix, ähnlich einem Matrixdrucker, entsteht. Die hohe Pulsenergie trägt dann punktförmig Material ab, es entsteht ein Schriftzug dadurch, daß die gesamte Punktmatrix als Offset der Scannereinrichtung verschoben wird. Bei enger Punktfolge ohne Matrixstruktur kann auch ein quasi-Schriftzug entstehen. Bild 3.23 zeigt ein Beispiel vielfältiger Beschriftungsmöglichkeiten.

Bild 3.23:
Im Matrixverfahren beschrifteter Ventilblock
(Werkbild: LASAG, Thun/Schweiz)

Beim *Lasergravierverfahren* wird der Strahl ebenfalls mit x-y-Scannerspiegeln abgelenkt, aber der Laser kontinuierlich bzw. quasikontinuierlich betrieben. Dadurch, daß die Pulse zeitlich überlappen, entsteht ein fortlaufender Schriftzug.

Die *Gut/Schlecht-Markierung* dient zur Kennzeichnung eines Teils mit nur einem einzelnen Laserpunkt. Sie findet zur Kennzeichnung von Ausschuß oder anderen Qualitätsmerkmalen Anwendung.

Bezüglich des Härtens in der Feinwerktechnik (z. B. Kuppen von Anschlagschrauben [17]) wird auf den folgenden Abschnitt 3.3.2 verwiesen.

### 3.3.2 Oberflächenveredelung

Die Veredelung von Oberflächen metallischer Werkstoffe mittels Laser umfaßt die Bereiche Härten, Umschmelzen, Auflegierungen und Beschichten. Ihr gemeinsames Merkmal ist die schnelle Aufheizung einer nur sehr dünnen Oberflächen- bzw. Randschicht mit anschließender Selbstabschreckung durch Wärmeableitung in den Werkstoff. Dementsprechend darf die Laserenergie nur kurzzeitig einwirken. Da vergleichsweise hohe Leistungsdichten und Gesamtenergien benötigt werden, kommen vor allem $CO_2$-Hochleistungslaser zur Anwendung.

In Bild 3.24 sind die vier Verfahren zur Oberflächenveredelung zusammen mit dem zeitlichen Temperaturverlauf graphisch dargestellt. $T_m$ bezeichnet hier die Schmelztemperatur des Werkstoffes. Der Laserstrahl (Pfeil) trifft normal auf die Werkstoffoberfläche auf und erhitzt kurzzeitig eine dünne Randschicht. Das „Härten" (martensitisches Härten) erfolgt durch eine Wärmebeeinflussung des Werkstoffes ohne Aufschmelzen. Beim „Umschmelzen" und „Auflegieren" wird das Grundmaterial aufgeschmolzen; beim Auflegieren wird im Gegensatz zum reinen Umschmelzen eine bereits vorhandene geeignete Auflage in die Werkstoffoberfläche einlegiert oder dispergiert. Als „Beschichtung" ist hier das thermische Verdichten und Verzahnen einer vorhandenen Auflageschicht mit dem Trägerwerkstoff dargestellt. Es besteht auch die Möglichkeit, direkt beim Laseraufschmelzen pulver- oder stangenförmiges Material zuzuführen und dabei mit dem Trägerwerkstoff zu verschmelzen.

Bei der praktischen Durchführung der Oberflächenveredelung mit Laser gibt es zur Behandlung ausgedehnter Gebiete zwei grundsätzliche Verfahren: Beim Rasterverfahren wird der Laserstrahl auf die Oberfläche fokussiert und mit hohen Geschwindigkeiten in Form eines engen Bahnrasters bewegt. Bei der zweiten Methode erfolgt die Bestrahlung mit defokussiertem Strahl.

In der Regel ist die Leistungsverteilung im Strahl von Hochleistungslasern

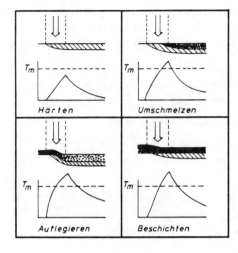

Bild 3.24:
Verfahren zur Oberflächenveredelung metallischer Werkstoffe

(ca. 1 – 5 kW) inhomogen und muß durch externe optische Systeme homogenisiert werden.

Am häufigsten wird ein konkaver Facettenspiegel eingesetzt. Die Facetten teilen den auftreffenden Strahl in Einzelstrahlen auf (s. Bild 3.25a), die in einer gemeinsamen Brennebene eine nahezuausgeglichene Energieverteilung erzeugen. Bild 3.25b zeigt den Einbrand eines Laserstrahls in Acrylglas nach Formung mit einem Facettenspiegel.

Eine weitere Methode ist in Bild 3.26 dargestellt. Hier wird ein divergenter Laserstrahl durch Mehrfachreflexion zwischen vier parallelen Wänden aus Metallspiegeln homogenisiert[19]. Gekrümmte Lichtleiter erfüllen denselben Zweck.

### 3.3.2.1 Martensitisches Härten mit Lasern

Wie beim klassischen Härten erfolgt durch die Laserbestrahlung ein Aufheizen des Werkstoffes bis oberhalb der Umwandlungstemperatur (Austenitisierungstemperatur: $A_{C3}$-Linie im Eisen-Kohlenstoff-Diagramm). Die durch den Laserstrahl aufgeheizte Randschicht wandelt sich in Austenit um und der Kohlenstoff geht in Lösung. Bei der anschließenden Abkühlung durch die sehr schnelle Wärmeableitung in das Grundmaterial (Selbstabschreckung) entsteht Martensit.

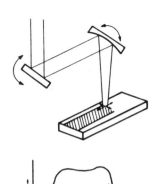
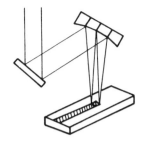

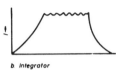

a Oszillator    b Integrator

a) Schema der Strahl-
führung; Intensitäts-
verteilung über den
Strahlquerschnitt

b) Einbrand eines Laserstrahls in
Acrylglas
(M.A.N.-Neue Technologie/München)

Bild 3.25: Formung von Laserstrahlen durch einen Facettenspiegel

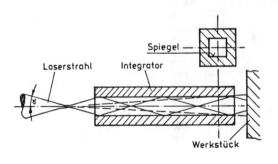

Spiegel

Laserstrahl    Integrator

Werkstück

Bild 3.26:
Formung von Laser-
strahlen durch Mehrfach-
reflexion (Prinzipskizze:
Rothe und Sepold,
BIAS, Bremen[18])

Die Beschränkung der Wärmebehandlung auf die Materialrandschicht beim Laserhärten ergibt folgende Verfahrensmerkmale:

- Die Abkühlung erfolgt durch Selbstabschreckung, d. h. es wird keine äußere Abschreckeinrichtung benötigt.
- Das Grundmaterial wird thermisch niedrig belastet, d. h. die Bearbeitung ist zumeist verzugsfrei.
- Da die Werkstoffoberflächen unbeschädigt bleiben, können fertig bearbeitete Teile gehärtet werden.
- Die Einhärtetiefe kann durch die Laserleistungsdichte und Einwirkzeit eingestellt werden, ist aber in ihrer Tiefenwirkung begrenzt.
- Mit der hohen Härte ist häufig eine Verbesserung des Verschleißwiderstandes verbunden.

Grundsätzlich sind alle Stähle und Gußeisensorten, die Eisen-Kohlenstoff-Martensit bilden können, mit Laser härtbar. Wegen der kurzen Aufheiz- bzw. Austenitisierungszeit von maximal einigen Sekunden, sollte im Grundgefüge des Werkstoffs schon eine relativ feine Verteilung von Kohlenstoff und Legierungselementen vorliegen. Damit sind vergütete Werkstoffe für die martensitische Härtung besonders geeignet. Werkstoffe mit einem hohen Ferritanteil wie weichgeglühte Stähle, untereutektische Stähle im normalisierten Zustand oder ferritische Gußeisensorten sind dagegen schlechter mit Laser härtbar.

Die Einhärtetiefe bei grafitischem *Gußeisen* ist aufgrund des vergleichsweise engen Temperaturintervalls zwischen dem $A_1$-Bereich und der Aufschmelztemperatur für die Austenitisierung auf 1 − 1,5 mm begrenzt. Bild 3.27 zeigt den typisch linsenförmigen Querschnitt einer gehärteten Bahn. Er entsteht durch die seitliche Wärmeableitung. Der Krümmungsradius ist umso kleiner, je größer die Einhärtetiefe bei gegebenem Brennfleckdurchmesser ist. Für den

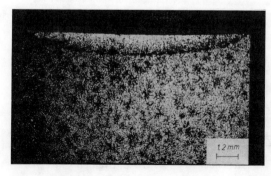

Bild 3.27:
Schnitt durch eine lasergehärtete Bahn in perlitischem Gußeisen
(M.A.N.-Neue Technologie/ München)

Werkstoff GG-HB 220 ist in Bild 3.28 die Abhängigkeit der maximalen Einhärtung von der Laserleistung und der Strahlgeschwindigkeit dargestellt. Die eigentlichen Prozeßparameter Leistungsdichte und Einwirkzeit lassen sich mit Hilfe des angegebenen Strahldurchmessers berechnen. Die gestrichelte Linie markiert den Schmelzbereich. Inhomogenitäten der Gußstruktur des Werkstoffes oder der Energieverteilung im Laserstrahl (z. B auftretende „hot spots") können zu qualitätsmindernden Aufschmelzspuren in der Härtebahn führen.

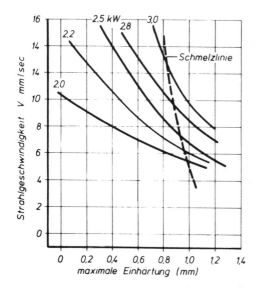

Bild 3.28:
Härtungsdiagramm für perlitisches Gußeisen mit Lamellengraphit
(M.A.N.-Neue Technologie/München)

Die höhere Schmelztemperatur der *Stähle* erlaubt die Einbringung höherer Energiedichten mit größerer Tiefenwirkung. Gegenläufig wirkt sich allerdings die geringere Wärmeleitfähigkeit der Stähle im Vergleich zu grafitischem Gußeisen aus. Die beim Laserhärten überaus rasche Aufheizung des Werkstoffes (ca. $10^3$ K/s) bedingt auch bei den Stählen eine kurze Austenitisierungszeit und das Anheben der Schwelle zur $\alpha$-$\gamma$ Umwandlung. Beides setzt die Einhärtetiefe zusätzlich herab. Bild 3.29 zeigt das ZTA-Schaubild von Stahl 100 Cr6 und verdeutlicht das mit größerer Aufheizgeschwindigkeit zunehmend steilere Temperaturprofil im Laserhärtebereich. Die maximale Einhärtetiefe bei Stählen beträgt ca. 3 mm.

Die Vielfalt der härtbaren Stähle, ihrer Ausgangsgefüge und ihrer thermophysikalischen Eigenschaften erfordert beim Laserhärten in jedem einzelnen Fall eine

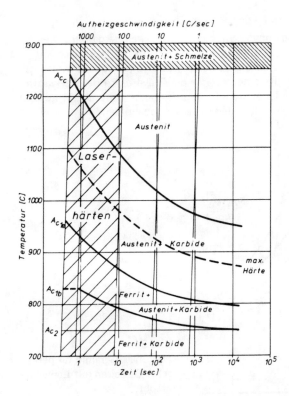

Bild 3.29:
ZTA-Schaubild von
Stahl 100 Cr6

Modifikation der Prozeßparameter. Beispielsweise zeigt das Laserhärten des Stahles 100 Cr6 bei unterschiedlichem Ausgangsgefüge (Vergütungsgefüge oder perlitisches Grundgefüge) ein deutlich anderes Ergebnis. Der vergütete Stahl erreicht beim Laserhärten eine um ca. 20 % höhere Anspruchhärte (1200 HV 0,1) und eine Verdopplung der Härtetiefe (2 mm) als bei einer Laserhärtung im perlitischen Ausgangsgefüge.

Die Härtbarkeit höher legierter Stähle (z. B. Cf53) ist besonders von der Austenitisierungstemperatur abhängig, wobei ein Herabsetzen der Einwirkzeit allerdings leicht zu einer Überhitzung der Oberfläche mit dann ansteigendem Restaustenitanteil führen kann. Niedrig legierte Vergütungsstähle (z. B. 34CrMo4) zeigen dagegen ein recht günstiges Härteverhalten mit sehr geringem Restaustenit.

Die Gruppe der Kaltarbeitsstähle (z. B. X100CrMoV5 1) repräsentiert ein besonders interessantes Anwendungsgebiet, da die Maßhaltigkeit der Kaltarbeitswerkzeuge beim konventionellen Härten ein besonderes Problem darstellt. Die

92

erreichbare Härtetiefe ist hier mit 3 mm besonders hoch. Probleme treten bei geschmiedeten Werkzeugen wegen des zeiligen Gefüges auf. Das Laserhärten führt durch Restaustenitbildung in den Gefügezeilen zu einem ungleichmäßigen Härteverlauf. Erst eine nachfolgende Umwandlung des Restaustenits durch konventionelles Nachvergüten führt zu einer homogenen Härteschicht. Die Härtetiefe aufgekohlter Einsatzstähle ist in der Regel durch den in die Tiefe abnehmenden Kohlenstoffgehalt begrenzt.

Der industrielle Einsatz des Laserhärtens im Schwermaschinenbau von z. B. Führungsbahnen, Lagern, Flanken von Zahnrädern u. a. hat seine Wirtschaftlichkeit bereits bewiesen. Ein weiteres bevorzugtes Anwendungsgebiet ist der Motorenbau. Bild 3.30 zeigt ein Kurbelwellenteil aus Ck45-Stahl mit lasergehärtetem Zapfen. Ein lange bekanntes Beispiel des Laserhärtens von Grauguß ist das Härten von Zylinderlaufflächen großer Dieselmotoren.

Erste erfolgreiche Anwendungen in der Feinwerktechnik, z. B. Härten der Kuppen von Anschlagschrauben[17], lassen gerade im Bereich der Präzisionsbearbeitung ein hohes Anwendungspotential erwarten.

Bild 3.30:
Zapfenhärtung eines Kurbelwellenteils
aus Ck45
(M.A.N.-Neue Technologie/München)

### 3.3.2.2 Laserumschmelzen

Das reine Laserumschmelzen ist dann interessant, wenn bei sehr schneller Erstarrung der Schmelze neuartige metastabile Phasen (z. B. unterkühlte, übersättigte feinkristalline Gefüge) oder amorphe Legierungen (glasartige Metallschichten) entstehen. Nur bei den Gußeisen-Werkstoffen und den ledeburitischen Stählen können vorteilhafte ledeburtische Randschichten besonders gut erzeugt werden.

93

Diese weißerstarrten karbidreichen Randschichten weisen eine hohe Härte und günstige Verschleißerscheinungen auf. Das Verfahren ist eine Alternative zum Schalenhartguß. Der Vorteil hier liegt aber in der Erzeugung sehr definierter Schichtdicken und der Aufbringung solcher Schichten auf fertige Bauteile. In Bild 3.31 ist der Härteverlauf einer umgeschmolzenen Zone von ca. 1 mm Dicke auf einem Kolbenring aus Grauguß dargestellt. Als weiteres Beispiel sei das ledeburtische Umschmelzen von Stösellaufflächen genannt.

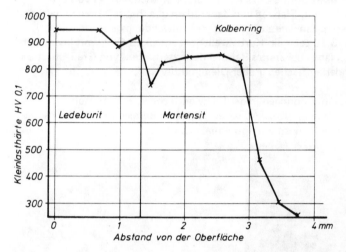

Bild 3.31:  Härteverlauf in einer ledeburitisch umgeschmolzenen Zone
aus Grauguß
(M.A.N.-Neue Technologie/München)

Amorphe Metalle, die erst durch eine besonders hohe Abschreckgeschwindigkeit von mindestens $10^6$ K/s entstehen, können mit gepulsten Lasern in Schichtdicken von $10 - 50\ \mu$m erzeugt werden. Die Erzeugung solcher Schichten befindet sich allerdings noch in der experimentellen Phase. Eine denkbare Anwendung ist die Versiegelung von konventionellen Schichten im Bereich des chemischen Apparatebaus.

### 3.3.2.3  Auflegieren und Dispergieren mit Lasern

Als erweiterter Umschmelzprozeß ist das Laser-Aufschmelzen mit gleichzeitigem Einschmelzen von Legierungselementen in die Oberfläche anzusehen. Legierungselemente und Oberfläche werden gleichzeitig aufgeschmolzen und erstarren

94

anschließend. Neben löslichen Legierungselementen können auch nichtmetallische Hartstoffe in der Randschicht angereichert werden. Verfahrenstechnisch können die Zusatzstoffe vorher z. B. durch thermisches Spritzen, oder gleichzeitig mit dem Laserstrahl auf die Materialoberfläche aufgebracht werden.

Ein generelles Verfahrensziel ist es, Bauteile aus billigen, einfach zu bearbeitenden Werkstoffen (Stahl, Gußeisen) herzustellen und diese nur an den beanspruchten Stellen der Oberfläche zu veredeln. Die wichtigsten korrosions- und verschleißmindernden Zusätze im Maschinenbau sind Chrom, Nickel und Hartstoffe, wie die Karbide (TiC, WC), Nitride, Boride, Oxide und Silizium.

In Bild 3.32 ist am Beispiel zweier Stahlsorten eine Cr-legierte Oberflächenschicht mit einer Schichtdicke bis zu 2 mm gezeigt. Die starke Konvektion in der Laserschmelze führt zu einer raschen Auflösung der Legierungsstoffe und zu einer guten Durchmischung der einzelnen Komponenten. Die Legierungsschicht ist porenfrei und zeigt einen nahtlosen Übergang zum Grundmaterial.

Bild 3.32:
Laseraufchromen von St37- und Ck45-Stahl
(M.A.N.-Neue Technologie/München)

Das Aufheizen des an die Schmelzzone angrenzenden Trägerwerkstoffes führt bei einem ausreichenden Kohlenstoffgehalt zu einer indirekten Laserhärtung. Damit ergibt sich, interessant für dünne Legierungsschichten, eine erhöhte Tragfähigkeit des Grundmaterials.

Das Auflegieren von Gußeisen mit Chrom (Gehalte von 10 – 35 %) ist von größter Bedeutung und führt zu hitze- und zunderbeständigen Oberflächen.

Die Verschleißbeständigkeit kann noch durch Zugabe von einigen Prozent
Molybdän verbessert werden. Das im Gußeisen bereits enthaltene Silizium wird
in der Randschicht dispergiert und erhöht die Oxidationsbeständigkeit. Chrom-
legierte Gußeisenschichten auf hochbeanspruchten Laufflächen für den
Gebrauch in einer Heißgasatmosphäre sind von hoher technischer Bedeutung im
Motorenbau.

Das Aufkohlen weicher Stähle durch Graphit oder Kohlenstaub direkt in der
flüssigen Phase ergibt z. B. beim Stahl St37 ein perlitisches Gefüge. In einem
zweiten Bestrahlungsvorgang wird die Spur dann martensitisch gehärtet. Lede-
buritische Randschichten können aber auch unter bestimmten Verfahrens-
bedingungen hergestellt werden.

Weiche Grundmetalle (z. B. Aluminium, Kupfer) können durch Anreicherung
von Silizium in der Randschicht vergütet werden. Es entsteht ein dichtes Rand-
gefüge in das die verschleißhemmenden Ausscheidungen aus Primärsilizium
eingebettet sind. In ähnlicher Weise können die Karbide TiC und WC in weiche
Metalle und Stähle eingebracht werden. Es muß dabei allerdings ein Schmelzen
der Karbide durch geeignete Wahl der Laserleistung und der Verfahrgeschwindigkeit vermieden werden.

### 3.3.2.4 Beschichten

Aufgestreute oder flammengespritzte, zum Trägerwerkstoff artfremde Schichten
können durch Aufschmelzen mit Laser verdichtet und in einer schmalen Fusions-
zone verzahnt werden. Wie in Abschnitt 3.3.2.3 bereits erwähnt, kann das Pulver
direkt beim Laserbestrahlen zugeführt werden. Wichtig bei diesem Verfahren ist
die zugfreie Aufbringung der Schicht, um Rißbildungen oder partielle Ablösun-
gen beim Abkühlvorgang zu vermeiden. Aus diesem Grund sind Schicht- und
Grundwerkstoffe bezüglich ihres thermischen Ausdehnungsverhaltens aufeinan-
der abzustimmen. Bild 3.33 zeigt eine flammengespritzte laserverdichtete Stellitschicht auf Stahl.

Die Anwendungsmöglichkeiten des Beschichtungsverfahrens sind besonders im
Werkzeugbau für Warmarbeitswerkzeuge äußerst vielfältig. Als Beispiel seien
genannt: Preßdorne, -matrizen, Gesenke, Formen u. v. a.

### 3.3.2.5 Nichtmetallische, anorganische und organische Werkstoffe

Die Technik der Oberflächenveredelung von nichtmetallischen Werkstoffen ist
noch völliges Neuland. Einige wenige anwendungstechnische Ansätze sind mitt-
lerweile bekannt, z. B. das Reinigen von Kunststoffoberflächen durch Abtragen

*flammgespritzt*

*laserumschmelzen*

Bild 3.33:
Mit Laser verdichtete Stellitschicht auf Stahl
(M.A.N.-Neue Technologie/München)

von Oberflächenfasern mit Laser und, umgekehrt, das definierte Aufrauhen von organischen Stoffen. Im Keramikbereich sind das Schließen von Poren oder kleinflächigen Schadstellen durch lokales Aufschmelzen passender Glasurpulver in der Erprobung. Generell ist auch das Verändern von Glasoberflächen denkbar.

### 3.3.3 Grobbearbeitung

In der Grobbearbeitung wird der Laser zum Trennen und Fügen von metallischen und nichtmetallischen Werkstoffen eingesetzt. Die maximalen Materialdicken, die bearbeitet werden können, sind begrenzt. Je nach verfügbarer Laserleistung und zu bearbeitendem Werkstoff betragen sie zwischen einigen Zehntel Millimetern bis zu mehreren Zentimetern. In jedem Fall erfolgt die Bearbeitung kontinuierlich über eine längere Wegstrecke. Demgemäß sind kontinuierlich oder quasikontinuierlich (bis 2,5 kHz Pulsfolgefrequenz) emittierende Laser mit hoher mittlerer Leistung erforderlich.

Der für die Grobbearbeitung günstigste und auch am häufigsten eingesetzte Laser ist der $CO_2$-Laser. Durch entsprechende Wahl der Resonatorparameter läßt sich auch bei schnellgeströmten Lasern eine Emission mit angenähertem Grundmode oder $TEM_{01}$*-Ringmode und damit eine optimale Bündelung bei voller Leistung erzwingen (vgl. Abschnitt 3.2.1). Da der $CO_2$-Laser zudem eine nahezu unbegrenzte Lebensdauer hat und seine Wartungs- und Betriebskosten niedrig liegen (ca. 10,– DM pro Kilowattstunde Laserenergie), arbeitet er besonders wirtschaftlich. $CO_2$-Laser im Leistungsbereich von 500 W bis ca. 5 kW werden heute von verschiedenen Firmen kommerziell angeboten. Geräte mit Leistungen bis zu 20 kW existieren als Prototypen.

Grundsätzlich können mit dem $CO_2$-Laser alle Werkstoffe bearbeitet werden, die eine ausreichend hohe Absorption für die Wellenlänge von 10 $\mu$m aufweisen. Gemäß der Klassifikation in Abschnitt 3.2.6 lassen sich drei Materialgruppen unterscheiden, nämlich Metalle, organische Kunst- und Naturstoffe und anorganische Materialien. Für jede dieser drei Gruppen existieren bevorzugte Bearbeitungstechniken und -verfahren, die im folgenden anhand von Beispielen näher erläutert werden.

### 3.3.3.1 Bearbeitung von Metallen

**Schneiden**

Beim Schneiden wird das Laserbündel mit Hilfe einer Linsen- oder Spiegeloptik auf das Werkstück fokussiert und relativ zu diesem bewegt. Der Brennfleckdurchmesser beträgt nur Bruchteile eines Millimeters (typisch 0,1 mm). Die Fokussierungsoptik ist dabei in eine Düse eingebaut, durch die kollinear zum Laserstrahl ein Gasstrahl auf das Werkstück gerichtet wird. Dieser Gasstrahl hat mehrere Aufgaben zu erfüllen: Er schafft eine definierte Atmosphäre, unterstützt den Schneidvorgang und schützt die empfindliche Optik vor abdampfendem Material (vgl. Bild 3.34).

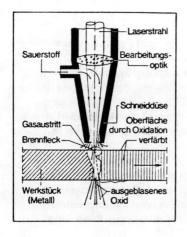

Bild 3.34:
Prinzip des Brennschneidens mit Laser unter Verwendung der Gasstrahltechnik

Je nach der Art des verwendeten Gases unterscheidet man zwei Schneidvarianten: Beim Schmelz- und Sublimierschneiden verwendet man ein inertes oder reaktionsträges Schutzgas (z. B. Stickstoff oder Argon). Die durch Absorption der Laserenergie entstehende Schmelze wird mit dem Gasstrahl ausgeblasen. Gleichzeitig wird auch Material in Dampfform abgetragen. Dieses Verfahren wird zum oxidfreien Schneiden von Metallen oder bei brennbaren Materialien eingesetzt.

Beim Brennschneiden verwendet man Sauerstoff als Brennhilfe. Der Werkstoff (vor allem leicht oxidierbare Metalle wie Eisen, Zirkon, Titan) wird durch Absorption der Laserenergie bis auf die Zündtemperatur der Metall-Sauerstoff-Reaktion aufgeheizt und verbrennt dann im Sauerstoffstrom. Es entsteht eine dünnflüssige Schlacke, die vom Sauerstoffstrahl aus der Schnittfuge geblasen wird. Die stark exotherme Reaktion liefert zusätzliche Energie (die ein Mehrfaches der zugeführten Laserenergie betragen kann) und führt zu einer beträchtlichen Erhöhung der Schnittgeschwindigkeit. Die Schnittfuge hat parallele Flanken. Ihre Breite ist gering, da sie primär durch den Durchmesser des Laserbrennflecks und nicht durch den Durchmesser des Gasstroms bestimmt ist.

Bild 3.35 zeigt als Beispiel ein Sägeblatt aus HSS-Stahl von 10 mm Dicke und 1300 mm Durchmesser geschnitten mit einer optischen Leistung von 1 kW. In Tabelle 3.5 sind für metallische Werkstoffe unterschiedlicher Dicke die Schnittgeschwindigkeiten und Schnittfugenbreiten für 500 W Laser-Leistung zusammengestellt. Die angegebenen Werte sind auf andere Lasersysteme nicht direkt übertragbar, da die Strahleigenschaften verschiedener Lasersysteme in der Regel unterschiedlich sind. Besonders bemerkenswert ist die im Vergleich zum Stahlblech extrem hohe Schnittgeschwindigkeit von 8 mm dickem Titanblech.

Bild 3.35:
Lasergeschnittenes Sägeblatt aus HSS-Stahl:
1000 W opt. Leistung, Materialdicke 10 mm
(Werkbild: Messer-Griesheim, Frankfurt
am Main)

Tabelle 3.5: Schneidtabelle (Linearschnitt) für metallische Werkstoffe
(Laserleistung 500 W, Messer-Griesheim, Frankfurt am Main)

| Werkstoff | Werkstückdicke (mm) | Schneidgeschwindigkeit 500 W $CO_2$-Laser (mm/min) | Schnittfugenbreite (mm) |
|---|---|---|---|
| Stahlblech St 37-2 | 1 | 5500 | 0,15 |
|  | 2 | 2500 | 0,15 |
|  | 3 | 1600 | 0,2 |
|  | 4 | 1000 | 0,25 |
|  | 5 | 700 | 0,3 |
|  | 6 | 400 | 0,35 |
|  | 8 |  |  |
| Verzinktes Stahlblech | 1 | 3000 | 0,2 |
|  | 2 | 1500 | 0,3 |
|  | 3 | 900 | 0,3 |
| HSS | 15 | – | – |

| | | | |
|---|---|---|---|
| Legierte Stähle | | | |
| 80Cr V 2 | | | |
| ungehärtet | 2,7 | 1200 | 0,2 |
| gehärtet | 3,5 | 1100 | 0,25 |
| X 120 Mn 12 | 4 | 1700 | 0,25 |
| X 5 CrNi 18 9 | 1 | 4500 | 0,2 |
| X 2 CrNi 18 9 | 1,5 | 3600 | 0,2 |
| X 10 CrNi Ti 18 9 | 2 | 1500 | 0,3 |
| Federstahl C 60 | 2 | 3000 | 0,1 |
| Panzerstahl | | | |
| Cr, Ni, Mn | 1,5 | 3800 | 0,2 |
| Cr, Ni, Mn | 3,0 | 3000 | 0,25 |
| Ultraperm 10 | 0,1 | 6000 | 0,1 |
| Mü Metall | 0,1 | 6000 | 0,1 |
| Zink | 1,0 | 2000 | 0,15 |
| Blei | 3 | 1600 | 0,2 |
| Titan (mit 200 W Laserleistung) | 8 | 4000 | 1,2 |
| Zirkon | 3 | 6000 | 0,6 |
| Kunststoffbeschichtetes Stahlblech | 1 | 3500 | 0,1 |
| unter Wasserfilm geschnitten | | 1000 | 0,15 |
| Aluminium | 0,7 | 1500 | 0,2 |
| | 2,0 | | |
| Kupfer | 0,6 | 500 | 0,2 |

Zunehmend wird das Schneiden immer größerer Materialstärken, wodurch höhere Laserleistungen erforderlich werden, aber auch der Schnitt von Teilen mit komplizierter Geometrie bei hohen Genauigkeiten. Die Präzision der Führung von Koordinatentischen ($\leq 10 \mu m$), die schmalen Schnittfugenbreiten (0,1 − 0,4 mm) und die geringe Rauhigkeit der Schnittfläche (5 − 50 $\mu m$) lassen dergleichen zu. Dies gilt allerdings nur, wenn ebene Werkstücke mit konstanter Verfahrgeschwindigkeit geschnitten werden und glatte Bahnkurven vorliegen. Bei spitzen Ecken z. B. müßte zur Erhaltung der konstanten Verfahrgeschwindigkeit in den Spitzen mit sehr großen Beschleunigungen gearbeitet werden. Diese Schneidaufgabe stößt aber an die Grenzen der Bewegungskinetik von Führungsmaschinen. Die Folge ist, daß z. B. Ecken wegschmelzen bzw. beim Brennschneiden abbrennen.

Zur Lösung dieses Problems hat sich das Schneiden im Pulsbetrieb oder im gemischten Betrieb (Dauerstrich und Puls) bewährt. Günstige Pulsdauern liegen im Bereich von 0,1 bis 1 ms. Die Pulsabstände werden im Bereich der 3 − 10fachen Pulsdauer eingestellt, abhängig von den sonstigen Laser- und Materialparametern. Zur Erzeugung von Pulsen siehe Kapitel 3.1.

Pulse geringer Spitzenleistung werden bevorzugt eingesetzt zum Schneiden von Baustahl unter geringer Wärmebelastung der Randzone und zum Einstechen direkt in die Schnittfuge zu Beginn des Schneidvorganges. Pulse hoher Leistung sind wegen ihrer höheren Leistungsdichte besonders für Edelstahl geeignet (Schnittbreiten 0,3 mm bei 10 mm Materialstärke). Die sichtbare Wärmeeinflußzone läßt sich durch geringe Pulsfolgen sogar gänzlich unterdrücken, so daß selbst Sichtteile ohne Nacharbeit produziert werden können.

Als Beispiel zeigt Bild 3.36 eine Testkontur von 3 mm Baustahl, die einmal im Dauerstrichbetrieb (rechts) mit 2 m/min und einmal mit Pulsen hoher Leistung (Superpulsen) (links) und 0,1 m/min geschnitten wurde. Der Erfolg ist offensichtlich. Beim Dauerstrichschneiden sind die Spitzen durch Überhitzung verbrannt, während sie beim Superpulsschneiden vollständig erhalten bleiben. Die Außenkonturen und die großen Ausschnitte der linken Probe sind aus Zeitgründen mit dem schnelleren Dauerstrich geschnitten, aber im Pulsbetrieb eingestochen.

In zunehmendem Maß erobert sich das Trennen von metallischen Werkstoffen mittels Laser einen Platz in der industriellen Produktion. Einen Anwendungsschwerpunkt bildet das mechanisierte Formschneiden von ebenen Blechen und räumlichen Formteilen in der Kleinserienfertigung.

In Bild 3.37 sind die wichtigsten Verfahren zum Formschneiden in bezug auf die Schneidbarkeit von Werkstoffen und die in der Praxis bearbeitbaren Werkstoffdicken miteinander verglichen. Dabei wird zwischen den thermischen Verfahren und den spanlosen mechanischen Verfahren unterschieden.

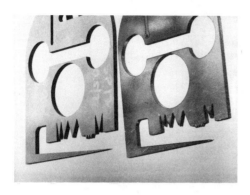

Bild 3.36: Testkontur aus 3 mm Baustahl geschnitten im Dauerstrichbetrieb (rechts) und im Superpulsbetrieb (links), (Werkbild: Rofin-Sinar Laser GmbH, Hamburg)

Bei den konventionellen thermischen Trennverfahren zeigt sich deutlich eine Anwendungslücke im Blechdickenbereich unterhalb von 4 mm, die der $CO_2$-Laser ausfüllt. Außerdem ist auch die Schnittqualität der drei thermischen Verfahren sehr unterschiedlich. Bild 3.38 zeigt die Schnittfugenbreite und die Wärmeeinflußzone jeweils für einen Autogen-, einen Plasma- und einen Laserschnitt. Geschnitten wurde der Werkstoff St37 mit einer Dicke von 6 mm. Wie man sieht, erzeugt der Autogenschnitt (a, Schneidgeschwindigkeit 10 mm/s) eine nahezu parallele, schmale Schnittfuge. Die Wärmeeinflußzone ist jedoch sehr breit und bewirkt eine starke Verformung des Blechs. Der Plasmaschnitt (b, 75 mm/s) hinterläßt eine sehr breite, konische Schnittfuge. Die Wärmeeinflußzone ist vergleichsweise gering und ruft deshalb auch nur eine geringe Verformung hervor. Der Laserschnitt (c, 17 mm/s) weist eine exakt parallele, sehr schmale Schnittfuge auf. Die Wärmeeinflußzone ist so gering, daß praktisch keine Verformung des Blechs auftritt. Der Laserschnitt verursacht somit die geringste Werkstoffbeeinflussung.

Von den mechanischen Verfahren stehen das Schnittwerkzeug und die Nibbelmaschine in Konkurrenz zum Laserschneiden. Beide Verfahren sind in ihrer Anwendung begrenzt. Die Nibbelmaschine eignet sich nur zur Herstellung ebener Formschnitte. Je nach Steifigkeit können Bleche im Dickenbereich von etwa 0,5 bis 10 mm mit maximalen Abmessungen von ca. $150 - 250$ cm$^2$ bearbeitet werden. Schnittwerkzeuge in Verbindung mit Pressen werden ebenfalls zur Fertigung von ebenen Formschnitten eingesetzt. Die Herstellung eines Werkzeugs ist jedoch sehr kostspielig. Dieses Verfahren kommt daher nur für große Serien (ab Losgrößen von etwa 1000 Stück) zur Anwendung.

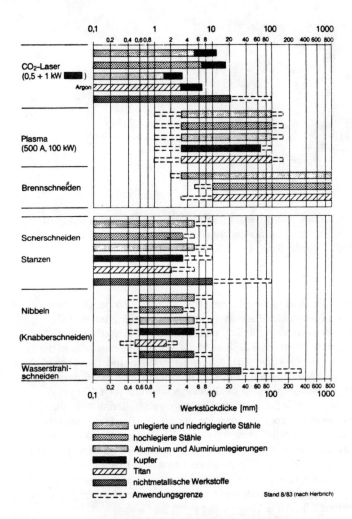

Bild 3.37: Formschneiden von Werkstoffen. Vergleich der Anwendungsgrenzen der verschiedenen Verfahren (H. Herbrich, Messer-Griesheim, Frankfurt am Main)

Vergleicht man die Anwendungsgrenzen der verschiedenen Verfahren und berücksichtigt die typischen Verfahrensmerkmale des Laser-Formschneidens, so zeigt sich, daß der Laser in bestimmten Anwendungsbereichen überlegen ist: Bei Klein- und Mittelserien arbeitet der Laser besonders wirtschaftlich. Er schneidet sowohl ebene wie auch räumliche Werkstücke bei minimaler Werk-

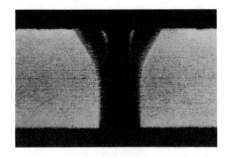

Bild 3.38 a

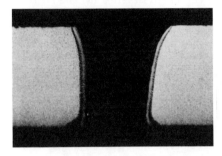

Bild 3.38 b

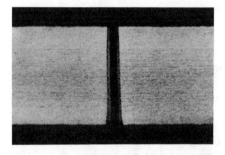

Bild 3.38 c

Bild 3.38: Schnittfugenbreite für Autogen-, Plasma- und Laserschnitt
(Werkbild Messer-Griesheim, Frankfurt am Main)

stoffbeeinflussung. Die Schnittfugenbreite ist extrem schmal, es fällt nur wenig
Schrott an. Die Laserenergie wird berührungslos übertragen, ein Ausbrechen der
Schnittkanten bei harten und spröden Metallen ist daher ausgeschlossen. Außerdem tritt kein Werkzeugverschleiß auf. Auch sehr dünne Werkstoffe (Dicke
kleiner als 0,5 mm) und Folien lassen sich mit dem Laser gut schneiden. Die

Fläche des Werkstücks kann mehrere Quadratmeter groß oder bei Portal-
maschinen sogar in einer Dimension endlos sein.

Es zeigt sich deutlich, daß eine Maschine die das Laser-Formschneiden in Kombination mit konventionellen mechanischen Verfahren beinhaltet, eine ideale
Bearbeitungsmaschine darstellt. Diese hohe Flexibilität in der Blechbearbeitung
zeigt z. B. das Bearbeitungssystem Trumatic Laserpress der Fa. Trumpf mit dem
das Laserschneiden, das Stanzen, das Nibbeln und das Umformen von Blech-
teilen durch eine einzige Maschine nacheinander und in beliebiger Reihenfolge
möglich ist.

Maßgebend für die Wirtschaftlichkeit eines Verfahrens ist ferner der Grad der
Rationalisierung und der Automatisation, der sich in der technischen Produktion
erreichen läßt. Der Laser bietet hierfür besonders günstige Voraussetzungen.
Moderne Lasergeräte sind hinsichtlich Gewicht und Außenabmessungen so ausgeführt, daß sie in automatisch gesteuerten Koordinatenführungsmaschinen eingebaut werden können. Der Laser wird über dem ruhenden Werkstück bewegt.
Auf diese Weise ist man weitgehend unabhängig von Gewicht, Größe und Form-
gebung des Werkstücks, und es lassen sich sehr komplizierte Kurvenschnitte mit
hoher Schneidgeschwindigkeit herstellen. Die Steuerung erfolgt entweder numerisch über Rechner oder fotoelektrisch mit optischer Abtastung einer Zeich-
nungsvorlage. Die Reproduktionsgenauigkeit eines solchen Übertragungssystems
beträgt etwa ± 0,1 mm.

Ein auf einer Koordinatenführungsmaschinen bewegbarer Laser eignet sich vorzugsweise zum Schneiden ebener Werkstücke. Die optimale Schnittqualität bleibt
nur erhalten, wenn das Werkstück sich während der Bearbeitung stets im Brennfleck der Fokussierungsoptik befindet. Es müssen sehr geringe Abstandstoleran-
zen eingehalten werden (i. a. wenige Zehntel Millimeter), da ansonsten die
Schnitte unsauber werden oder der Schneidvorgang ganz abreißt. Zur automatischen Fokuskontrolle kann vorteilhaft eine elektronische Steuerung mit kapa-
zitivem Fühler eingesetzt werden. Die Ringelelektrode ist als Meßkondensator
ausgebildet und gewährleistet bis zu gewissen Maximalsteigungen die Einhaltung
des richtigen Arbeitsabstands mit einer Genauigkeit von ± 0,2 mm. Spezielle
Abtastelektroden, die in die Düsenspitze integriert sind, ermöglichen die Bearbeitung von Werkstücken unter Neigungswinkeln bis zu 45°. Auf diese Weise lassen
sich beim Schneiden räumlicher Werkstücke optimale Schneidergebnisse erzielen.
Bild 3.39 zeigt ein Beispiel aus der Automobilindustrie. Dort werden komplizierte Kurvenschnitte in sehr unregelmäßig geformte räumliche Teile (Karosserieteile) gelegt.

Bei größeren Verfahrwegen empfiehlt es sich, das Werkstück nur in einer
Richtung zu bewegen und den Strahl in der Richtung senkrecht dazu verschieben. Weitere Strahlmanipulatoren können dann noch installiert werden, um eine

Bild 3.39:
Formschneiden von
Karosserieteilen mit
einem 500 W $CO_2$ - Laser
(Werkbild: Volkswagen
AG, Wolfsburg)

komplexe räumliche Geometrie zu bearbeiten. In Bild 3.40 ist eine in 5 - Achsen gesteuerte Anlage skizziert. Der Laserbearbeitungskopf ist an einem Portal befestigt und bewegt sich in y- und z-Richtung, das Werkstück in x-Richtung. Zwei zueinander senkrechte Drehungen C und A ermöglichen eine Führung des Laserstrahls, so daß er stets senkrecht auf das Werkstück auftrifft.

Eine Laser-Roboter-Kombination, besonders geeignet für die Bearbeitung von Kleinteilen, erlaubt die sehr flexible Manipulation des Werkstücks unter einer ortsfesten Laserstrahldüse hindurch, wobei die programmierte Raumkurve des Roboters der zu schneidenden Kontur entspricht.

## Schweißen

Von großer Bedeutung ist auch das Schweißen von metallischen Werkstoffen mit dem $CO_2$ - Laser. Dieses Verfahren wird heute noch nicht in breitem Umfang in der industriellen Fertigung eingesetzt, zahlreiche Versuche haben jedoch gezeigt, daß sich mit dem $CO_2$ - Laser Präzisions-Schweißverbindungen herstellen lassen, die sonst nur mit dem Elektronenstrahl-Schweißverfahren zu verwirklichen sind (vgl. Abschnitt 3.2.4).

Ähnlich wie beim Elektronenstrahl-Schweißverfahren entsteht durch die Laserstrahlung eine Dampf(Plasma)kapillare, die sich in das Innere des Materials fortsetzt. Unter dem bewegten Laserstrahl bleibt die Kapillare dynamisch stabil und wandert durch das Material. Die Plasmakapillare ist umgeben von einer flüssigen Schmelzschicht, die hinter der bewegten Kapillare zu einer Schweißnaht erstarrt. Schweißnahtstreifen in der Größenordnung der Fokusbreiten (0,2 bis 0,5 mm)

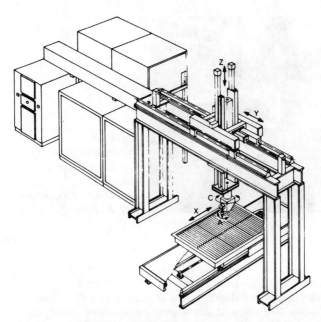

Bild 3.40: Fünf Achsen gesteuerter Werkstücks- und Strahlmanipulator zur
Materialbearbeitung von räumlich geformten Werkstücken
(Werkbild: Messer- Griesheim, Frankfurt am Main)

resultieren bei einem Tiefen-zu-Breiten-Verhältnis von bis zu 5 : 1. Aufgrund der
kleinen Wärmeeinflußzone des Laserschweißens sind Verzug oder Schrumpfung
des Werkstücks minimal.

In Bild 3.41 sind die verschiedenen Schmelzschweißverfahren in Abhängigkeit
von der anwendbaren Blechdicke gegenübergestellt. Das Hauptanwendungsgebiet
des Laserstrahlsschweißens liegt im Dünnblechbereich bis zu 6 mm Dicke. Gute
Ergebnisse werden beim Schweißen von unlegierten sowie Chrom-Nickel-Stählen,
aber auch bei Titan, Aluminium und anderen metallischen Werkstoffen erzielt.

Mit einem 2 kW Laser lassen sich Chrom-Nickel-Stahlbleche von 1 mm Dicke mit
einer Schweißgenauigkeit von 6,5 m/min verbinden. Mit einem 10 kW-Laser sind
beim Stahl St52-3 Schweißtiefen von 10 bzw. 3 mm bei Schweißgeschwindig-
keiten von 40 bzw. 120 mm/s erreicht worden (vgl. auch Bild 3.9).

Wie auch beim Laserschneiden sind diese Ergebnisse sehr stark von der Strahl-
qualität, damit von der Fokussierung aber auch von den weiteren verfahrens-

108

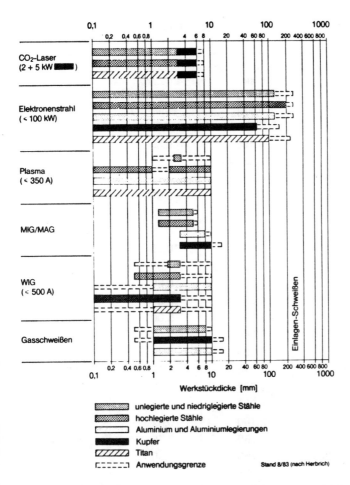

Bild 3.41: Vergleich verschiedener Schweißverfahren zum Einlagenschweißen
(H. Herbrich, Messer-Griesheim, Frankfurt am Main)

technischen Faktoren abhängig. In Härte und Dehnungsfestigkeit entspricht die
Laserschweißung einer Schweißung mit dem Elektronenstrahl, die Beständigkeit
gegen Wechselbelastungen ist jedoch weitaus höher.

Tabelle 3.6 gibt einen Überblick über die wichtigsten Parameter beim Lasertief-
schweißen einiger Metalle [19]. Die angegebenen Geschwindigkeitswerte sind nicht
die Maximalwerte, sondern diejenigen, bei denen eine optimale Schweißnaht-
qualität erzielt werden konnte.

109

Tabelle 3.6: Tiefschweißparameter für einige Metalle

| Material | Werkstück-dicke (mm) | Schweiß-geschwin-digkeit (m/min) | Laser-leistung (kW) |
|---|---|---|---|
| Vergütungsstahl | 0,508 | 9,65 | 1,0 |
| Vergütungsstahl | 2,032 | 1,50 | 2,0 |
| Vergütungsstahl | 4,013 | 0,42 | 2,0 |
| Vergütungsstahl | 2,032 | 7,62 | 6,0 |
| 304 Edelstahl | 1,524 | 0,76 | 0,5 |
| Edelstahl | 6,502 | 0,36 | 2,0 |
| Edelstahl | 0,508 | 10,80 | 2,0 |
| 316 Edelstahl | 6,350 | 1,83 | 5,0 |
| 316 Edelstahl | 9,906 | 0,86 | 6,0 |
| Titan | 4,064 | 0,53 | 2,0 |
| Titanlegierung | 2,007 | 3,00 | 2,0 |
| Titanlegierung | 6,350 | 2,03 | 6,0 |
| Titanlegierung | 9,906 | 0,71 | 6,0 |
| HSS / Carbon Steel | 1,346 | 2,16 | 2,0 |
| HSS / EN 47 | 0,762 | 7,80 | 2,0 |
| HSS / 188 | 2,007 | 2,41 | 2,0 |
| C-Mn Steel | 12,700 | 0,42 | 6,0 |
| 13 % Cr Steel | 6,350 | 0,76 | 5,0 |
| 16 % CR  10 % Ni Alloy | 4,750 | 1,50 | 2,0 |
| X8 Cr Ni 18-8 | 0,508 | 2,54 | 1,0 |
| Nimonic | 6,350 | 1,88 | 6,0 |
| INCO 625 | 0,508 | 5,99 | 2,0 |
| Zirkonlegierung | 2,997 | 0,79 | 2,0 |
| H15 Aluminium | 0,991 | 2,77 | 2,0 |
| 2219 Aluminium | 3,175 | 1,02 | 2,0 |
| 2219 Aluminium | 4,572 | 0,94 | 3,0 |
| C263 | 3,404 | 0,69 | 2,0 |

Beim Schweißen von Metallen und insbesondere von Titan muß in Schutzgas-atmosphäre gearbeitet werden, da sonst der Werkstoff oxidiert. Dabei genügt es, das Werkstück mit einem interten Gas (z. B. Argon) anzublasen. Dies ist ein wesentlicher Vorteil gegenüber dem Elektronenstrahl-Schweißverfahren, bei dem im Vakuum oder zumindest im Halbvakuum gearbeitet werden muß.

Prinzipiell lassen sich mit dem Laser die verschiedensten Arten von Schweiß-verbindungen herstellen, z. B. Stumpf-, Überlapp-, Ecken-, T-Schweißung usw. (s. Bild 3.42). Bei größeren Bauteilen entstehen oft Fugen, die durch geeignete Zusatzwerkstoffe beim Schweißen gefüllt werden müssen. Durch Verwendung geeigneter Führungsmaschinen lassen sich ohne weiteres auch beliebig geformte Schweißnähte herstellen.

Typisch für den Laser sind manchmal auftretende, störende Aufhärtungen im Wärmeeinflußbereich der Schmelze. Nachträgliche Wärmebehandlungen zum Absenken der Härte sind aber nicht in jedem Fall aus fertigungstechnischen Gründen durchführbar.

Das größte Anwendungspotential für das Laserschweißen liegt im Bereich der metallverarbeitenden Industrie und dort besonders in der Automobilindustrie. Hier lassen sich große Karosserieteile aus Tiefziehblech St14 mit einer Dicke von 0,75 mm (Türen, Dach- und Bodengruppen) verzugsfrei schweißen. Wasserdichte Falzschweißungen sind dabei ohne weiteres möglich.

### 3.3.3.2 Bearbeitung von nichtmetallischen Werkstoffen

*Organische Stoffe (Kunststoffe, Naturstoffe)* zeigen unter der Einwirkung inten-siver Laserstrahlung ein völlig anderes Verhalten als Metalle. Sie besitzen in der Regel einen vergleichsweise niedrig liegenden Schmelz- bzw. Erweichungspunkt; außerdem ist die Eindringtiefe von $CO_2$-Laserlicht wesentlich größer als bei Metallen. In manchen organischen Stoffen werden durch die absorbierte Energie intermolekulare Schwingungen so stark angeregt, daß die durch Polymerisation entstandenen Riesenmoleküle wieder depolymerisieren. Bei dieser Reaktion geht der Werkstoff, abgesehen von dünnen Anschmelzzonen in Bereichen geringer Energiedichte, sehr rasch in den gasförmigen Zustand über. Das Paradebeispiel hierfür ist Acrylglas (PMMA, ,,Plexiglas"). Mit dem $CO_2$-Laser läßt es sich bis zu mehreren Zentimetern Dicke mit hoher Geschwindigkeit schneiden. Die Schnitt-stellen sind sehr sauber, sie zeigen keine Rückstände und sehen zum Teil wie poliert aus. Ähnlich verhalten sich Polymethylenoxid (,,Delrin") und Polytetra-fluoräthylen (PTFE, ,,Teflon").

Das Depolymerisieren ist für das Schneiden mit Laser nahezu ideal; leider verhält sich die Mehrzahl der organischen Stoffe nicht so günstig. Insbesondere Duro-

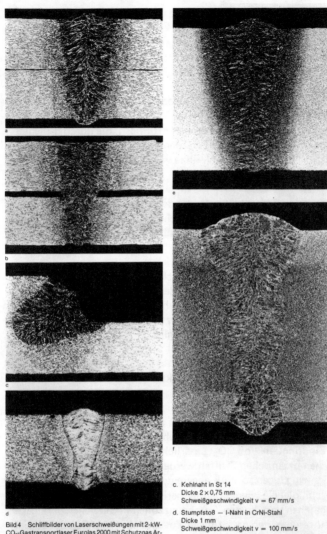

c. Kehlnaht in St 14
Dicke 2 × 0,75 mm
Schweißgeschwindigkeit v = 67 mm/s

d. Stumpfstoß — I-Naht in CrNi-Stahl
Dicke 1 mm
Schweißgeschwindigkeit v = 100 mm/s

Bild 4  Schliffbilder von Laserschweißungen mit 2-kW-
CO₂-Gastransportlaser Eurolas 2000 mit Schutzgas Argon, Strahlleistung P = 2 kW, Fokusradius r$_F$ = 150 μm,
Intensität I = 3 × 10⁶ W/cm²

a. Überlappnaht in St 14 (Karosserieblech)
Dicke 2 × 0,75 mm
Schweißgeschwindigkeit v = 67 mm/s

b. desgleichen mit Spaltüberbrückung 0,1 mm
Schweißgeschwindigkeit v = 67 mm/s

e. Blindnaht in St 37
Dicke 2 mm
Schweißgeschwindigkeit v = 33 mm/s

f. Blindnaht in St 37,
mit entkohlter Randzone durch Zwischenglühen
beim Walzen (Seigerungsstreifen)
Dicke 3 mm
Schweißgeschwindigkeit v = 16 mm/s

Bild 3.42:  Schliffbilder verschiedener Schweißnähte
(Werkbild: Messer-Griesheim, Frankfurt am Main)

112

plaste wie z. B. Phenolharzpreßmassen und Melaminharze neigen zur Bildung von hochmolekularen Ablagerungen und zur Verkohlung am Rand der Bearbeitungsstelle und zur Bildung von sehr giftigen Dämpfen. Verbundharze mit Glasanteil zeigen wegen des unterschiedlichen Energiebedarfs der beiden Komponenten z. T. ausgefranste Schnitte. Damit ist für den großen Anwendungsbereich, des Leiterplatinenschneidens in der Elektroindustrie auch der Laser keine Alternative zu den recht unflexiblen konventionellen mechanischen Verfahren.

Ähnliche Erscheinungen sind auch bei den meisten organischen Naturstoffen z. B. Holz, Wolle oder Leder zu beobachten. Die Breite der Verkohlungszonen ist wesentlich von der Bearbeitungsgeschwindigkeit abhängig. Im allgemeinen wird sie mit zunehmender Geschwindigkeit immer kleiner und weniger sichtbar, bis sie schließlich bei dünnen Schichten und hoher Geschwindigkeit ganz verschwindet.

Thermoplastische Kunststoffe (z. B. Polyäthylen, Polyamid) lassen sich hingegen sehr gut trennen und auch schweißen. Hierzu muß lediglich die Schmelztemperatur des Materials erreicht werden. Man beobachtet in der Regel angeschmolzene, glatte Schnittränder, die beim Schneiden von Folien und Textilien die Einreißfestigkeit gegenüber dem Schnitt mit dem mechanischen Messer beträchtlich erhöhen.

In Tabelle 3.7 sind verschiedene Schneiddaten nichtmetallischer Werkstoffe zusammengefaßt. Berücksichtigt man noch die anderen Vorteile und Verfahrensmerkmale der Laserbearbeitung, die bereits beim Schneiden von Metallen diskutiert wurden, so zeigt sich, daß der Laser für viele Aufgaben der Kunststoff- bzw. Naturstoffbearbeitung besonders wirtschaftlich eingesetzt werden kann und den herkömmlichen Verfahren in manchen Bereichen überlegen ist. Zwei Anwendungen, die industriell eingeführt sind, sind das Zuschneiden von Stoffen in der Textilindustrie und das Zuschneiden der Textilauskleidung von Kraftfahrzeugkofferräumen in der Automobilindustrie.

Mit sehr großem Erfolg wird der Laser heute für die Herstellung von Werkzeugen für die Kartonagenfabrikation eingesetzt. Bei der Faltschachtelherstellung (z. B. Zigarettenschachteln oder Arzneimittelverpackungen) werden jährlich sehr große Mengen von Karton zugeschnitten. Man verwendet hierzu Stanzwerkzeuge. Sie bestehen aus etwa 2 cm dicken Sperrholzplatten mit entsprechend geformten Schnitten, in denen die Stanzmesser aus gehärtetem Stahl eingeklemmt sind. Konventionell werden die Formschnitte im Holz mit speziellen Stichsägen erzeugt. Dies ist ein äußerst lohnintensiver und kostspieliger Bearbeitungsvorgang. Der $CO_2$-Laser in Verbindung mit einer automatisch gesteuerten Führungsmaschine kann diese Formschnitte wesentlich schneller und exakter und damit wirtschaftlicher herstellen. Bei 2 kW Laserleistung beträgt z. B. die Schnittgeschwindigkeit in Sperrholz von 19 mm Dicke etwa 2,6 m/min. Wegen der

Tabelle 3.7: Schneidtabelle für nichtmetallische Werkstoffe
(Laserleistung 500 1000 W, Messer-Griesheim, Frankfurt am Main)

| | Werkstückdicke (mm) | Schneidgeschwindigkeit $CO_2$-Laser (mm/min) 500 W | Schnittfugenbreite (mm) |
|---|---|---|---|
| Kunststoffe | | | |
| PS | 4 | 3200 | 0,4 |
| PVC (Copolymer) | 4 | 6000 | 0,3 |
| PP (Copolymer) | 4 | 4000 | 0,3 |
| PPO (Copolymer) | | | |
| C9021 TF | 4 | 4400 | 0,1 |
| PTP | 4 | 4400 | 0,3 |
| GFK Polyester 73 % | | | |
| Glas | 3 | 200 | 0,2 |
| PMMA | 5 | 4000 | 0,3 |
| PVC weich | 3 | 6600 | 0,3 |
| PVC hart, dunkelgrau | 16 | 1100 | 1,0 |
| PVC | 5 | 5000 | 0,3 |
| PP | 2 | 6000 | 0,2 |
| PE | 5 | 2800 | 0,4 |
| PTFE | 4 | 5000 | 0,3 |
| Hart Papier HP22061 | 3 | 1200 | 0,2 |
| Asbestzement | 5 | 1200 | 0,1 |
| Quarzglas | 2 | 1200 | 0,2 |
| Aluminiumoxid | 1 | 6000 | 0,1 |
| Baumwollgewebe mehrlagig | 15 | 2000 | 0,5 |
| Holz (Multiplex) | 18 | 700 | 0,6 |

berührungslosen Arbeitsweise können die Schnitte an jeder beliebigen Stelle der Oberfläche beginnen. Durch genaue Kontrolle der Laserparameter lassen sich enge Schnittfugen mit einstellbarer Schnittbreite und exakt parallelen Schnittkanten erzeugen. Bild 3.43 zeigt eine komplette numerisch gesteuerte $CO_2$-Laser-Bearbeitungsmaschine, die gerade mit der Herstellung einer Stanzform für das Zuschneiden von Faltschachteln beschäftigt ist. Bild 3.44 zeigt im Ausschnitt die Formschnitte in 2 cm dickem Sperrholz und den Laserschneidekopf. Die Schnittführung für die unterschiedlichen Schachtelgrößen und -typen ist dabei elektronisch gespeichert.

Nicht nur zum Trennen, auch zum Schweißen von organischen Kunststoffen läßt sich der $CO_2$-Laser mit Vorteil einsetzen. Allerdings ist beim Schweißen das Bearbeitungsergebnis noch wesentlich stärker von der Art des verwendeten Werkstoffs abhängig als beim Schneiden. Die besten Ergebnisse wurden mit thermoplastischen Materialien wie z. B. Polyäthylen erzielt. Polyäthylenfolien mit einer Dicke von 0,2 mm absorbieren etwa 22 % der einfallenden $CO_2$-Laserleistung. Die Laserstrahlung erwärmt daher das Material in der Schweißzone ausreichend stark und annähernd gleichförmig im Volumen. Das bedeutet, daß man nicht auf einen Temperaturausgleich durch Wärmeleitung warten muß, sondern die Strahlungsenergie schnell zuführen und eine hohe Schweißgeschwindigkeit erreichen

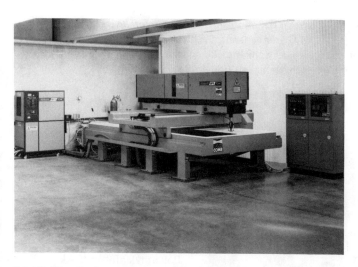

Bild 3.43:  Rechnergesteuerte $CO_2$-Laser Universalbearbeitungsmaschine bei der Herstellung von Formschnitten für Stanzwerkzeuge (Werkbild: Laser-Kombinationssysteme, Dettingen)

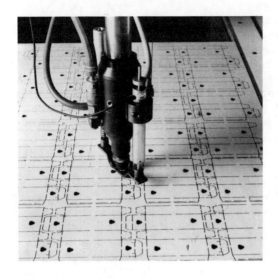

Bild 3.44:
Mit dem Laser erzeugte
Formschnitte in Sperrholz
für Stanzwerkzeuge
(Werkbild: Laser-Kombina-
tionssysteme, Dettingen)

kann. Es entsteht eine sehr saubere und haltbare Schweißnaht. Bild 3.45 zeigt zwei Polyäthylenfolien von 0,2 mm Dicke, die mit einer Geschwindigkeit von 1200 cm/min verschweißt wurden. Die Laserleistung betrug dabei nur 160 W.

Als die wichtigsten Vertreter der *anorganischen nichtmetallischen Werkstoffe* seien die Keramiken und Gläser genannt. Sie absorbieren die Strahlung des $CO_2$-Lasers bereits in geringer Schichtdicke nahezu vollständig, und zeichnen sich durch geringe Wärmeleitfähigkeit und große Sprödigkeit aus.

Bild 3.45:
Polyäthylenfolien (Dicke 0,2 mm)
mit dem $CO_2$-Laser verschweißt
(Werkbild: Battelle-Institut,
Frankfurt am Main)

Unter den Keramiken nimmt Aluminiumoxid ($Al_2O_3$) eine besonders wichtige Stellung ein. Versucht man dieses Material auf die gewohnte Weise mit dem kontinuierlichen Laser zu schneiden, so zeigt sich, daß durch die eng begrenzte Aufheizzone sehr hohe thermische Spannungen entlang des Bearbeitungsweges entstehen, die in der Regel zu unkontrollierten Sprüngen und Rissen führen.

Zum geradlinigen Trennen von dünnen Keramikplatten (Dicke bis 1,5 mm) werden vorzugsweise Laser im Dauerpulsbetrieb ($CO_2$, Nd:YAG) eingesetzt. Man erzeugt eine Reihe von Bohrungen (Tiefe 0,1 bis 0,2 mm) mit Abständen, die etwa dem Durchmesser der wärmebeeinflußten Zonen entsprechen (0,1 mm). Dadurch wird kontrolliert ein Spannungsfeld erzeugt, das den Werkstoff längs der Trennfläche brechen läßt. Bei einer Plattendicke von 0,7 mm werden z. B. mit dem $CO_2$-Laser die besten Ergebnisse mit Pulsdauern von 0,1 bis 0,3 ms und Pulsleistungen von etwa 100 W erzielt. Bei einer Folgefrequenz von 1000 Pulsen/s (mittlere Laserleistung $<$ 300 W) beträgt die „Ritzgeschwindigkeit" 600 cm/min. Wegen der guten Qualität der Trennflächen und der hohen Bearbeitungsgeschwindigkeit ist dieses Trennverfahren (Scriben) von großer technischer Bedeutung für die Elektronikindustrie. Es wird eingesetzt zur Massenanfertigung von Keramiksubstraten für elektronische Schaltkreise. Vorher aufgebrachte Dünn- oder Dickfilmschaltungen werden nicht beschädigt, da die Trennlinien sehr genau definiert sind. Das Verfahren arbeitet mit großer Zuverlässigkeit, die Ausschußquote liegt in der Regel unter 1 Promille.

Auf ähnliche Weise können auch Siliziumwafer getrennt werden, die als Substrat für integrierte Schaltkreise dienen. Bevorzugt werden hierfür gütegeschaltete Nd:YAG-Laser eingesetzt, da sich mit diesem Laser besonders feine Trennlinien (25 $\mu$m) erzeugen lassen.

Gläser lassen sich nur im entspannten Zustand, d. h. nach vorherigen Aufwärmen, mit Laser bearbeiten. Die Ursache hierfür ist der große thermische Ausdehnungskoeffizient des Glases. Es ist zwar prinzipiell möglich, dem Glas durch genau dosierte Bestrahlung eng begrenzte, kontrollierte Spannungsfelder aufzuprägen, längs derer sich Platten brechen lassen, jedoch ist die so erzeugte Schnittqualität im allgemeinen unbefriedigend.

Quarz hingegen kann problemlos im kontinuierlichen Betrieb bis zu Dicken von mehreren Millimetern geschnitten werden, da sein thermischer Ausdehnungskoeffizient sehr gering ist. Es läßt sich auch sehr gut verschweißen. Ein Anwendungsbeispiel ist die Herstellung von Meßküvetten. Hierbei müssen empfindliche optisch bearbeitete Fenster aus Quarzglas sehr exakt an Quarzrohre angesetzt werden. Beim Verschmelzen auf herkömmliche Art wird das Fenster von der Flamme umspült, wodurch seine optische Qualität leidet. Mit dem Laser läßt sich die Energie so genau bündeln, daß eine vakuumdichte Verbindung ohne Beschädigung des Fensters entsteht.

### 3.4 Laser-Materialbearbeitungssysteme

Für die industrielle Materialbearbeitung werden heute im wesentlichen zwei Lasertypen eingesetzt, die in zahlreichen verschiedenen Ausführungsformen kommerziell verfügbar sind. Es sind dies:

- der gepulste oder kontinuierliche Nd-Festkörperlaser ($\lambda$ = 1,06 $\mu$m) und
- der kontinuierliche oder gepulste $CO_2$-Laser ($\lambda$ = 10,6 $\mu$m).

Die physikalischen Grundlagen und die wichtigsten Eigenschaften dieser Laser sind in Kapitel 1 diskutiert. In Tabelle 3.8 sind einige typische Daten von Lasern zusammengestellt, wie sie für die Materialbearbeitung Verwendung finden.

Tabelle 3.8:  Typische Daten von Lasern für die Materialbearbeitung

|  | cw-Leistung bzw. Pulsenergie | Puls-dauer | Impuls-Spitzen-leistung | Puls-folge-frequenz |
|---|---|---|---|---|
| Nd:Glas Normalimpuls | 1−50 Ws | $2 \cdot 10^{-2}$ $-5 \cdot 10^{-4}$ s | $10^2 - 10^4$ W | ca. 1 Hz |
| Nd:Glas Superimpuls | bis 10 Ws | $10^{-7}$ s | bis $10^9$ W | ca. 1 Hz |
| Nd:YAG kontinuierlich | 10−200 W | cw | − | $(10^4$ Hz)*) |
| Nd:YAG Impulsbetrieb | 50−400 W**) | 0,1 − $1 \cdot 10^{-3}$ s | 30−50 kW | 400 Hz |
| $CO_2$-Laser konventionell | 10−1000 W | cw | − | − |
| $CO_2$-Laser Gastransport | 1−10 kW | cw | − | − |
| $CO_2$-Laser Superpuls | bis 5 kW**) | $10^{-4}$ s | ca. $10^4$ W | $10^4$ Hz |
| $CO_2$-Laser TEA | 0,5−50 Ws | $10^{-7}$ s | $10^8$ W | bis 300 Hz |

*) bei quasikontinuierlichem Betrieb mit schneller Pulsfolge, **) mittlere Leistung

118

Soll das Verfahren der Materialbearbeitung mit Laser in einen industriellen Produktionsablauf integriert werden, so darf der Laser nicht isoliert betrachtet werden. Er ist nur das Kernstück eines komplexen Laser-Bearbeitungssystems, das noch aus zahlreichen anderen Komponenten besteht.

Bild 3.46 zeigt schematisch das Zusammenwirken der wesentlichen Komponenten einer verallgemeinerten Laser-Bearbeitungsanlage. Dabei ist angenommen, daß es sich um eine automatisch arbeitende Anlage handelt, die sich bis zu einem gewissen Grad selbst kontrolliert und die in eine industrielle Fertigungslinie integriert ist. Bei Systemen dieser Art lassen sich generell zwei verschiedene Ebenen unterscheiden:

— die *Werkzeugebene* (der eigentliche Systemkern), die den Laser und die Optik zur Strahlführung und Strahlfokussierung enthält und

— die *Werkstückebene,* die aus Werkstückzuführung und -positionierung, Qualitätskontrolle und Werkstückabführung besteht.

An diese beiden Hauptsysteme sind unterschiedliche Hilfssysteme zur Versorgung, Steuerung und Überwachung sowie zur Gewährleistung der Arbeitssicherheit angeschlossen.

Der derzeitige Trend geht deutlich in Richtung auf vollautomatisch arbeitende Anlagen, die sich bis zu einem gewissen Grad selbst kontrollieren. In der Regel verfügen dann alle größeren Komponenten des Systems, insbesondere der Laser selbst und der maschinenbauliche Teil der Anlage, bereits über eigene Steuerungseinheiten. Diese stehen in Verbindung mit einer übergeordneten Systemsteuerung, die die Funktion des Gesamtsystems kontrolliert und die Aktionen der Einzelkomponenten und ihrer Steuerungseinheiten koordiniert und überwacht. Geeignete Sensorsysteme liefern die erforderlichen Daten zur Steuerung des Bewegungsablaufs, zur Überwachung der Prozeßparameter und zur on-line Qualitätskontrolle.

Solche Laser-Bearbeitungsanlagen bieten einen hohen Grad an Automatisierung mit gleichbleibender hoher Qualität des Bearbeitungsergebnisses, wobei dennoch die Flexibilität der Laserbearbeitung, d. h. die leichte Anpaßbarkeit an unterschiedliche Aufgabenstellungen gewährleistet bleibt. In diesem Sinne läßt sich der Laser als eine Art Universalwerkzeug ansehen, das insbesondere bei der Klein- und Mittelserienfertigung zur Wirtschaftlichkeit beitragen kann.

Bearbeitungsanlagen auf der Basis von Hochleistungslasern sind zur Zeit allerdings noch sehr kapitalintensiv. Voraussetzung für einen wirtschaftlichen Einsatz ist daher eine optimale Ausnutzung der zur Verfügung stehenden Strahlzeit. Um mögliche Totzeiten infolge der begrenzten Zuführgeschwindigkeit und der

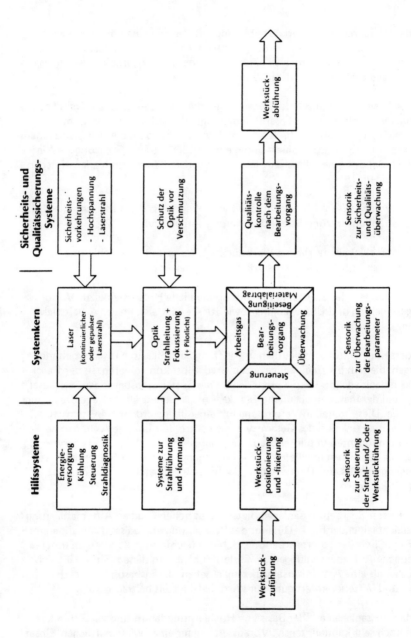

Bild 3.46: Schema der Systemkomponenten einer automatisierten Laser-Bearbeitungsanlage

erforderlichen genauen Positionierung der Werkstücke zu umgehen, kann es vorteilhaft sein, mit einem zentralen Laser mehrere Bearbeitungsstationen im Wechsel zu bedienen (time-sharing Betrieb). Ebenso ist es möglich, den Strahl eines Hochleistungslasers in mehrere Teilbündel aufzuspalten und damit parallel an mehreren Stationen gleichzeitig zu arbeiten, natürlich unter der Voraussetzung, daß der einzelne Bearbeitungsvorgang nur einen Teil der maximal verfügbaren Laserleistung erfordert.

In vielen Fällen ist eine Bewegung des Laserstrahls längs einer bestimmten Bahn erforderlich. Dies kann auf verschiedene Weise realisiert werden:

— Bewegung des Werkstücks (z. B. NC-gesteuert) bei feststehendem Laserstrahl (bevorzugt bei kleinen, nicht zu schweren Werkstücken mit ebener Geometrie).
— Bewegung des Laserstrahls (Werkzeug) bei feststehendem Werkstück (realisiert z. B. durch Strahlführung mit beweglicher Optik).
— Kombination der Bewegungen von Werkstück und Laserstrahl (insbesondere bei komplizierten räumlichen Bewegungen).

Verschiedene Anordnungen zur Manipulation von Laserstrahl und Werkstück sind in Ref [16] unter Systemgesichtspunkten diskutiert.

Wie allgemein bei Werkzeugmaschinen sind auch an Laser-Bearbeitungsanlagen sehr hohe Anforderungen an Betriebssicherheit und Zuverlässigkeit zu stellen. Dazu gehören:

— hohe Betriebsbereitschaft (bis zu 3-Schichten-Betrieb)
— geringe Empfindlichkeit gegen Umgebungsbedingungen (Staub, Feuchtigkeit, Vibration, Temperaturwechsel) und unsachgemäße Behandlung
— Bedienung durch angelerntes Personal
— schneller Wartungs- und Ersatzteildienst (24-h-Service)
— Einhaltung der Laser-Sicherheitsbestimmungen.

In dem Maße, wie diese Anforderungen erfüllt sind, ist ein technisch und wirtschaftlich erfolgreicher Einsatz möglich.

Für die Entscheidung über den Einsatz der Laserbearbeitung und die Definition des optimalen Bearbeitungssystems sind einige grundlegende Überlegungen anzustellen. In Bild 3.47 wird versucht dies zu verdeutlichen.

Am Anfang steht das spezielle Bearbeitungsproblem. Zunächst muß die prinzipielle Eignung der Lasermethode zur Lösung dieses Problems gewährleistet sein. Hand in Hand damit gehen die Auswahl des geeigneten Werkstoffs und die Festlegung des Bearbeitungsverfahrens. Daraus kann bereits auf das erwartete Bear-

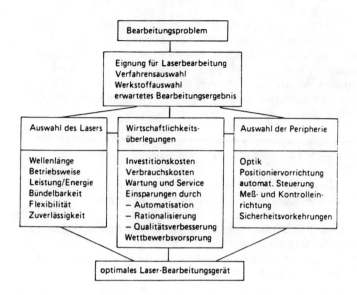

Bild 3.47: Überlegungen zur Auswahl des optimalen Laser-Bearbeitungssystems

beitungsergebnis geschlossen werden. Führen diese Überlegungen zu einem positiven Ergebnis, so müssen der Laser und die erforderlichen Peripherieeinrichtungen definiert werden. Gekoppelt mit Wirtschaftlichkeitsüberlegungen ergeben sich daraus das optimale Laser-Bearbeitungsgerät und der erwartete Nutzen für die Produktion.

H. Steinbichler

# 4. Meß- und Prüfverfahren der holografischen Interferometrie

## 4.1 Allgemeines

Die holografische Interferometrie gestattet die unmittelbare Messung der statischen oder dynamischen *Verformung* der Oberfläche von beliebigen Objekten. Gegenüber anderen Methoden bietet die holografische Interferometrie folgende Vorteile:

— Es handelt sich um ein optisches berührungsloses Meßverfahren. Das Objekt wird durch die Messung nicht beeinflußt.
— Die Verformung wird durch Interferenzlinien auf dem Bild des Objekts angezeigt. Der Vorteil gegenüber punktuellen Methoden liegt in der flächenhaften bildmäßigen Information, die beispielsweise sofort maximal beanspruchte oder fehlerhafte Stellen erkennen läßt.
— Die Verformung, bzw. die Amplitudenverteilung an schwingenden Objekten kann auf 0,1 Mikrometer ermittelt werden.
— Neben statischen und dynamischen Verformungen an lichtreflektierenden Objekten können auch an transparenten Objekten Temperatur-, Druck- und Konzentrationsfelder berührungslos und flächenhaft vermessen werden.
— Die Auswertung der holografischen Interferogramme kann qualitativ und quantitativ manuell oder rechnergestützt erfolgen.
— Durch theoretisch berechnete Hologramme kann ein Vergleich von realen Objekten mit theoretisch berechneten Objekten durchgeführt werden.

Auf Grund dieser Vorteile hat sich die Anwendung der holografischen Interferometrie in den letzten Jahren wesentlich vergrößert.

## 4.2 Holografische Aufbauten

In Kapitel 2 wurden die grundlegenden Eigenschaften holografischer Aufnahme- und Wiedergabetechniken diskutiert. In diesem und im nächsten Abschnitt werden die darauf basierenden Meßprinzipien der holografischen Interferometrie kurz erläutert. Auf ausführliche Darstellungen wird verwiesen[1−7].

Ein optisches System zur Erzeugung eines Hologramms ist in Bild 4.1 dargestellt. Der aus dem Laser austretende Lichtstrahl passiert zuerst einen Fotoverschluß, der auf die notwendige Belichtungszeit der Fotoschicht eingestellt wird.

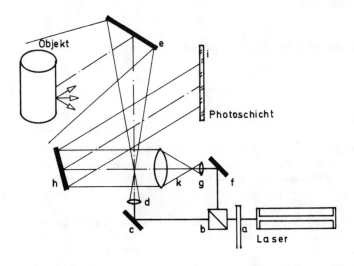

Bild 4.1: Holografischer Aufbau (schematischer Strahlengang)

Über einen Spiegel wird der Lichtstrahl zu einem Strahlteiler gelenkt, der den Strahl in einen Objekt- und einen Referenzstrahl zerlegt. Der Objektstrahl wird durch eine Linse aufgeweitet und beleuchtet dann über einen weiteren Spiegel das Objekt. Der Referenzstrahl wird ebenfalls aufgeweitet und beleuchtet, über einen Spiegel, direkt die Fotoschicht, wo es zur Interferenz zwischen den diffusen, vom Objekt reflektierten Strahlen, und dem gerichteten Referenzstrahl kommt. Zur Anpassung der Intensität beider Strahlen können im Referenzstrahl Intensitätsfilter angeordnet werden.

Da die holografische Aufzeichnung auf Interferenz von Lichtwellen beruht, darf sich während der Belichtungszeit der Fotoschicht kein Bauteil um mehr als 1/10 der Wellenlänge des verwendeten Laserlichts bewegen. Bei Dauerstrichlasern liegt die Belichtungszeit im Sekundenbereich. Man kann damit also statische oder quasistatische Verformungen untersuchen. Außerdem ist eine Schwingungsisolation für den gesamten Aufbau notwendig. Dynamische Probleme (Schwingungen bei Betriebsbeanspruchung) können nur mit einem Impuls-Laser holografisch erfaßt werden. Aufgrund der hohen Leistung von typisch 100 Megawatt liegt dann die Belichtungszeit bei ca. 20 Nanosekunden. Die Stabilitätsbedingung wird hier über eine kurze Belichtungszeit erreicht.

## 4.3 Die Verfahren der holografischen Interferometrie

### 4.3.1 Das Doppelbelichtungsverfahren

Beim Doppelbelichtungsverfahren wird in einer ersten Teilbelichtung die Oberflächengestalt des unverformten Körpers und in einer zweiten Teilbelichtung die Oberflächengestalt des verformten Körpers auf dem Hologramm festgehalten.

Bei der Wiedergabe des Hologramms entstehen notwendigerweise gleichzeitig zwei geringfügig voneinander abweichende Bilder der Oberfläche. Die am Hologramm abgebeugten Strahlen überlagern sich und erzeugen makroskopische Interferenzlinien. Diese Interferenzlinien sind ein Maß für die Verformung der Objektoberfläche.

Zur näheren Erläuterung werde ein Punkt auf der Objektoberfläche betrachtet. Im Bild 4.2 handelt es sich um einen Punkt auf der Oberfläche eines Reifens. Bei der ersten Teilbelichtung ist der Punkt in der Position $P_1$. Durch die Verformung (z. B. Innendruckänderung) ändert er seine Lage von der Position $P_1$ zur Position $P_2$, die er während der zweiten Belichtung inne hat. Der Lichtstrahl, ausgehend von einer konstanten Lichtquelle, ändert dadurch seinen geometrischen Weg, um den Betrag $(d_1 + d_2)$ bis zum Beobachtungspunkt. Das Hologramm spielt bei dieser Betrachtungsweise keine Rolle, es dient nur zur Speicherung der vom Objekt reflektierten Lichtstrahlen. Beträgt nun die geometrische Wegdifferenz ein ganzzahliges Vielfaches n der Wellenlänge $\lambda$ $(d_1 + d_2 = n \cdot \lambda)$ des verwendeten Laserlichtes so entsteht durch Interferenz eine Verstärkung.

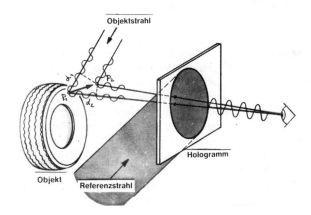

Bild 4.2:
Prinzip der
holografischen
Interferometrie

125

Auf dem Bild des Objektes läuft dann über den Punkt eine helle Linie. Beträgt die Wegdifferenz ein ungeradzahliges Vielfaches der halben Weglänge ($\frac{2n + 1}{2} \cdot \lambda$) so entsteht durch Interferenz eine Auslöschung und damit eine dunkle Stelle auf dem Bild des Objekts. Die Zwischenwerte der Wegdifferenz werden durch entsprechende Grautöne sichtbar.

Die Interferenzlinien auf dem Bild des Objekts stellen primär ein Maß für die Änderung des optischen Weges der einzelnen Lichtstrahlen dar. Durch geeignete Auswerteverfahren läßt sich daraus die Verformung des Objekts ermitteln. (Abschnitt 4.4)

Die Rekonstruktion eines Doppelbelichtungshologramms ist in Bild 4.3 dargestellt. Es handelt sich um einen Autoreifen, dessen Verformung durch Innendruckänderung hervorgerufen wurde. Die hellen und dunklen Interferenzlinien weisen relative Verformungen in der Größenordnung der halben Wellenlänge des verwendeten Laserlichts (ca. 0,3 $\mu$m) nach.

Bild 4.3:
Rekonstruktion eines Doppelbelichtungshologramms eines
Autoreifens. Die Verformung in der
Größenordnung von einigen Mikrometern erfolgte durch Innendruckänderung.

Vom holografischen Interferogramm wird die Änderung der Phasenlage der Objektstrahlen und damit die Änderung des optischen Wegs ($\int$nds; n = Brechzahl des Mediums, ds = das geometrische Wegelement) registriert. Bei Verformungsmessungen bleibt die Brechzahl konstant, die Änderung des optischen Wegs wird durch eine geometrische Wegänderung hervorgerufen. Man kann nun umgekehrt aber den geometrischen Weg konstant lassen und die Brechzahl ändern. Dies kann man beispielsweise dadurch erreichen, daß das Objekt in eine Küvette gestellt und zwischen den Belichtungen das Gas ausgetauscht oder der Druck geändert wird[8]. Damit lassen sich dann Höhenschichtlinien mit einem einstellbaren Abstand erzeugen. Der gleiche Effekt läßt sich auch durch die Verwendung eines Lasers erzielen, der zwei verschiedene Wellenlängen emittiert[10].

Bild 4.4 zeigt eine Figur mit durch Brechzahländerung erzeugten Höhenschicht-linien (aus [9]). Die Höhenschichtlinien haben dabei einen Abstand von 1,2 mm.

Bild 4.4:
Höhenschichtlinien auf einer Porzellanfigur
im Abstand von 1,2 mm (aus [9]).

### 4.3.2 Echtzeit-Verfahren (real-time-Verfahren)

Bei dieser Methode wird das Objekt im Ausgangszustand holografisch aufgenom-men. Nach der photochemischen Entwicklung wird die Photoplatte wieder genauestens in die Aufnahmeposition gebracht (oder die Photoschicht wird an Ort und Stelle entwickelt). Damit deckt sich dann das aus dem Hologramm rekonstruierte Bild mit dem tatsächlich vorhandenen Objekt. Wird das Objekt nun verformt, so überlagern sich die am Objekt reflektierten Strahlen mit dem am Hologramm abgebeugten Strahlen und man kann durch das Hologramm Interferenzlinien, als Maß für die optische Veränderung beobachten. Der Vorteil dieses Verfahrens gegenüber der Doppelbelichtungsmethode liegt darin, daß nicht nur zwei, sondern beliebig viele Verformungszustände, beispielsweise in Abhängigkeit von der Zeit, Temperatur oder mechanischer Kraft, erfaßt werden können.

### 4.3.3 Zeitmittelungs-Verfahren (time-average-Verfahren)

Mit diesem Verfahren[11] kann eine Schwingungsanalyse, ähnlich den Chladni-schen Klangfiguren, durchgeführt werden. Da die Belichtungszeit der Photo-schicht wesentlich länger ist als eine Schwingungsperiode, wird der zeitliche Mittelwert der einzelnen Schwingungszuständen gebildet.

Da nun bei einer sinusförmigen Schwingung mit konstanter Amplitude die Aufenthaltswahrscheinlichkeit der Objektoberfläche in den Totpunkten am größten ist, überwiegt das zu diesen Zeitpunkten reflektierte Licht. Das von den Knotenpunkten reflektierte Licht verändert seine Phasenlage während der Schwingung nicht, deshalb sind auf dem Bild des Objekts diese Punkte als besonders helle Stellen sichtbar. An den schwingenden Punkten ergibt sich als Betrag des Mittelwertes der Phasenmodulation die Besselfunktion nullter Ordnung. An diesen Stellen nimmt der Kontrast und die Intensität des Bildes mit steigender Amplitude und damit auch der Ordnungszahl der Interferenzlinien ab.

Die praktische Durchführung geschieht mit einem normalen holografischen Aufbau, wie beispielsweise in Kapitel 4.2 gezeigt. Während das Objekt in einer Schwingung mit konstanter Amplitude erregt wird, belichtet man einmal die Fotoschicht mit einer Belichtungszeit, die wesentlich länger als eine Schwingungsperiode ist.

Die average-time-Aufnahme eines Reifens ist in Bild 4.5 dargestellt. Die Knotenlinien sind als helle Stellen erkennbar, die Amplitude steigt mit der Ordnung der Interferenzlinien.

Bild 4.5:
Average-time-Aufnahme eines Reifens. Die hellen Linien stellen die Knotenlinien dar. Die Schwingungsamplitude steigt mit zunehmender Ordnungszahl der Interferenzlinien.

Es ist aber auch eine Schwingungsanalyse nach dem Doppelbelichtungsverfahren möglich. Mit einem Impulslaser werden zwei Schwingungszustände aufgezeichnet. Aufgrund der kurzen Belichtungszeit (10 bis 20 ns) ist keine sinusförmige Schwingung mit konstanter Amplitude notwendig. Ebenso kann auf eine Schwingungsisolation verzichtet werden.

### 4.3.4 Stroboskop-Verfahren

Mit dem real-time-Verfahren läßt sich in Verbindung mit einem Laserstroboskop (Modulation des Laserstrahls mit einem akusto-optischen Modulator, Pockelszelle, rotierende Spiegel oder rotierende Schlitzscheibe, s. Kapitel 1.4) eine

Schwingungsanalyse durchführen. Das Objekt wird im Ruhezustand holografisch aufgezeichnet.

Bei der Wiedergabe des Hologramms wird durch das Hologramm das Objekt beobachtet. Die Beleuchtung von Objekt und Hologramm erfolgt stroboskopisch im Takt mit der Schwingung des Objekts.

Mit dem Laser-Stroboskop kann eine Schwingungsanalyse im Sinne einer Doppelbelichtung durchgeführt werden. Ein sinusförmig und mit konstanter Amplitude schwingendes Objekt und das Hologramm wird stroboskopisch beleuchtet, wenn sich das Objekt in den Totpunkten befindet. Das Hologramm gibt dann die Amplitudenverteilung auf dem Objekt wieder. Im Vergleich zum time-average-Hologramm wird nicht die zeitgemittelte (effektive) Amplitude, sondern der Spitzenwert der Amplitude dargestellt. Außerdem ergibt sich ein verbessertes Kontrastverhältnis. Durch stroboskopische Beleuchtung können auch nicht schwingungsisolierte Objekte [12], also auch vibrierende Objekte, holografisch mit einem Dauerstrichlaser aufgenommen werden.

## 4.3.5 Sandwich-Verfahren

Beim Sandwich-Verfahren [13] handelt es sich um eine aus der Doppelbelichtung abgeleitete Methode. Die beiden Belichtungen werden auf 2 verschiedenen Fotoplatten durchgeführt. Durch Verschieben oder Verdrehen der beiden Platten zueinander können Translationsbewegungen des Objekts teilweise ausgeglichen werden, so daß die Verformung des Objekts bzw. der Gradient der Verformung deutlicher erkennbar wird.

## 4.3.6 Differenzen-Verfahren

Das holografische Differenzen-Verfahren [14] findet vor allem Anwendung in der zerstörungsfreien Werkstoffprüfung. Reguläre, relative große Verformungen (Grundmuster) können unterdrückt werden, so daß beispielsweise fehlertypische Verformungen deutlicher sichtbar werden. Wie beim Doppelbelichtungsverfahren werden 2 verschiedene Verformungszustände des Testobjekts in einem Doppelbelichtungshologramm gespeichert. Die Beleuchtung des Testobjekts erfolgt jedoch für beide Zustände durch die reellen Bilder von 2 Hologrammen auf einer oder zwei Fotoschichten, in denen die entsprechenden Verformungszustände eines Meisterobjekts gespeichert sind. Im ersten Verformungszustand wird das Testobjekt mit dem reellen Bild des Hologramms beleuchtet, in dem der erste Verformungszustand des Meisterobjekts gespeichert ist. Danach wird das Testobjekt belastet. Der zweite Verformungszustand wird mit dem reellen Bild des Hologramms beleuchtet, in dem der zweite Verformungszustand des Meisterobjekts gespeichert ist. Weisen Meister- und Testobjekt exakt die gleiche Verformung auf, zeigen sich im holografischen Interferogramm keine Interferenzlinien. Abweichende Verformungen, hervorgerufen durch Fehlstellen, werden deutlich sichtbar.

## 4.4 Quantitativer Auswertung von holografischen Interferogrammen

### 4.4.1 Entwicklung der Methoden

Seit den ersten Experimenten zur holografischen Interferometrie im Jahre 1966 werden Möglichkeiten einer quantitativen Auswertung diskutiert. Ein Jahr später erschien eine wesentliche Arbeit von Aleksandrow und Bonch-Bruevich[15]. Als Auswertekriterium wird in dieser Arbeit eine Erscheinung benutzt, die dem Beobachter eines holografischen Interferogramms geläufig ist. Bei Änderung des Beobachtungspunkts scheinen die Interferenzlinien auf dem rekonstruierten Bild des Objekts zu wandern. Vienot und Monneret [16] verwenden als Auswertekriterium den Ort der Lokalisierung (Schärfe) der Interferenzlinien. Im Jahre 1969 führte Abramson [17 − 21] als Hilfsmittel zur quantitativen Analyse das „Holo-Diagramm" ein. Er betrachtete die Längenänderung der Lichtstrahlen von der Lichtquelle über das Objekt bis zum Beobachter, wobei Punkte mit gleicher Lichtstrahllänge auf Ellipsoiden liegen. Sten Walles [22], gab in diesem Jahr einen umfassenden Bericht über die quantitative Auswertung von holografischen Interferogrammen, der aber aufgrund seiner komplizierten Theorie wenig praktische Beachtung fand.

### 4.4.2 Das Ellipsoiden-Verfahren

Das Ellipsoiden-Verfahren entspricht heute üblichen holografischen Anordnungen. Es geht im wesentlichen auf die Arbeiten Abramsons [17 − 21], Steinbichlers[23] und Schönebecks[24] zurück.

Betrachtet man einen Punkt vor und nach der Verformung des Objekts, so ändert er seine Position (beispielsweise von $P_1$ nach $P_2$ in Bild 4.2). Diese Ortsveränderung sei als der Verschiebevektor definiert. Damit läßt sich die Verformung des Objekts durch Verschiebevektoren beschreiben.

Bei unbekannter Richtung des Verschiebevektors läßt sich mit dem Ellipsoiden-Verfahren nur die annähernde Änderung der Normalkomponente des Verschiebevektors angeben. Die Normalkomponente ist die Komponente in Richtung der Winkelhalbierenden zwischen Beleuchtungs- und Beobachtungsrichtung. Nach[23] läßt sich auch die Komponente in Beobachtungsrichtung ermitteln.

130

Diese stellt in der Praxis die Komponente senkrecht zur Bildebene dar, während die Normalkomponente nicht unmittelbar aus der Rekonstruktion eines Hologrammes ersichtlich ist.

Wenn man in einer holografischen Anordnung eine Lichtquelle zur Beleuchtung eines Objektes und einen festen Beobachtungsort annimmt, dann wird durch die Änderung der Oberflächengestalt die Wegstrecke „Lichtquelle-Punkt auf der Objektoberfläche-Beobachtungsort" geändert (vgl. Bild 4.6). Der geometrische Ort, für den diese Wegstrecke gleich lang ist, wird durch ein Rotationsellipsoid beschrieben. Die Brennpunkte des Ellipsoids sind durch den Ort der Lichtquelle und des Beobachters (Kamera) festgelegt. Die Wegstrecke „Lichtquelle-Punkt auf der Objektoberfläche-Beobachtungsort" ist die Summe der Brennstrahlen.

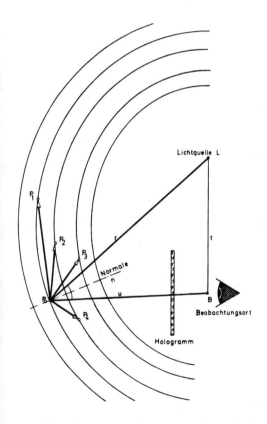

Bild 4.6: Das Prinzip des Ellipsoiden-Verfahrens

Man kann sich eine Schar von Ellipsoiden vorstellen, für die sich jeweils die Summe der Brennstrahlen von einem Ellipsoid zum nächsten um eine Wellenlänge ändert. Die Idee der Ellipsoiden-Betrachtungsweise stammt von Abramson.

In Bild 4.6 ist das Prinzip des Ellipsoiden-Verfahrens dargestellt. Es sind einige mögliche Verschiebevektoren, ausgehend von dem Punkt $P_0$, eingezeichnet. Bewegt sich der Punkt $P_0$ beispielsweise nach $P_1$ auf dem gleichen Ellipsoid, dann ist die Veränderung der Summe der Brennstrahlen gleich Null. Der Punkt $P_0$ kann sich aber auch auf ein anderes Ellipsoid hin bewegen, beispielsweise in Bild 4.6 von $P_0$ nach $P_2$, $P_3$ oder $P_4$. Dann beträgt die Änderung der Summe der Brennstrahlen eine oder mehrere Wellenlängen.

In Bild 4.7 ist ein Vollzylinder aus Aluminium (Höhe 90 mm) gezeigt, der durch eine Temperaturerhöhung von 10 K verformt wurde. Die Interferenzlinien auf dem Zylinder geben die Änderung der Summe der Brennstrahlen wieder. Für alle Punkte auf der gleichen Interferenzlinie hat sich die Summe der Brennstrahlen um den gleichen Betrag geändert. Liegen zwischen zwei Punkten auf dem Objekt n Interferenzlinien, so beträgt die Differenz der Änderung der Summen der Brennstrahlen für diese beiden Punkte n Wellenlängen.

Grundsätzlich kann aus einem holografischen Interferogramm nach dem Ellipsoiden-Verfahren nur die relative Änderung der Summe der Brennstrahlen zwischen zwei Oberflächenpunkten bestimmt werden. Wenn für einen Oberflächenpunkt die absolute Änderung der Summe der Brennstrahlen bekannt ist, so kann für alle übrigen Punkte der Oberfläche die absolute Änderung der

Bild 4.7:
Rekonstruktion des holografischen Interferogramms eines beheizten Zylinders.

Summe der Brennstrahlen, bis auf das Vorzeichen, angegeben werden. Wie aus Bild 4.6 ersichtlich (Punkte $P_2$ und $P_4$) sind bei der Verschiebung eines Punktes auf ein anderes Ellipsoid unendlich viele Verschiebevektoren möglich.

Wenn jedoch die Verschieberichtung bekannt ist, läßt sich die Änderung des Betrages des Verschiebevektors ohne weiteres bestimmen. Um den absoluten Betrag des Verschiebevektors angeben zu können, ist die Kenntnis eines Bezugspunktes notwendig. Von diesem Bezugspunkt muß die absolute Verschiebung bekannt sein. Als Bezugspunkt läßt sich beispielsweise eine Einspannstelle betrachten. Der Verschiebevektor ändert sich von einer Interferenzlinie zur nächsten um folgenden Betrag $\Delta S$ [23].

$$\Delta S = \frac{\lambda}{2 \cos(\varphi_A - \frac{\alpha}{2}) \cos \frac{\alpha}{2}} + \frac{w}{\cos(\varphi_A - \frac{\alpha}{2})} \tag{4.1}$$

Dabei ist $\lambda$ die Wellenlänge des verwendeten Lichts, $\varphi_A$ der Winkel zwischen Beleuchtungs- und Beobachtungsrichtung. Die Größe w berücksichtigt die Krümmung der Ellipsoide und läßt sich nach [23] berechnen. Der zweite Term von (4.1) spielt jedoch nur für Verschieberichtungen ($\varphi = \varphi_A - \frac{\alpha}{2}$) in der Größe zwischen 80° und 90° eine Rolle. Im allgemeinen ist jedoch die Verschieberichtung unbekannt. In stationären Fällen kann man von drei verschiedenen Richtungen nacheinander verschiedene Doppelbelichtungshologramme anfertigen [25]. Man erhält drei Komponenten des Verschiebevektors und damit mit guter Genauigkeit den Verschiebevektor selbst. Auswerteverfahren mit nur einem Hologramm, die bei einfachen Aufbauten und instationären Vorgängen besonders wichtig sind, werden in [21] und [23] angegeben.

In Bild 4.8 ist ein solcher Aufbau schematisch dargestellt. Die Beleuchtung des Objektes erfolgt mit einem Parallelstrahl in Koinzidenz mit der Beobachtungsrichtung. Um einen parallelen Beobachtungsstrahl zu erhalten, wird hinter dem Hologramm eine Linse mit einer Blende in der Fokalebene angeordnet.

Für größere Objekte läßt sich ein ähnlicher Aufbau mit divergentem Beleuchtungsstrahl herstellen. Wenn das virtuelle Bild der Lichtquelle und der Beobachtungspunkt zusammenfallen, erhält man damit annähernd die Komponente in Beobachtungsrichtung.

Mit dem Bild 4.8 beschriebenen Aufbau wurde der in Bild 4.7 bereits dargestellte Zylinder noch einmal untersucht. Der Parallelstrahl hatte einen Durchmesser von 120 mm, die verwendeten Linsen hatten eine Brennweite von 600 mm.

Die Temperaturerhöhung des Zylinders betrug $\Delta T = 10$ K. Man sieht im Bild 4.9, daß die Interferenzlinien gerade zur Zylinderachse parallele Linien sind. Da der

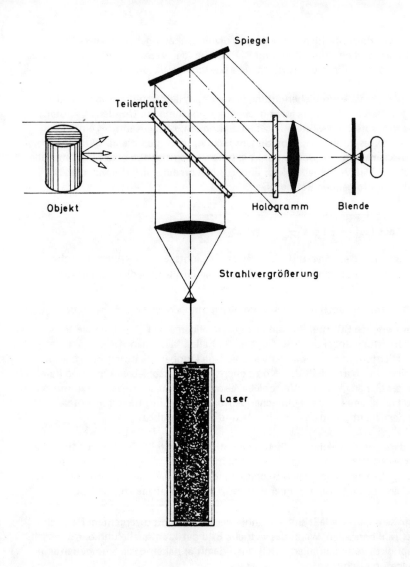

Bild 4.8: Schematischer Aufbau zur genauen Ermittlung der Komponente des Verschiebevektors in Beobachtungsrichtung

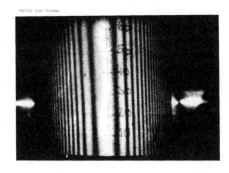

Bild 4.9:
Rekonstruktion eines Doppelbelich-
tungshologrammes eines beheizten
Zylinders. Die Interferenzlinien
stellen Linien konstanter Verformung senkrecht zur Bildebene dar
(die radiale Verformung ist über
der Zylinderhöhe konstant.).

Zylinder auch nach seiner Verformung seine zylindrische Gestalt behält, kann
man sich den Interferenzlinienverlauf auf diesem Testzylinder als die Verschnei-
dungsfigur von äquidistanten Ebenen vorstellen.

Der Absolutbetrag läßt sich bei diesem Beispiel aus dem Abstand der Interferenzlinien unter Annahme der Rotationssymmetrie berechnen. Experimentell läßt er
sich durch Anlegen eines Fühlers mit einer Einspannstelle im Gesichtsfeld
anhand der Interferenzlinien auf diesem Fühler leicht feststellen.

### 4.4.3 Das Hyperboloiden-Verfahren

Das Hyperboloiden-Verfahren wird in Bild 4.10 erläutert. Ein beliebiger Punkt
$P_1$ befindet sich auf der Oberfläche des Körpers. Der Punkt wird vom Objektstrahl beleuchtet, er reflektiert das Licht in jede Richtung, d. h. von diesem
Punkt gehen Kugelwellen aus. Diese Kugelwellen werden in einer ersten Teilbelichtung von der Fotoplatte registriert. Wird der Körper, z. B. durch Aufbringen einer Kraft verformt, so ändert der Punkt $P_1$ seine Lage nach $P_2$.
Gemäß den Erläuterungen in Abschnitt 4.4.2 ist die Verbindung von $P_1$ nach
$P_2$ als Verschiebevektor definiert. In der Position $P_2$ gehen von diesem Punkt
wieder Kugelwellen aus, die in einer zweiten Teilbelichtung von der Fotoplatte
aufgezeichnet werden.

Bei der Rekonstruktion des Hologramms werden gleichzeitig beide Kugelwellen
die ihren Ursprung in $P_1$ und $P_2$ hatten, freigesetzt. Als Interferenzflächen dieser
Kugelwellen entstehen Rotationshyperboloide, für die der Verschiebevektor die
Richtung der Rotationsachse bildet. Die Endpunkte des Verschiebevektors
stellen die Brennpunkte dieser Hyperboloide dar. Diese Rotationshyperboloide
sind der geometrische Ort für alle Punkte, die für die Differenzen der Abstände
von den Endpunkten des Verschiebevektors bekannt sind. Diese Differenz kann
eine oder mehrere Wellenlängen betragen. Diese Hyperboloide schneiden das

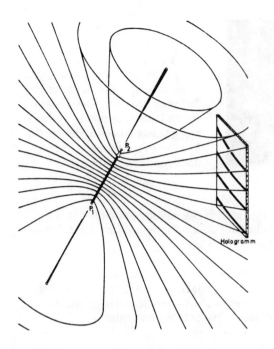

Bild 4.10:
Das Prinzip des
Hyperboloiden-Verfahrens

Hologramm. Die Schnittfigur läßt sich sichtbar machen, indem man von einem rekonstruierten reellen Bildpunkt die Hologrammebene betrachtet. Da für jeden Objektpunkt eine Hyperboloidenschar entsteht, läßt man mit einer Blende nur eine begrenzte Anzahl von Objektpunkten zu. Durch diese Blende kann dann die Schnittfigur in der Hologrammebene abgebildet werden. Der Blendendurchmesser muß so klein sein, daß sich die Schnittfiguren zwischen Hyperboloiden und Hologramm für alle Punkte, die durch die Blende gleichzeitig zugelassen werden um weniger als ein Achtel des Schnittlinienabstandes in der Hologrammebene unterscheiden. Damit ist noch ein guter Kontrast zwischen den hellen und dunklen Schnittlinien gewährleistet. In praktischen Fällen ergeben sich Blendendurchmesser von 0,1 bis 1 mm (vgl. [23]). Steht der Verschiebevektor senkrecht zur Hologrammebene, so besteht die Schnittfigur aus Kreisen, ist er parallel zur Hologrammebene, so ergeben sich als Schnittlinien sehr flache Hyperbeln.

In Bild 4.11 ist die Verschneidung der Hyperboloide mit dem Hologramm für einen Verschiebevektor mit dem Betrag von 26 $\mu$m und der Richtung von 70° zur Hologrammebene abgebildet.

Der Abstand der Interferenzlinien läßt sich mit genügender Genauigkeit ausmessen. Mit diesem Abstand kann die Komponente parallel zum Hologramm

Bild 4.11:
Schnittfigur für einen Verschiebe-
vektor, der unter 70° zur
Hologrammebene steht.

bestimmt werden[23]. Die Komponente senkrecht zur Beobachtungsrichtung
läßt sich dann aus dem Winkel, der von der Hologrammebene mit der Beobachtungsrichtung gebildet wird, geometrisch ermitteln.

Bezeichnet man den Abstand zwischen Objektpunkt und Hologramm mit a,
den Winkel zwischen Hologramm und Beobachtungsrichtung mit $\gamma$ und den
Abstand der Schnittlinien mit d, so ergibt sich der Betrag der Komponente
$S_{90}°$ des Verschiebevektors senkrecht zur Beobachtungsrichtung nach [23] zu.

$$S_{90}° = \lambda \, \frac{a}{d \sin \gamma} \qquad (4.2)$$

Dabei sei $\lambda$ die Wellenlänge des verwendeten Lichts. Bei dieser Formel (4.2)
wird die Komponente des Verschiebevektors in Beobachtungsrichtung vernach-
lässigt, da der Fehler durch diese Vernachlässigung für weitere Bereiche der
Verschieberichtung kleiner als die erzielbare Meßgenauigkeit ist.

Die totale Ermittlung des Verschiebevektors aus der Schnittfigur ist möglich —
es handelt sich um ein geometrisches Problem, nämlich der Verschneidung von
Hyperboloiden mit einer Ebene — ist aber im Allgemeinen mit großem Aufwand
und Ungenauigkeit verbunden.

Durch Kombination dieses Verfahrens mit dem Ellipsoiden-Verfahren lassen sich
zwei Komponenten des Verschiebevektors bestimmen. Durch geometrische
Addition erhält man dann den totalen Vektor.

### 4.4.4 Statisches Verfahren

Beim statischen Verfahren[26] wird von einem festen Beobachtungspunkt die
Anzahl von Interferenzlinien zwischen zwei Punkten auf dem virtuellen Bild des
Objekts festgestellt, wobei die gleichen Grundlagen wie unter Abschnitt 4.4.2

gelten. Die Zunahme oder Abnahme der Interferenzlinienordnung kann durch holografische Aufbauten mit 2 Referenzstrahlen festgestellt werden. Bei der Rekonstruktion des Doppelbelichtungs-Hologramms wird ein Referenzstrahl in der Phase verschoben und die Verschiebung der Interferenzlinien auf dem Bild des Objekts beobachtet.

### 4.4.5 Dynamisches Verfahren

Beim dynamischen Verfahren[15, 24] wird der Beobachtungspunkt hinter dem Hologramm im Rahmen des Hologrammformats verändert und ein fester Bildpunkt des Objekts beobachtet. Die Anzahl und Richtung der Interferenzlinien die über den Bildpunkt laufen, ergeben den totalen Verschiebevektor für diesen Punkt. Es gelten dabei die gleichen Gesetzmäßigkeiten wie in Abschn. 4.4.3. Die Methode ist geeignet um entweder Verformungen in der Objektebene (also senkrecht zur Beobachtungsrichtung) oder auch Translationsverschiebungen des Objekts zu messen.

### 4.4.6 Heterodyne Verfahren

Beim Heterodyne Verfahren[27] werden zwei Verformungszustände des Objekts mit 2 verschiedenen Referenzstrahlen aufgenommen. Bei der Rekonstruktion werden die Referenzstrahlen gegeneinander in der Frequenz verschoben. Die Phasenverschiebung des Objektstrahls kann durch eine Phasenmessung gegenüber einem Referenzsignal ermittelt werden. Der Vorteil dieses Verfahrens liegt in der hohen Genauigkeit von $10^{-3}$ der Interferenzlinienordnung.

### 4.4.7 Phase-Shift-Verfahren

Wie beim Heterodyne Verfahren werden beim Phase-Shift-Verfahren[28] zwei Verformungszustände des Objekts mit zwei verschiedenen Referenzstrahlen registriert. Zur Auswertung wird das Hologramm dreimal rekonstruiert, wobei jeweils in einem Referenzstrahl eine definierte Phasenverschiebung eingeführt wird. Durch diese Phasenverschiebung ergibt sich eine Verschiebung der Interferenzlinien auf dem Bild des Objekts. Die Intensitätsverteilung auf dem Bild des Objekts wird mit Hilfe elektro-optischer Aufnahmer dreimal gemessen. Dadurch erhält man ein lösbares Gleichungssystem mit drei Unbekannten (vgl. Abschn. 4.5).

138

## 4.5 Rechnergestützte Auswertung von holografischen Interferogrammen

### 4.5.1 Probleme bei einer rechnergestützten Auswertung

Prinzipiell basiert eine rechnergestützte Auswertung auf den in Abschnitt 4 beschriebenen Grundlagen. Jedoch sind darüber hinaus eine Reihe von Punkten zu berücksichtigen.

Betrachtet man ein Hologramm (Bild 4.12), so wird die Amplitude durch Interferenzlinien, also dunkle Linien angezeigt. Auf dem Hologramm sind aber zusätzliche dunkle Linien und Flächen, die nichts mit einer Verformung oder Schwingung zu tun haben. Dies sind Kabel, Schatten, Bohrungen, Begrenzungen des Objekts usw. Bei einer automatischen Auswertung müssen solche dunklen Flächen erkannt werden.

Außerdem verändert sich das Vorzeichen der Amplitude. Sie wächst nicht stetig an, sondern fällt nach einem Maximum wieder ab. Entlang einem Schnitt wird die gleiche Ordnung der Interferenzlinien mehrmals überschritten. Vom Bildverarbeitungssystem muß erkannt werden, daß ein Extremwert der Amplitude überschritten wird.

Wird das Hologramm mit einem Impulslaser aufgenommen und mit einem Dauerstrich-Laser rekonstruiert, muß bei der Auswertung der Wellenlängenwechsel berücksichtigt werden.

Bild 4.12:
Schwingungsform eines laufenden Motors

139

## 4.5.2 Übersicht über Auswertetechniken

### 4.5.2.1 Zeilen-Scan-Verfahren [29 – 31]

Die holografische Information wird mit einer Videokamera aufgenommen und zunächst eine Zeile des Fernsehbildes ausgewertet. Dazu wird die Intensitäts-verteilung entlang einer Fernsehzeile, die im Video-Signal enthalten ist, genutzt, um den Interferenzstreifenanteil in Abhängigkeit vom Zeilenort zu erfassen. Um die für eine genaue Auswertung notwendige Bildentstörung durchführen zu können, werden mehrere phasenverschobene Hologramme ausgewertet und entsprechende Filterungen durchgeführt (Bild 4.13).

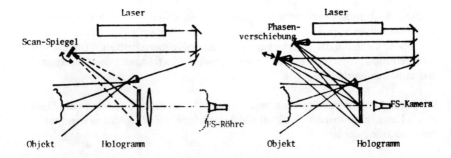

Bild 4.13:   Referenzstrahl-Scan und Zeilen Scan-Verfahren mit zwei Referenz-strahlen; (zwei phasenverschobene Bilder werden eingelesen) [37].

### 4.5.2.2 Referenzstrahl-Scan-Verfahren [31]

Mit Hilfe opto-elektronischer Aufnehmer werden im reellen Bild Interferenz-streifenzahlen ermittelt, wobei das Hologramm mit einem nicht aufgeweiteten Laserstrahl stellvertretend für den Referenzstrahl abgescant wird. Diese Methode liefert den totalen Verschiebevektor für einen Objektpunkt. (vgl. Abschn. 4.4.5).

### 4.5.2.3 Frequenzverschiebung im Referenzstrahl [27, 32]

Die verschiedenen Verformungszustände des Objekts werden mit zwei verschie-denen Referenzstrahlen aufgenommen und mit einer Frequenzverschiebung

140

zwischen beiden Referenzstrahlen wieder rekonstruiert. Im reellen Bildpunkt wird die Intensitätsänderung gemessen und die Phasenbeziehung zu einem Referenzpunkt hergestellt.

Eine rechnergestützte Auswertung mit Hilfe der beschriebenen Verfahren ist auf einzelne, einfache und statische Anwendungsfälle beschränkt. Hier wird beispielsweise eine quantitative Auswertung der Biegung der Objektoberfläche senkrecht zur Bildebene in einem wählbaren Schritt durchgeführt. Die Richtung der Änderung der Interferenzlinienordnung wird in einem Zwei-Referenzstrahl-System durch eine Phasenverschiebung ermittelt [31].

### 4.5.3 Bildauswertung durch Phasenmessung[28, 33]

Die rechnergestützte Auswertung von Hologrammen mit dem nachstehend beschriebenen System baut auf Arbeiten von Dändliker[28] auf.

Der Vorteil dieses Prinzips liegt darin, daß die Auswertung auf eine Intensitäts- oder Phasenmessung zurückgeführt wird. Das menschliche Auge ist sehr gut in der Lage, bestimmte Formationen in einem Bild zu erkennen; darin liegt aber die Schwäche von elektronischen Systemen. Mit elektronischen Einrichtungen können aber sehr schnell und genau Intensitätsmessungen durchgeführt werden.

Zwei Verformungs- oder Schwingungszustände werden in einem Hologramm mit zwei verschiedenen Referenzstrahlen gespeichert (Bild 4.14). Wenn beide Referenzstrahlen nahe beisammen liegen, wird der Aufbau unempfindlich gegen Justagefehler und Wellenlängenwechsel. Durch jeden Referenzstrahl werden aber zwei Bilder rekonstruiert. Interferenz soll nur zwischen den Bildern für Zustand 1, rekonstruiert durch den Referenzstrahl 1, und für den Zustand 2, rekonstruiert durch den Referenzstrahl 2, entstehen. Die beiden Referenzstrahlen müssen also so weit auseinanderliegen, daß die übrigen Bilder um mehr als den Speckle-Durchmesser entfernt sind. Wegen der fehlenden Korrelation ist eine zusätzliche Interferenz ausgeschlossen. Der Kontrast der Interferenzlinien nimmt jedoch um die Hälfte ab.

Ist die holografische Aufnahme mit einem Impulslaser gemacht worden, so erfolgt bei der Rekonstruktion ein Wellenlängenwechsel. Dieser kann durch eine Justierung der Spiegel des Referenzstrahls ausgeglichen werden.

Die Intensität in einem Bildpunkt ist durch folgende Gleichung gegeben [28]:

$$J_k(x) = a(x) [1 + m(x) \cos(\phi(x) + \phi_k)] \qquad (4.3)$$

a = lokale mittlere Grundhelligkeit
m = Streifenkontrast
$\phi$ = Interferenzphase
$\phi_k$ = Phasenverschiebung im Referenzstrahl

Diese Gleichung enthält drei Unbekannte: Grundhelligkeit, Streifenkontrast und Interferenzphase. Die Interferenzphase ist die Zielgröße, die die Information über die Verformung oder Amplitude erhält. Es werden nun drei Bilder eingelesen, bei denen der Referenzstrahl jeweils um einen Phasenwinkel $\phi_k$ verschoben ist. Das Gleichungssystem ist damit lösbar. Die Intensität muß nun für jeden Bildpunkt gemessen werden. Das Bild wird also gescant, was zweckmäßigerweise mit einer Videokamera erfolgt. In dem Videosignal ist die Information über die Intensität enthalten.

Die Interferenzphase (modulo $\pi$) ergibt sich dann nach Gleichung (4.4)[28].

$$\tan \phi \, (x) = \frac{(J_3 - J_2) \cos \phi_1 + (J_1 - J_3) \cos \phi_2 + (J_2 - J_1) \cos \phi_3}{(J_3 - J_2) \sin \phi_1 + (J_1 - J_3) \sin \phi_2 + (J_2 - J_1) \sin \phi_3} \tag{4.4}$$

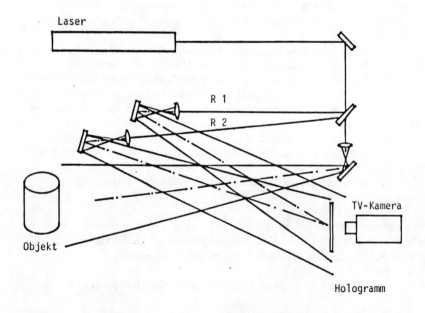

Bild 4.14: Prinzipieller Aufbau zur rechnergestützten Auswertung.

142

Die Genauigkeit hängt von folgenden Faktoren ab:

— Genauigkeit der Einstellung der Phasenverschiebung im Referenzstrahl;
   sie geht etwa in der gleichen Größenordnung ein.

— statistische Fehler durch die Intensitätsmessung über die Videokamera, durch
   Phasenverschiebung der Referenzstrahlen, hervorgerufen durch thermische
   oder mechanische Störungen.

Der schematische Ablauf von der holografischen Aufnahme bis zur Rekonstruktion ist in Bild 4.15 dargestellt, wobei von der schwierigeren Aufnahme eines Hologramms mit einem Pulslaser ausgegangen wird. Aufnahme und Rekonstruktion mit einem Dauerstrichlaser ist einfacher, da kein Wellenlängenwechsel stattfindet.

Die Laserpulse müssen in einer bestimmten Phasenlage der Objektschwingung das Hologramm belichten. Dazu wird mit einem Beschleunigungs- oder Wegaufnehmer die Objektschwingung an einem Punkt erfaßt. Dieses Signal wird in einem Verstärker verstärkt. In einem Bandpaßfilter wird bei betriebserregten (nicht sinusförmig schwingenden) Objekten die Frequenz gefiltert, die zur Triggerung dienen soll. Im Triggersystem wird entsprechend dem Nulldurchgang des gefilterten Schwingungssignals ein Rechteckpuls zur Triggerung des Lasers erzeugt. Dieser wird in einstellbaren Verzögerungsgenerationen so verzögert, daß die Laserpulse in der gewünschten Phasenlage der Objektschwingung erfolgen.

Wird das Hologramm unter Berücksichtigung des Wellenlängenwechsels rekonstruiert, können drei phasenverschobene Bilder in den Rechner eingelesen werden.

Bei einzelnen Rekonstruktionen wird der Referenzstrahl um einen Phasenwinkel von 0, 120 und 240 Grad verschoben. Punktweise wird die Interferenzphase modulo $\pi$ für jeden Bildpunkt gemäß (4.5) berechnet[33].

$$\tan \phi = \sqrt{3} \; \frac{I_3 - I_1}{2\,I_1 - I_2 - I_3} \qquad (4.5)$$

Das Phasenbild kann auf dem Monitor dargestellt werden. Der Streifenkontrast k wird in Abhängigkeit des Phasenbildes nach (4.6) berechnet.

$$k = \frac{I_1 - I_2}{I_2 \cos \phi - I_1 \cos (\phi + \phi_2)} \qquad (4.6)$$

Der Streifenkontrast kann ebenfalls auf dem Monitor dargestellt werden. Mit einem einfach belichteten Hologramm (Nullhologramm) werden Schatten, Durchbrüche, Kanten und Grenzen des Objekts erfaßt und als Konturbild gespeichert.

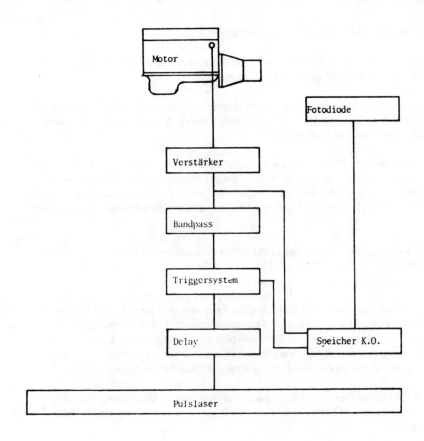

Bild 4.15: Aufnahme und Rekonstruktion des Hologramms

Diese Interferenzphase ist bereits das Maß für die im Hologramm gemessene Amplitudenänderung, wobei die Grundlagen nach Abschn. 4.4.2 und 4.4.3 entsprechend berücksichtigt werden. Diese Amplitudenänderung wird auf dem Monitor dargestellt und dient zur Berechnung oder Darstellung der Schwingungsform.

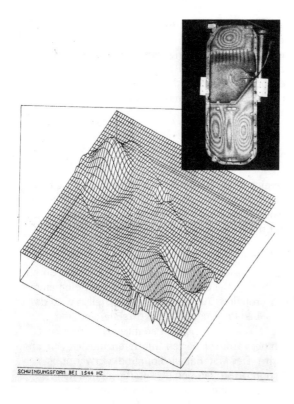

Bild 4.16: Darstellung der Schwingungsform einer Ölwanne
(MAN-NT und Labor Dr. Steinbichler)

## 4.6 Aufzeichnungsmaterialien

### 4.6.1 Silberhalogenide

Da das Hologramm in Form eines komplizierten Interferenzfeldes gespeichert wird, benötigt man hochauflösendes Fotomaterial um die einzelnen Interferenzlinien auflösen zu können. Das optische Speichermedium muß in der Regel ein Auflösungsvermögen von besser als 500 l/mm besitzen.

Gebräuchliches Fotomaterial in der praktischen Anwendung sind vor allem Silberhalogenide auf Glas oder Kunststoffolien mit einem Auflösungsvermögen von ca. 3 000 l/mm. Entsprechend der Wellenlänge des verwendeten Lasers gibt es sensibilisiertes Material (z. B. Agfa Holotest 10 E 75 für das rote Licht des He-Ne-Laser und Rubinlasers oder 10 E 56 für das grüne Licht des Argonlasers). Dieses Fotomaterial wird in üblicher Weise chemisch entwickelt.

### 4.6.2 Fotothermoplaste

Einen großen Anwendungsbereich in der holografischen Interferometrie haben sich in den letzten Jahren Fotothermoplaste erobert. Das Auflösungsvermögen ist niedriger als beim Silberhalogenidmaterial. Der Vorteil dieses Materials liegt in seiner kurzen thermischen Entwicklung ohne Chemikalien.

Der Prozeß zur Verarbeitung des photothermoplatischen Films[34] ist in Bild 4.17 dargestellt. Ein Filmabschnitt wird unmittelbar vor der Aufnahme durch Besprühen mit Ladungen sensibilisiert. Bei der Belichtung wird das hologrammerzeugende Interferenzfeld aufprojiziert. An den belichteten Stellen wird das Material — es handelt sich um einen Photoleiter — elektrisch leitend, die Ladungen werden also abgebaut. Die verbliebenen Ladungen an den unbelichteten Stellen entsprechen nun dem aufprojizierten Interferenzmuster. Zur Entwicklung wird der Film erwärmt. Das Material wird durch die Erwärmung plastisch, die verbliebenen Ladungen stoßen sich gegenseitig ab und nehmen das plastische Material mit sich. An den unbelichteten Stellen bildet sich eine Senke. Das so entstehende Relief stellt das Phasenhologramm dar. Durch die Abkühlung des Filmmaterials wird das Hologramm fixiert.

Fotothermoplastisches Material ist in Form von Filmrollen (Hersteller: Kalle-Hoechst, Film PT 1000 S, 30,5 m x 35 mm) oder in Form von Platten (Hersteller: Honeywell, Filmplatte FPA 30, 30 x 30 mm) im Handel. Die Platten sind löschbar und wiederverwendbar.

146

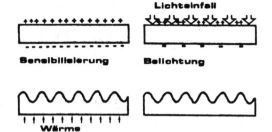

Bild 4.17:
Prozeß für den photothermoplastischen Film

Der Beugungswirkungsgrad in Abhängigkeit von der Raumfrequenz ist in
Bild 4.18 dargestellt. Da es sich beim photothermoplastischen Film um Phasen-
hologramme handelt, liegt der Beugungswirkungsgrad sehr hoch, verglichen mit
Amplitudenhologrammen. Das Maximum liegt mit etwa 30 % bei 850 l/mm,
was einem Winkel zwischen Objekt und Referenzstrahl von etwa 25° bis 30°
entspricht. Die Filmempfindlichkeit ist vergleichbar zu der des Silberhalogenid-
films.

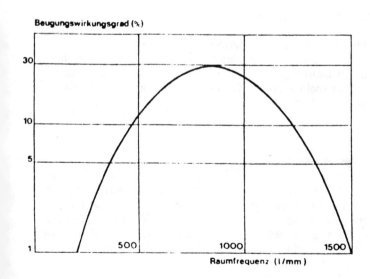

Bild 4.18: Abhängigkeit des Beugungswirkungsgrades des photothermoplastischen Films von der Ortsfrequenz

147

Da bei diesem Material der Beugungswirkungsgrad stark von der Liniendichte abhängig ist, weist es eine Bandpaßcharakteristik auf. Da im holografischen Aufbau der Winkel zwischen Referenzstrahl und dem zentralen Beobachtungsstrahl entsprechend der Liniendichte mit dem maximalen Beugungswirkungsgrad eingestellt wird, ergibt sich für das Zentrum des Objekts ein helles Bild. Für die Randebene des Objekts fällt dann die Intensität, entsprechend der Winkeländerung zwischen Objekt- und Referenzstrahl, ab. Bei großen Objekten ist deshalb ein großer Abstand zum Hologramm einzuhalten, so daß für alle Objektpunkte die Liniendichte in der Nähe des Maximums des Beugungswirkungsgrades bleibt.

### 4.6.3 Fotopolymere

Mit Fotopolymeren (Fotolacke) wie PMMA ist ein Auflösungsvermögen besser als 10 000 l/mm erreichbar. Die Filmempfindlichkeit ist um ca. sechs Zehnerpotenzen schlechter als beim Silberhalogenidfilm. Da konfektioniertes Material nicht im Handel erhältlich ist, müssen entsprechende Filme oder Platten selbst hergestellt werden.

### 4.6.4 Chromat-Gelatine-Schichten

Gelatineschichten mit Ammoniumdichromat haben einen guten Beugungswirkungsgrad, ein gutes Signal-Rauschverhältnis und hohes Auflösungsvermögen (10 000 l/mm). Die Lichtempfindlichkeit ist um ca. sechs Zehnerpotenzen kleiner als beim Silberhalogenidfilm. Konfektioniertes Material ist im Handel nicht erhältlich.

### 4.6.5 Elektro-optische Kristalle

Elektro-optische Kristalle können zur Informationsspeicherung dienen, sind löschbar und wiederverwendbar. Sie sind für optische Datenverarbeitung von besonderem Interesse. Die Lichtempfindlichkeit ist vergleichbar zu den Fotopolymeren. Die Fertigung erfolgt zur Zeit in einzelnen Stücken und ihr Einsatz ist im Augenblick der Drucklegung noch auf den reinen Laborbetrieb beschränkt.

## 4.7 Industrielle Anwendungen

### 4.7.1 Zerstörungsfreie Werkstoffprüfung

Die Bedeutung der zerstörungsfreien Werkstoffprüfung wächst in der heutigen Zeit, in der man Rohstoffe zu sparen versucht, ständig. Durch eine zerstörungsfreie Prüfung können Sicherheitsfaktoren verkleinert werden, was eine Rohstoffersparnis (beispielsweise bei Rohren durch eine dünnere Wandstärke) zur Folge hat. Ein weiterer Vorteil ergibt sich, trotz des geringeren Materialaufwandes, in der größeren Betriebssicherheit.

Das Prinzip des Verfahrens beruht darauf, daß ein Fehler im Innern eines Werkstückes eine typische Oberflächenverformung hervorruft, die als fehlerspezifische Verformung erkannt werden kann. Dies soll an einem Beispiel im Bild 4.19 näher erläutert werden. Ein Hochdruckrohr ist hier schematisch dargestellt. Bei der holografischen Prüfung wird das Rohr einer Innendruckerhöhung unterworfen. Die Beanspruchungsart ist damit ähnlich der Beanspruchung, die dem Rohr im Betrieb auferlegt wird. Eine schwache fehlerhafte Stelle bildet unter dem Innendruck eine Beule, die dann durch das Interferenzmuster eindeutig identifiziert werden kann. Teilweise werden bei der bisherigen Prüfung die Rohre mit einem Teil des Berstdrucks belastet. Dadurch können aber bei schlechten Rohren Anrißfehler entstehen, die im Betrieb zu einem Bruch des Bauteils führen können[35].

Bild 4.19: Schnitt durch ein innendruckbeanspruchtes Rohr mit einer Schwachstelle

In Bild 4.20 wird das Verfahren an einem glasfaserverstärkten Kunststoffrohr demonstriert. Die Glasfasern wurden spiralförmig gewickelt. Die Zentren der Interferenzlinien weisen einen Fehler in jeder Wickelperiode durch eine falsch eingestellte Wickelmaschine nach.

Bild 4.20:
Periodischer Wickelfehler
in einem GFK-Rohr.

Bei hochbelasteten GFK-Rohren ist die holografische Prüfmethode zur Qualitätssicherung bereits in der Produktion eingeführt.

Die steigende Verwendung von faserverstärkten Verbundwerkstoffen in der Luft- und Raumfahrt und in der Wehrtechnik führt zu zusätzlichen Anwendungen. Bei Verbundwerkstoffen hat sich die holografische Interferometrie als zerstörungsfreies Prüfverfahren durchgesetzt.

Rotorblätter für Hubschrauber werden ebenfalls teilweise bereits aus faserverstärkten Kunststoffen gefertigt. Diese Rotorblätter bestehen aus einer glasfaserverstärkten Schale und einem Kern (Bild 4.21).

einige μm

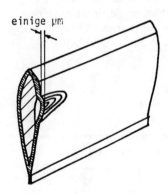

Bild 4.21:
Prüfprinzip an glasfaserverstärkten
Hubschrauberrotorblättern

Ein Fehler im Innern (Delamination) ist in der Regel mit einem Lufteinschluß verbunden. Verringert man den Umgebungsdruck um das Rotorblatt so dehnt sich die eingeschlossene Luftblase aus und führt zu einer Oberflächverformung, die zwar sehr klein ist, auf Grund der Meßgenauigkeit der holografischen Interferometrie aber eindeutig identifiziert werden kann. Zur Prüfung wird das Rotorblatt in eine Kammer gebracht, die geringfügig evakuiert wird. Eine Druckabsenkung von 20 mb reicht bereits aus, um auch tiefliegende Fehler zu erkennen. Das Rotorblatt wird dabei durch ein Glasfenster beleuchtet und beobachtet.

150

Als Beispiel ist das Prüfergebnis eines Rotorblatts in Bild 4.22 dargestellt. Ein Fehler wird durch ein lokales, dichtes Interferenzlinienfeld angezeigt. Die Größe des Fehlers entspricht der Größe dieses Linienfeldes. Auf die Tiefenlage des Fehlers kann durch die Dichte der Linien geschlossen werden.

Bild 4.22:
Holografische Prüfung
von Hubschrauber-
rotorblättern
(MBB Ottobrunn)

Das gleiche Prüfprinzip wird zur Prüfung von Metall-Kunststoffverklebungen angewandt. Klebefehler sind mit einem Lufteinschluß verbunden, der sich bei einer Absenkung des Umgebungsdruck ausdehnt.

Diese Ausdehnung führt zu einer Oberflächenverformung, die holografisch nachgewiesen werden kann. Diese Oberflächenverformung ist dann der Nachweis für eine Fehlstelle (Bild 4.23).

Zur holografischen Prüfung werden die zu untersuchenden Teile in eine Unterdruckkammer gelegt, in der der Druck zwischen den einzelnen Belichtungen abgesenkt wird. Die Fehler werden durch lokale Interferenzliniensysteme sichtbar.

Bild 4.23:
Holografische Prüfung von
Verklebungen

Die holografische Prüfung von Reifen, speziell von runderneuerten Flugzeugreifen ist ein bereits seit Jahren eingeführtes Verfahren. Flugzeugreifen werden
ca. 6 mal runderneuert; Luftfahrtgesellschaften schreiben eine holografische
Prüfung vor. Die Prüfung der Reifen erfolgt ebenfalls mit der Vakuummethode;
der Reifen wird in eine Kammer gebracht, in der der Druck abgesenkt wird.
Zur Demonstration wird die Prüfung eines Autoreifens in Bild 4.24 dargestellt[35]. Fehler werden durch ringförmige Interferenzlinien sichtbar.

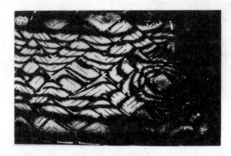

Bild 4.24:
Holografische Prüfung eines
Reifens

Bei den bisher gezeigten Beispielen handelt es sich um die Prüfung von Gummi,
Kunststoffen und Verbundmaterialien, also vorwiegend „weiche" Werkstoffe.
Es ist aber auch eine holografische Prüfung von metallischen Bauteilen möglich.
Als Beispiel wird die Prüfung eines Turbinenleitkranzes einer Flugzeug-Gas-
turbine gezeigt (Bild 4.25).

An einem Turbinenleitkranz wird die Lagerschale kreisförmig angelötet. Durch
Unstetigkeiten im Interferenzlinienverlauf werden Lötfehler (Pfeile) nachgewiesen.

Bild 4.25:
Holografische Prüfung einer Lötnaht an einem
Turbinenleitkranz; durch inhomogenen Interferenzlinienverlauf (Pfeile) werden Lötfehler nachgewiesen.

Der Vorteil der holografischen Prüfung liegt darin, daß die Bauteile wirklichkeits-nah beansprucht werden können. Damit ist eine gewisse Relevanz zwischen holo-grafischer Aussage und der Verminderung der Bruchgrenze gewährleistet, während man bei anderen Prüfverfahren diesen Zusammenhang nicht ohne Weiteres herstellen kann. Bei der Röntgenstrahlprüfung beispielsweise findet man nur röntgenstrahlabsorbierende Stellen, ohne damit direkt eine Angabe über die Schwächung des Bauteils machen zu können.

Durch die Genauigkeit der holografischen Methode läßt sich die Beanspruchung des Bauteils so klein halten, daß mit Sicherheit Anrißfehler vermieden werden.

Die Prüftechnologie für Fahrzeug- und Flugzeugreifen ist bereits so weit ausge-reift, daß für den Produktionsbereich holografische Reifenprüfgeräte zur Ver-fügung stehen. Mit diesen Geräten können noch sehr kleine Separationen im Reifenaufbau angezeigt werden.

### 4.7.2 Konstruktionsoptimierung für statische und dynamische Belastungsfälle

Bei der Anwendung der holografischen Interferometrie zur Optimierung von Konstruktionsmerkmalen reicht eine qualitative Auswertung der Hologramme meist nicht aus. Die quantitative Auswertung der Hologramme kann durch die Art des holografischen Aufbaus[23, 36] sehr erleichtert werden.

Wie bereits erwähnt werden statische Probleme und mit konstanter Amplitude sinusförmig erregte Objekte[37] mit Dauerstrichlasern untersucht. Auf Grund von Belichtungszeiten im Sekundenbereich und dem auf Interferenz von Licht-wellen beruhenden Verfahren sind stabile, schwingungsisolierte Aufbauten not-wendig. Die Untersuchung von dynamischen Vorgängen, wie betriebserregten Motoren oder stoßbeanspruchten Komponenten, ist mit Impulslasern möglich, da während der Belichtungszeit von nur ca. 20 ns diese Bewegungen keine Phasenänderung der vom Objekt reflektierten Lichtwellen erzeugen. Die holo-grafische Interferometrie wird heute unter rauhen Umgebungsbedingungen betrieben, wie beispielsweise unter simulierten Weltraumbedingungen (Bild 4.26)[38].

Eine Antenne, die auf Satelliten im Weltraum stationiert wird, ist durch den Wechsel vom Erdboden in den Weltraum bzw. im Weltraum durch wechselnde Sonneneinstrahlung Temperaturschwankungen von mehr als $100\,^{\circ}$C unter-worfen. Durch thermische Verformung des Antennenkörpers werden die Über-tragungseigenschaften der Antenne beeinflußt. Diese Verformung muß deshalb bereits auf der Erde unter stimulierten Weltraumbedingungen gemessen werden.

Die Antenne wird in einer Weltraumsimulationsanlage der thermischen Belastung unterworfen (Bild 4.26). Die Sonneneinstrahlung wird durch einen Solarsimulator mit Xenon-Lampen simuliert. Die Antenne wird durch ein Fenster in der Kammer beleuchtet und durch ein zweites Fenster beobachtet. Die Verformung für eine Temperaturdifferenz von ca. 1 °C ist im Bild 4.27 dargestellt.

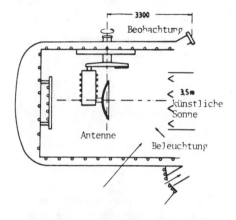

Bild 4.26:
Messung der thermischen Verformung von Antennen in einer Weltraumsimulationsanlage (in Kooperation mit der IABG, Ottobrunn, Hr. Dr. Frey)

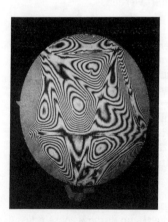

Bild 4.27:
Verformung einer Parabolantenne aus CFK unter simulierten Weltraumbedingungen (Temperaturdifferenz 1 Grad) (Foto: IABG, Labor Dr. St)

Die Deformation der Antenne ist in Bild 4.28 perspektivisch dargestellt.

Bei dynamisch beanspruchten Teilen kann durch geeignete Triggerung der Laserpulse nach bestimmten Frequenzen der Einfluß dieser Frequenzen auf das Schwingungsverhalten ermittelt werden. In Bild 4.29 wird dies an einem Beispiel

154

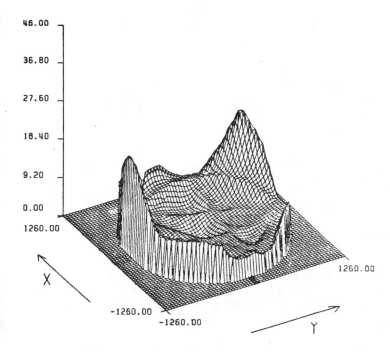

46.00

36.80

27.60

18.40

9.20

0.00

1260.00

X

-1260.00

-1260.00

1260.00

Y

Bild 4.28: Thermische Verformung der Antenne während der Abkühlperiode bei einer Temperaturdifferenz von 1 °C.

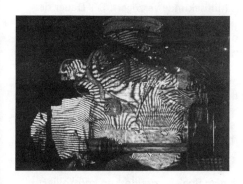

Bild 4.29:
Biegung eines laufenden Motor-Getriebe-Aggregats durch die 2. Ordnung entsprechend der Motordrehzahl (Ford Werke, Köln)

näher erläutert. Ein Kfz-Motor wird auf einem Versuchsstand betrieben. Die Triggerung der Laserpulse erfolgt auf die Flanke eines Beschleunigungssignals, das am Motor abgegriffen wird und dem die 2. Motorordnung (Zündrequenz)

155

dominant vorliegt. Im Hologramm wird dann bevorzugt die Schwingungsform (Amplitudenverteilung), erregt durch die 2. Motorordnung dargestellt.

Bei einer höheren Verdichtung beginnen Motoren aber zu klopfen, was sehr schnell zu Schäden am Motor führen kann. Durch Bleizusätze zum Treibstoff kann die Gefahr des Klopfens verringert werden ohne daß dies bei hohen Verdichtungen ganz auszuschließen ist. Die Bleizusätze führen außerdem zu einer Schadstoffemission und Umweltbelastung.

Man versucht nun mit Erfolg hochverdichtende und damit sparsame Motoren mit einer Antiklopfregelung zu bauen. Das Klopfen des Motors macht sich durch eine Schwingung mit hoher Frequenz bemerkbar. Ein Sensor (Beschleunigungsaufnehmer) erfaßt diese hochfrequenten Schwingungen und verschiebt über eine elektronische Regelung den Zündzeitpunkt, so daß der Motor zu klopfen aufhört.

Um diese hochfrequenten Schwingungen erfassen zu können, muß der Sensor an einem Punkt am Motor angebracht werden, an dem diese Schwingung ausgeprägt vorliegt. Die Ermittlung dieses Punkts kann vorteilhaft mit der gepulsten Holografie erfolgen, da keine andere Meßmethode eine ähnlich gute lokale Auflösung der ganzen Amplitudenverteilung des Motors bietet.

Der optimale Befestigungspunkt für einen Anti-Klopfsensor wird deshalb bereits von vielen Motorherstellern holografisch ermittelt; zuerst wurde von Felske[39] die Holografie dazu verwandt.

Die Emission des hier verwandten Rubin-Doppel-Pulslasers von typisch 100 MW ist gegenüber dem Startsignal etwa eine Millisekunde verzögert. Die Dauer des Klopfens in einem Verbrennungszyklus liegt ebenfalls in der Größenordnung einer Millisekunde. Der Laser muß also vor dem eigentlichen Klopfvorgang getriggert werden (Bild 4.30). Der Versuchsablauf ist in Bild 4.31 dargestellt.

Am Motor wird der Gasdruck im Zylinder erfaßt (Indizierkerze). Das Signal wird verstärkt und anschließend über der Zeit differenziert. Tritt Klopfen auf, so weist das differenzierte Signal Spitzen auf, welche eine Folge von Druckschwankungen im Bereich 5 – 10 kHz sind. Am Trigger-System wird eine Schwelle eingestellt, so daß ein Triggerpuls erfolgt, wenn im differenzierten Signal ein durch Spitzen induzierter Peak entsteht. Die Zeitverzögerung wird so eingestellt, daß die Laserpulse zum Klopfen im nächsten Zyklus emittiert werden. Der Versuchsablauf wird mit einem Speicheroszilloskop kontrolliert. Ein Fotomultiplier erfaßt die Laserpulse und leitet das Signal an das Oszilloskop weiter. Am zweiten Kanal des Oszilloskops wird der differenzierte Gasdruck registriert.

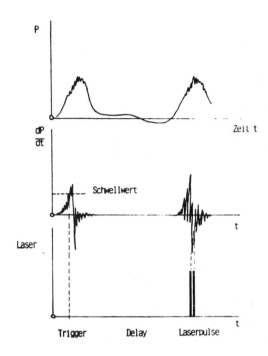

P

Zeit t

dP/dt

Schwellwert

t

Laser

Bild 4.30:
Zeitlicher Ablauf der
Triggerung

Trigger    Delay    Laserpulse

Die Seitenansicht eines klopfenden Motors ist in Bild 4.31 dargestellt. Punkte mit starker Amplitude zeichnen sich durch ringförmige Liniensysteme ab. Da die Pulstrennung (25 μs) sehr kurz ist, dominieren im Hologramm hochfrequente Schwingungen, für die die Amplitudenänderung genügend schnell erfolgt. Ein Punkt für die Befestigung des Antiklopf-Sensors ergibt sich über dem Motorträger. Das hier auftretende Amplitudenmaxima fehlt bei nicht klopfendem Betrieb (Bild 4.32), obwohl sonst gleiche Betriebsbedingungen des Motors und gleiche Triggerung des Lasers vorliegen.

Zum Abschluß dieses Kapitels soll noch eine holografische Anwendung aus der Medizin gezeigt werden.

In der Kieferorthopädie ist es für eine optimale Gestaltung von dentalen Brücken und Prothesen notwendig, die Mechanismen der Krafteinleitung vom Zahn in den Kiefer zu verstehen.

In Bild 4.33 wird diese Krafteinleitung auf Grund der Verformung des Oberkiefers studiert. Zwischen den Zähnen steckt ein Schlauch, der aufgepumpt wird. Dadurch ergibt sich eine definierte Kraft auf einen bestimmten Zahn. Durch die

157

Bild 4.31:
Hologramm eines klopfenden Motors
(Daimler-Benz AG)

Bild 4.32:
Hologramm eines nicht klopfenden
Motors (Daimler-Benz AG)

Bild 4.33:
Verformung eines Schädels bei Belastung
eines Zahns

Anordnung der Interferenzlinien wird eine gleichmäßige Verteilung der Verformung ohne auftretende Spitzen nachgewiesen.

### 4.7.3 Holografische Interferometrie im Durchlicht

An transparenten Objekten können mit der holografischen Interferometrie Änderungen des optischen Wegs und damit des Brechungsindex sichtbar gemacht werden. Aus dem Zusammenhang zwischen Brechungsindex und Druck, Temperatur, Dichte etc. lasse sich dann beispielsweise die Druck- oder Temperaturverteilung angeben.

Damit ergibt sich ein Anwendungsgebiet ähnlich der klassischen Interferometrie, z. B. Mach-Zehnder-Interferometrie. Der Vorteil der holografischen Interferometrie liegt aber darin, daß Systemfehler automatisch eliminiert werden. Die Spiegel, Linsen, Küvettenfenster müssen nicht mehr optische Qualität besitzen, man kann sogar durch gekrümmte Begrenzungsfenster messen. Wie bei der Auflichtinterferometrie kann man das Doppelbelichtungs- und das „real-time"-Verfahren anwenden. In den Objektstrahl kann eine Mattscheibe oder ein Gitter gebracht werden, damit eine Beobachtung aus mehreren Richtungen möglich ist. Dies ist bei der klassischen Zweistrahl-Interferometrie völlig unmöglich.

In Bild 4.34 ist ein holografischer Aufbau für Durchlichtaufnahmen dargestellt. Er gleicht bis auf die Führung des Objektstrahls dem der Auflichtanordnung. Das transparente Objekt wird im Meßraum untergebracht und von diffusem (Mattscheibe) oder gerichtetem Licht durchstrahlt.

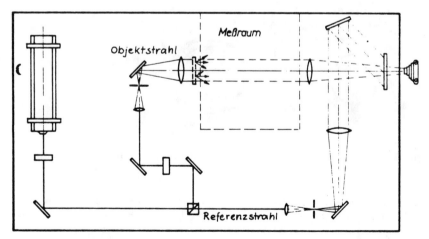

Bild 4.34: Holografischer Aufbau für Interferometrie im Durchlicht.

Die genaue Messung von Wärmeübergangskoeffizienten ist heute beispielsweise für den Bau von großen Wärmekraftanlagen von enormer Bedeutung.

In Bild 4.35 ist das Temperaturfeld im Wasser um einen beheizten Draht senkrecht zur Bildebene zu sehen, bei dem sich eine Konvektionsstörung entwickelt. Die Konvektionsstörung wird in einer zweiten Meßreihe durch die Verwendung von Silikonöl mit hoher Zähigkeit unterbunden. In diesem zweidimensionalen Beispiel stellen die Interferenzlinien annähernd Isothermen dar.

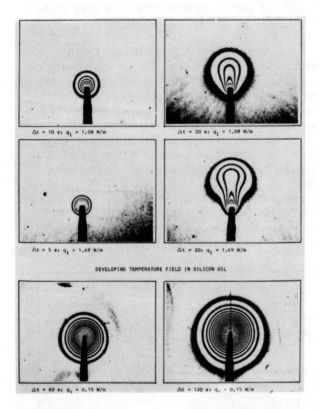

Bild 4.35: Entwicklung eines Temperaturfeldes im Wasser bzw. in Silikonöl

Die Phasendifferenz $\phi$ zwischen zwei Lichtstrahlen, die nacheinander ein geändertes Temperaturfeld durchlaufen wird durch (4.7) beschrieben.

$$\Delta\phi = \frac{2\pi}{\lambda_0}\,\Delta n \cdot l \tag{4.7}$$

160

$\Delta \phi$ = Phasendifferenz

l = Länge des optischen Wegs in der Meßstrecke

$\lambda_0$ = Wellenlänge des Lasers

$\Delta n$ = Differenz des Brechungsindex entsprechend der Temperaturdifferenz

Die Beziehung zwischen Brechungsindexänderung und Temperaturänderung für Gase wird durch die Gladstone-Dale-Gleichung (4.8) hergestellt.

$$n - 1 = k \cdot \rho \qquad (4.8)$$

aus welcher folgt

$$-\frac{dn}{dT} = (n - 1) \cdot \beta \qquad (4.9)$$

k = Gladstone-Dale-Konstante
(für Luft von 288 K und $\lambda$ = 510 nm ist k = 0,2274 $m^3$/kg)

$\rho$ = Dichte des Mediums

$\beta$ = Ausdehnungskoeffizient des Mediums

Für Flüssigkeiten ergibt sich die Abhängigkeit der Brechzahl von der Temperatur bzw. von der Dichte nach der Lorentz-Lorentz-Formel (4.10).

$$\frac{n^2 - 1}{\rho (n^2 + 2)} = \overline{r} (\lambda) \qquad (4.10)$$

Wobei $\overline{r}$ die spezifische Refraktion ist (für Wasser ist $\overline{r}$ = 0,985 $\cdot$ $10^{-4}$ bei einer Wellenlänge von 632,8 nm) (vgl. auch [4]).

Die genaue Kenntnis von Einspritzvorgängen ist Voraussetzung für den Bau von wirtschaftlichen Verbrennungsmotoren. Mit der holografischen Interferometrie können folgende Phänomene untersucht werden:

— Tröpfchengröße
— Tröpfchenverteilung
— Geschwindigkeit des Einspritzstrahls
— Wechselwirkung des Strahls mit der Umgebung

In Bild 4.36 ist die holografische Aufnahme eines Einspritzstrahl dargestellt, bei dem die Wirkung des Einspritzstrahl auf die umgebende Luft untersucht wurde. Die ring- bzw. ellipsenförmigen Interferenzlinien geben die Brechzahländerung, hervorgerufen durch Druckänderungen, wieder. Da die Aufnahme mit einem Doppelpuls erzeugt wurde, kann gleichzeitig die Geschwindigkeit des Einspritzstrahls an der Strahlspitze angegeben werden.

161

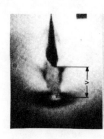

Bild 4.36:
Untersuchung des Einspritzstrahls

Durch die Anwendung der holografischen Interferometrie, besonders durch die computergestützte quantitative Auswertung ergeben sich besondere Vorteile für die Industrie und den Verbraucher:

— bessere konstruktive Auslegung von Maschinen, geringerer Verschluß und höhere Lebensdauer
— durch Einsparung von schwingungsdämpfenden Materialien geringeres Gewicht, Rohstoffersparnis und geringer Energieverbrauch
— Reduzierung des Lärmpegels im Allgemeinen, beispielsweise in Städten und im besonderen, beispielsweise im Innern eines Kraftfahrzeuges
— größere Betriebssicherheit an beanspruchten Teilen, weniger Materialaufwand und dadurch Ersparnis von Rohstoffen
— durch optimierte Auslegung von Bauteilen Wettbewerbsvorteile.

A. F. Fercher

# 5. Optische Interferometrie in der Meßtechnik

## 5.1 Vorbemerkung

Interferometrische Meßverfahren zählen zu den vielseitigsten Verfahren der Meßtechnik. Hierzu hat wesentlich die Entwicklung des Lasers beigetragen. Interferometrische Verfahren sind einsetzbar zur Messung von Strecken bzw. Verschiebungen bis 50 m und darüber hinaus, aber auch zur Messung von Mikroverschiebungen von einer Größe von nur $10^{-5}$ $\lambda$. Interferometrische Verfahren werden zur präzisen Geschwindigkeitsmessung in der Mößbauer-spektroskopie eingesetzt, aber auch zur Messung so hoher Geschwindigkeiten, wie sie in der Ballistik auftreten. Bei der Erforschung der Eigenschaften von physikalischen Plasmen hoher Dichte kommt die Interferometrie ebenso zum Einsatz wie in der Zytopathologie bei der Klassifizierung von biologischen Zellen. Auch im nichtoptischen Bereich finden interferometrische Prinzipien Anwendung. So in der Radiowelleninterferometrie zur Messung der Größe von Radioquellen im Weltraum oder in der Neutroneninterferometrie zur Messung von Streuamplituden. Diese Aufzählung ließe sich noch weiter fortsetzen. Im folgenden werden zwei Meßverfahren der optischen Interferometrie anschaulich in ihren Grundprinzipien dargestellt: die interferometrische Längenmessung und die interferometrische Flächenprüfung. Für Sonderverfahren zur Lösung spezieller Meßaufgaben werden entsprechende Arbeiten aus der Literatur zitiert. Zur Einarbeitung in die optische Interferometrie seien auch die Monographien [1 – 5] empfohlen.

Die optische Interferometrie basiert auf den Welleneigenschaften des sichtbaren Lichts. Beleuchtet man ein mindestens teilweise transparentes Objekt (Bild 5.1) mit kohärentem Licht so, daß die an den Grenzflächen reflektierten Lichtbündel überlappen, dann ist für die Intensität des insgesamt reflektierten (und transmittierten) Lichts die relative Phasenlage der beiden Lichtbündel zueinander ausschlaggebend. Man beobachtet ein Minimum an reflektierter Intensität, wenn die beiden reflektierten Lichtbündel in Gegenphase sind und ein Maximum, wenn die beiden reflektierten Lichtbündel phasengleich sind. Nach dem allgemeinen Interferenzgesetz erhalten wir für die Intensität

$$I(x) = I_1 + I_2 + 2 \sqrt{I_1 \cdot I_2} \cdot \cos(\Delta \Phi (x)) \qquad (5.1)$$

$I_1$ und $I_2$ sind die Intensitäten der interferierenden Lichtbündel. Die Phasendifferenz $\Delta \Phi$ zwischen den interferierenden Lichtbündeln beträgt:

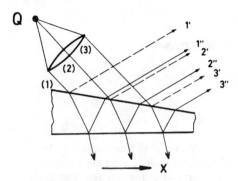

**Bild 5.1:**
Eine räumlich und zeitlich
kohärente Lichtquelle Q
beleuchtet ein transparentes
Objekt

$$\Delta\Phi = \frac{2\pi}{\lambda} \cdot n \cdot \Delta l \tag{5.2}$$

Hier ist $\lambda$ die Wellenlänge des benutzten Lichts, n ist der Brechungsindex des
Objekts und $\Delta l$ ist die geometrische Wegdifferenz der jeweiligen Strahlen, in
Bild 5.1 beispielsweise zwischen 1″ und 2′.
Gleichung (5.2) kann als Grundgleichung der optischen Interferometrie an-
gesehen werden. Jede der vier in diese Gleichung eingehenden Größen kann bei
Kenntnis der übrigen drei Größen bestimmt werden. Bei den im folgenden
näher beschriebenen Verfahren der interferometrischen Längenmessung und
der interferometrischen Flächenprüfung geht es in erster Linie darum, bei
bekanntem n und $\lambda$ mit Hilfe von $\Delta\Phi$-Messungen die Wegdifferenz $\Delta l$ zu
bestimmen.

### 5.2 Interferometrische Längenmessung

In der Produktionstechnik werden in zunehmendem Maße interferometrische
Laser-Längenmeßsysteme eingesetzt. Zunächst noch überwiegend zur Qualitätskontrolle für die Abnahme von Koordinatenmeßmaschinen und von hochwer-
tigen und insbesondere NC-gesteuerten Werkzeugmaschinen, sowie für die
laufende Kontrolle installierter Anlagen benutzt, kommen solche Systeme
zunehmend auch zum Einbau in diese Maschinen. Neben der reinen Längenmessung werden mit diesen Geräten auch Geradheitsmessungen, Winkelmessungen und Ebenheitsmessungen ausgeführt, wobei die letzteren durch entsprechende Strahlumlenker und Spiegel auf Längenmessungen zurückgeführt werden. Zur Messung von Vorschubgeschwindigkeiten braucht lediglich laufend der
Zeitquotient gebildet zu werden. Auch zur Kalibrierung von Längenmeßnor-
malen wie Mikrometerschrauben und Maßstäben aller Arten werden Laser-
Längenmeßsysteme benutzt. Seit mit den wellenlängenstabilisierten Argonionen-
Lasern neben der roten He-Ne-Laserlinie eine weitere stabilisierte Laserlinie im
Sichtbaren zur Verfügung steht, eröffnet sich die Möglichkeit, Endmaßlängen-

164

messungen höchster Präzision auch für Längen bis zu vielen Metern durchzuführen.

## 5.2.1 Prinzip und Meterdefinition

Das Prinzip der interferometrischen Längenmessung läßt sich am besten am
Michelson-Interferometer (Bild 5.2) verstehen. Dieses Interferometerprinzip
wird bei Längeninterferometern fast ausschließlich benutzt. Der Laserstrahl
wird durch einen optischen Strahlteiler auf die zwei Interferometerarme verteilt. Die an den beiden Endspiegeln A und B reflektierten Bündel treffen am
Interferometerausgang auf einen Photodetektor. Verschiebt man nun beispielsweise den Endspiegel B, so wechseln am Interferometerausgang entsprechend
der Phasenlage der beiden von A und B reflektierten Bündel Maxima und
Minima der Intensität. Ein an den Detektor angeschlossener Zähler zählt die
Anzahl dieser Hell-Dunkel-Wechsel. Wird der Endspiegel B beispielsweise um
die Strecke d verschoben, zeigt der Zähler $N = (2 \cdot d)/\lambda$ Hell-Dunkel-Wechsel
an.

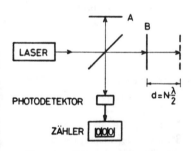

Bild 5.2:
Prinzip der interferometrischen Längenmessung mit dem Michelson-Interferometer

Die Wellenlänge der roten He-Ne-Laserlinie beträgt $\lambda = 0,6328\ \mu$m. Wir können
also mit einem solchen Interferometer Längen mit einer Auflösung von rund
$0,3\ \mu$m messen. Durch elektronische Interpolation der Hell-Dunkel-Wechsel bei
den gleich zu diskutierenden Interferometern lassen sich noch Spiegelverschie-
bungen von $\lambda/100$ und darunter sicher erfassen. Daran erkennt man, warum
die interferometrische Längenmeßtechnik das genaueste Verfahren der gesamten Längenmeßtechnik darstellt. Diese Tatsache war neben den bekannten
Nachteilen des künstlichen Meterprototypen dafür ausschlaggebend, ein natür-
liches Längennormal auf der Basis einer gut definierten Lichtwellenlänge zu
schaffen. Am 14. Oktober 1960 wurde vom Internationalen Büro für Maße und
Gewichte das Meter als 1 650 763,73 Wellenlängen des beim Übergang zwischen
den Niveaus $2p_{10}$ und $5d_5$ des Kryptonisitops mit der Massenzahl 86 emittier-

165

ten Lichts definiert. Dadurch können Meteranschlußmessungen und Endmaß-
längenmessungen mit demselben Interferometer direkt ausgeführt werden. Auf
die hierbei benutzte Methode der Streifenbruchteile gehen wir im Abschnitt
5.2.3 ein.

Es sei hier noch kurz die weitere Entwicklung der Meterdefinition skizziert.
Zwar hat die Krypton-86-Strahlung eine für thermische Lichtquellen vergleichsweise große Kohärenzlänge, jedoch wird die Meßsicherheit bei Lichtwegunter-
schieden über 500 mm durch abnehmende Sichtbarkeit der Interferenzen stark
beeinträchtigt. Daher mißt man beispielsweise das 1 m Endmaß gegen ein 0,5 m
Endmaß und dieses erst absolut. Die Unschärfe in der Wellenlänge einer
Krypton-86-Lampe beträgt etwa $\Delta\lambda/\lambda = 3 \cdot 10^{-9}$. Nun stehen zum einen mit
den frequenzstabilisierten He-Ne-Lasern und Argonionen-Lasern seit einiger
Zeit Lichtquellen mit deutlich größerer Kohärenzlänge (bis einige km) zur Verfügung, wobei die Wellenlängenunsicherheit $\Delta\lambda/\lambda$ deutlich kleiner werden kann,
als die des Primärstandards Kr-86. Der Primärstandard ist also unnötig ungenau.
Zum andern sind aber Absolutmessungen von Wellenlängen technisch problematisch, da die Ergebnisse sehr stark durch mechanische Gegebenheiten der Interferometer beeinflußt werden. Demgegenüber sind Frequenzmessungen die
genauesten Messungen, die wir kennen. Beispielsweise hat das Cäsium-Zeitnormal
eine Frequenzstabilität von besser als $\Delta\nu/\nu = 10^{-13}$. Frequenz und Wellenlänge
von Licht sind durch die Beziehung

$$\lambda \cdot \nu = c \tag{5.3}$$

miteinander verknüpft. Legt man also die Lichtgeschwindigkeit c zahlenmäßig
fest, kann man jeden beliebigen frequenzstabilisierten Laser, dessen Frequenz
man bestimmt hat, als Längennormal benutzen.
Entsprechend hat die 17. Generalkonferenz für Maße und Gewichte am
20. Oktober 1983 ein Meter als „die Länge der Strecke" definiert, „die das
Licht im Vakuum während des Intervalls von 1/299 792 458 Sekunden durchläuft". Diese Festlegung wurde bewußt so getroffen, daß sie mit der Meterdefinition von 1960 innerhalb der Genauigkeit dieser alten Definition übereinstimmt. Das bedeutet für das praktische Messen, daß man nur bei Präzisionsmessungen mit Genauigkeiten von besser als $3 : 10^9$ die neue Meterdefinition
berücksichtigen muß und ansonsten die alte Definition weiterhin benutzen kann.

### 5.2.2 Dynamische Längenmessung

Die hierzu benutzten Interferometer sind durchwegs vom Michelson-Typ entsprechend Bild 5.2. Um gegen Verkippungen der Endspiegel unempfindlich zu
sein, werden diese als Tripelspiegel ausgeführt. Das in Bild 5.2 dargestellte Interferometer ist zur Längenmessung nur mit Einschränkungen geeignet. Es unter-

scheidet nicht zwischen den zwei Richtungen der Spiegelbewegung, sondern zählt immer nur vorwärts. Es gibt mehrere Verfahren, die Richtung der Spiegelbewegung zu erfassen. Die sogenannten Quadraturverfahren arbeiten mit zwei zueinander um $\pi/2$ phasenverschobenen Lichtbündeln. Dies wird entweder durch eine geometrische Zweiteilung des Strahlengangs in einem der Interferometerarme erreicht oder durch zwei orthogonal zueinander polarisierte Lichtbündel. Am weitesten entwickelt, aber auch relativ aufwendig, ist das Heterodyn-Verfahren. Dieses . rbeitet mit zwei Lichtbündeln unterschiedlicher Frequenz im selben Strahlengang, beispielsweise mit einem Zweifrequenzlaser als Lichtquelle. Ein solches Heterodyn-Laserinterferometer ist in seinen grundsätzlichen Komponenten in Bild 5.3 dargestellt.

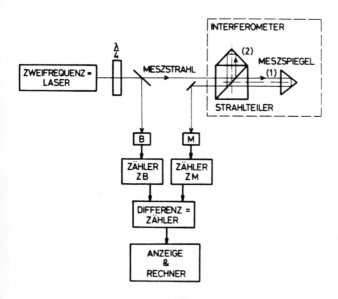

Bild 5.3: Prinzip eines Heterodyn-Laserinterferometers. Im gestrichelten Kasten befindet sich das Interferometer im engeren Sinne

Grundlage dieses Interferometers ist der He-Ne-Zweifrequenzlaser. Bei diesem Laser befindet sich das Entladungsrohr in einem longitudinalen Magnetfeld. Infolge der Zeeman-Aufspaltung der Ne-Energieniveaus treten zwei Laserlinien auf, eine links und eine rechts zirkular polarisierte, mit einer von der Größe des Magnetfelds linear abhängigen Frequenzdifferenz $\nu_1 - \nu_2$. Die am Laserausgang angeordnete $\lambda/4$-Platte macht daraus zwei senkrecht zueinander linear polarisierte Teilstrahlen mit den Frequenzen $\nu_1$ und $\nu_2$. Der ebenfalls unmittel-

167

bar am Laserausgang angeordnete erste Strahlteiler läßt diesen aus dem Laser austretenden Zweifrequenzstrahl einerseits als Meßstrahl in das eigentliche Interferometer eintreten und reflektiert andererseits einen Teil als Bezugstrahl direkt auf einen Photodetektor B. Das elektrische Signal U(t) des Photodetektors B ist proportional zur auftreffenden Intensität. Da sich die Phasendifferenz zwischen den beiden auftreffenden Teilstrahlen wegen des Frequenzunterschieds $\nu_1 - \nu_2$ dauernd ändert, erhalten wir aus dem Interferenzgesetz Gleichung (5.1):

$$U(t) = U_1 + U_2 + 2 \cdot \sqrt{U_1 \cdot U_2} \cdot \cos(2\pi(\nu_1 - \nu_2) \cdot t) \qquad (5.3)$$

Hier sind $U_1$ bzw. $U_2$ die Signalgrößen für die einzelnen Teilstrahlen. Ein (Vorwärts-)Zähler ZB zählt laufend die Nulldurchgänge des Photosignals U(t) und gibt das Ergebnis an den nachfolgenden Differenzzähler weiter.

Der in das Interferometer eintretende Meßstrahl wird durch einen polarisationsoptischen Strahlteiler auf die beiden Interferometerarme verteilt. Teilstrahl (1) durchläuft den Meßarm und Teilstrahl (2) den Referenzarm. Die außerhalb der strichpunktiert gezeichneten Interferometerachse eintretenden Strahlen verlassen das Interferometer spiegelbildlich zur Achse und treffen auf den Photodetektor M. Das von diesem erzeugte elektrische Signal entspricht zunächst genau jenem des Photodetektors B in Gleichung (5.4): Der Differenzzähler zeigt Null an. Verschiebt man nun den Meßspiegel, dann erfährt der an ihm reflektierte Teilstrahl (1) eine Dopplerverschiebung $\nu_D$, und zwar ist bei Verschiebung des Meßspiegels in Richtung Strahlteiler $\nu_D > 0$ und im entgegengesetzten Fall ist $\nu_D < 0$. Diese Frequenzveränderung ist zur Frequenzdifferenz $\nu_1 - \nu_2$ zu addieren. Entsprechend zählt der auf den Photoempfänger M folgende Zähler ZM während einer Spiegelverschiebung um die Strecke d insgesamt $N = 2 \cdot d/\lambda$ mehr bzw. weniger Nulldurchgänge als der Zähler ZB. Wenn der Differenzzähler das Ergebnis von ZM von jenem von ZB subtrahiert, werden Bewegungen des Meßspiegels nach links (in Bild 5.3) negativ und nach rechts positiv gezählt und somit unterschieden.

Dieses Verfahren mißt Abstandsänderungen zwischen den Interferometerendspiegeln in Referenzarm und Meßarm. Der absolute Wert bleibt unbekannt, ist aber bei der Längenmessung auch nicht gefragt. Zur Messung werden Strahlteiler und Referenzspiegel beispielsweise ortsfest am Maschinenbett aufgestellt und der am Werkzeugschlitten befestigte Meßspiegel durchfährt die Meßstrecke. Man kann eine beliebige Position des Meßspiegels als Nullposition definieren. Hierdurch unterscheidet sich das dynamische Meßverfahren von dem in Abschnitt 5.2.3 beschriebenen statischen Verfahren.

### 5.2.2.1 Messung geometrischer Größen

Die in Abschnitt 5.2.2 beschriebene Längenmessung ist Basis für eine Reihe weiterer geometrischer Messungen mit Laserinterferometern.

Geradheitsmessungen von Bewegungen lassen sich mit Hilfe eines Wollaston-Prismas und eines Doppelspiegels durchführen. Bewegt sich das Wollaston-Prisma in Bild 5.4 exakt entlang der Symmetrieachse des Doppelspiegels, dann verändern sich die Weglängen für die beiden Teilstrahlen (1) und (2) in gleichem Maße; beide Teilstrahlen erleiden dieselbe Dopplerverschiebung und die Zähldifferenz ist Null. Abweichungen des Wollaston-Prismas senkrecht zur Symmetrieachse um eine Strecke x verändern die Wegdifferenz der beiden Teilstrahlen um $2 \cdot x \cdot \sin \vartheta$ und diese wird als Abstandsänderung wie unter 5.2.2 gemessen. Alternativ kann das Wollaston-Prisma ortsfest bleiben und der Doppelspiegel zur Messung bewegt werden. Bild 5.5 zeigt ein solches Interferometer bei der Messung der Geradlinigkeit der Verfahrbewegung eines Fräsmaschinentisches. Hier ist das Wollaston-Prisma ortsfest in der Frässpindel eingespannt. Der Doppelspiegel ist auf dem Frästisch befestigt. Gemessen werden bei der abgebildeten Stellung des Doppelspiegels horizontale Abweichungen von der Geraden. Zur Messung vertikaler Abweichungen müssen Wollaston-Prisma und Doppelspiegel um 90° um die Meßstrahlachse gedreht werden.

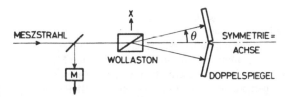

Bild 5.4:
Interferometer zur Geradlinigkeitsmessung einer Bewegung

Bild 5.5:
Messung der Geradlinigkeit der Verfahrbewegung eines Fräsmaschinentisches
(Photo: Hewlett-Packard)

Auch *Winkelmessungen* lassen sich mit dem Laserinterferometer als Längenmessungen durchführen. Bild 5.6 zeigt das Prinzip. Gemessen wird die Wegdifferenzänderung der Teilstrahlen (1) und (2) vom Strahlteiler zu den Endspiegeln. Bei sehr kleinen Winkeln α herrscht direkte Proportionalität zwischen
Wegdifferenzänderung und Winkel, bei größeren Winkeln bedarf es einer Korrektur, außerdem wandern die Endspiegel aus den Teilstrahlen heraus. K. Dorenwendt und H.-J. Grunert[6] beschreiben ein Winkelinterferometer mit einem
Meßbereich von 70°. Durch geeignete Strahlnachführung läßt sich der Meßbereich noch erweitern. E. Debler[7] beschreibt ein solches Winkelinterferometer
mit einem Meßbereich von 95°.

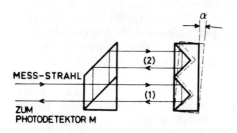

Bild 5.6:
Winkelmessung mit dem Laserinterferometer

Als weitere Meßmöglichkeiten auf Basis der Längenmessung mit dem Laserinterferometer seien noch die Messung der *Rechtwinkligkeit, die Ebenheits-
messung* und die *Parallelitätsmessung* angeführt. Wir gehen auf diese Verfahren
hier nicht näher ein, weil sie vom Standpunkt der interferometrischen Meßtechnik nichts neues beinhalten. Im übrigen beschreiben die einschlägigen
Firmenschriften solche Messungen ausführlich (Hewlett-Packard, ISKRA, SORO,
Taylor-Hobson, Linear Instruments Ltd., Mark-Tech Inc./Laser Metrology,
Teletrac Inc.).

### 5.2.2.2 Fehlerquellen

Zu den Fehlerquellen beim Einsatz von Laserinterferometern gehören sowohl
die allgemein bei jeder Präzisionslängenmessung auftretenden Fehler — alle oben
diskutierten Meßverfahren beruhen auf Längenmessungen — als auch besondere
bei der interferometrischen Längenmessung auftretende.
Wir betrachten zunächst Fehler, die spezifisch für das interferometrische Verfahren sind und gehen anschließend kurz auf allgemein bei Längenmessungen
existierende Fehlerquellen ein.
Daneben gibt es bei den speziellen Meßverfahren noch spezifische Fehlerquellen,
beispielsweise Winkelfehler des Wollaston-Prismas beim Geradheitsmeßver-
fahren.

Zunächst ist jede interferometrische Längenmessung nur so genau, wie die Wellenlänge des benutzten Lichts bekannt ist und konstant gehalten werden kann. Jede Schwankung in der Wellenlänge schlägt sich als Meßfehler nieder *(Wellenlängenfehler)*. Ursachen für Veränderungen in der Wellenlänge können im Laser selbst liegen, sie können aber auch durch Veränderungen des Brechungsindex in der Meßstrecke bedingt werden. Zunächst zu den durch den Laser selbst bedingten Schwankungen: In einem typischen im Sichtbaren emittierenden Laser ist die Linienbreite $\Delta\lambda$ des Laserübergangs viel breiter als die Halbwertsbreite der Resonanzkennlinie des optischen Laserresonators. Beispielsweise beträgt beim He-Ne-Laser $\Delta\lambda = 10^{-6}\lambda$, hingegen beträgt die Linienbreite in einem typischen Resonator $\Delta\nu \doteq 3 \cdot 10^6$ Hz, bzw. $\Delta\lambda \doteq 10^{-9}\lambda$. Deshalb hängt die Wellenlänge der emittierten Strahlung hauptsächlich von der optischen Länge (= Brechungsindex · geometrische Länge) des Laserresonators ab. Temperatur- und Druckschwankungen verändern die optische Resonatorlänge kurzfristig und Alterungsvorgänge langfristig. Eine Festlegung der Emissionswellenlänge auf einen stabilen Wert kann nun dadurch erfolgen, daß man festgestellte Abweichungen von der Sollwellenlänge benutzt, um die Resonatorlänge z. B. piezoelektrisch nachzustimmen. Zum Nachweis der Abweichungen kann man einen externen Resonator, aufgebaut aus Glaskeramik mit sehr kleinem Ausdehnungskoeffizienten benutzen. Damit erreicht man Stabilitäten $\Delta\lambda/\lambda$ bis etwa $1 : 10^8$. Mit einer externen Zeeman-Absorptionszelle erreicht man hingegen $1 : 10^9$ bis $1 : 10^{10}$ und mit $J_2$-Zellen erreicht man Stabilitäten bis zu $1 : 10^{11}$.

Streng genommen sollte man nicht von „Wellenlängenstabilisierung" sprechen, sondern von „Frequenzstabilisierung". Denn die Wellenlänge des Laserstrahls ist wegen $\lambda = \lambda_0/n$ ($\lambda_0$ = Vakuumwellenlänge) abhängig vom Brechungsindex des Mediums. Tatsächlich erreicht man durch die oben angedeuteten Stabilisierungsmaßnahmen eine Stabilisierung der Frequenz. Die Wellenlänge im Interferometer ist abhängig von Umweltbedingungen. Beispielsweise verändert sich die Wellenlänge um einen Bruchteil von $10^{-6}\lambda$, wenn sich die Temperatur der Luft im Meßstrahl um $1\,^{\circ}$C verändert, oder wenn sich der Luftdruck um 0,1 Torr verändert, oder wenn sich die Luftfeuchtigkeit um 30 % verändert. Zur Korrektur ist es notwendig, Temperatur und Luftfeuchtigkeit so nahe wie möglich an der Meßstrecke zu messen. Mit Hilfe empirischer Formeln läßt sich aus Druck, Temperatur und Luftfeuchtigkeit der Brechungsindex sehr genau bestimmen. Damit kann das Meßergebnis rechnerisch korrigiert werden. Eleganter wäre es zweifellos, die ermittelte Wellenlängenkorrektur dazu zu benutzen, die Emissionswellenlänge des Lasers zu korrigieren und auf diese Weise tatsächlich eine Wellenlängenstabilisierung zu erreichen. Beim He-Ne-Laser ist aber der Regelbereich mit $\Delta\lambda \doteq 10^{-6}\lambda$ für die praktisch auftretenden Wellenlängenänderungen zu klein.

Eine weitere Fehlerquelle der interferometrischen Längenmessung hängt mit dem Laserstrahl zusammen, dessen Symmetrieachse die Meßachse definiert. Wenn die Meßachse nicht streng parallel mit der zu messenden Strecke verläuft, mißt man eine zu lange Strecke. Aus naheliegenden Gründen heißt dieser Fehler *Cosinusfehler*. Dies bedarf keiner weiteren Erläuterung. Bei dem Laserinterferometer gibt es noch einen zusätzlichen Cosinusfehler: Da die Meßachse durch die Symmetrieachse des Meßstrahls definiert ist, mißt man eine zu kurze Strecke, wenn der Meßstrahl nicht parallel zur Bewegungsachse des Meßspiegels verläuft, wie Bild 5.7 deutlich macht. Der Cosinusfehler läßt sich durch mehrmaliges Messen derselben Strecke bei veränderter Richtung des Meßstrahls feststellen und eliminieren.

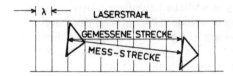

Bild 5.7:
Zur Entstehung des Cosinusfehlers

Schließlich seien noch zwei generell bei Längenmessungen auftretende Fehler kurz beschrieben: der Abbesche Fehler und der Temperaturfehler. Wir betrachten zunächst den *Abbeschen Fehler*. Dieser Längenmeßfehler tritt immer dann auf, wenn die zu messende Strecke nicht direkt, sondern in einer dazu parallelen Achse gemessen wird. Einfachstes Beispiel hierzu ist eine Schieblehre, deren Schieber beim Messen durch zu großen Daumendruck verkantet. Dann liest man auf dem Meßstab eine zu kleine Länge ab. Analoges passiert beispielsweise, wenn man den Vorschub einer Werkzeugmaschine nicht am Werkstück mißt, was praktisch unmöglich ist, sondern den Meßarm des Interferometers in einem Abstand hierzu parallel anordnet. Um den Abbéschen Fehlr klein zu halten, muß der Meßarm des Interferometers so dicht wie möglich an der zu messenden Strecke angeordnet sein. Zuletzt noch ein paar Bemerkungen zum *Temperaturfehler*. Pro 1 °C dehnen sich metallische Werkstoffe um etwa einen Faktor $10^{-5}$. Üblicherweise beziehen sich alle Maßangaben in der Feinmeßtechnik auf eine Temperatur von 20 °C. Bei der Bearbeitung des Werkstücks kann diese Temperatur in der Regel nicht eingehalten werden. Die gemessene Länge muß bei Präzisionsteilen daher auf Basis der gemessenen Werkstücktemperatur korrigiert werden.

### 5.2.3 Statische Längenmessung

Die dynamische Längenmessung mit dem Laserinterferometer mißt Veränderungen im Abstand zwischen dem Referenzspiegel und dem Meßspiegel, also nicht die absolute Entfernung zwischen beiden. Dies hat den Vorteil, daß jeder

beliebige Punkt als Bezugspunkt gewählt werden kann. Nachteilig ist hingegen, daß auch nur kurze Unterbrechungen des Meßstrahls die Messung zunichte machen. Auch dürfen bei der Bewegung des Meßspiegels keine zu großen Geschwindigkeiten, beispielsweise durch Stöße, auftreten.
Eine weitere Eigenheit der dynamischen Verfahren ist die Tatsache, daß die zu messende Strecke vom Meßspiegel mechanisch durchfahren werden muß. Es ist deshalb beispielsweise nicht möglich, die optische Länge einer Strecke, die teilweise durch Abbildungsoptiken führt, zu messen.

Diese Nachteile vermeiden die zwei im folgenden beschriebenen statischen interferometrischen Längenmeßverfahren. Das erste Verfahren dieser Art beruht auf der genauen Messung der Bruchteile von $\lambda/2$ der Länge der zu messenden Strecke[1]. Es stellt allerdings von der Praktikabilität her derzeit keine Alternative zu dem dynamischen Verfahren dar. Als Einsatzgebiet sind derzeit fast ausschließlich die hochpräzise Endmaßlängenmessung und die Meteranschlußmessung zu nennen. Für die Zukunft wäre die Entwicklung eines entsprechenden Interferometers auf der Basis eines Lasers denkbar, der mehrere hinreichend unterschiedliche Wellenlängen emittiert, wie es beispielsweise der $CO_2$-Laser tut. Wir beschränken uns hier auf die Erklärung des Meßprinzips und eine kurze Beschreibung des Meterkomparators, in welchem dieses Verfahren derzeit fast ausschließlich eingesetzt wird.

Der Meterkomparator basiert auf dem von Kösters angegebenen Interferometerstrahlengang, siehe Bild 5.8. Das von der Lichtquelle kommende Licht mit der Wellenlänge $\lambda_1$ wird durch das Köterssche Doppelprisma auf die beiden Interferometerarme verteilt. Die beiden Interferometerarme in Bild 5.8 seien zufällig bis auf ganzzahlige Vielfache von $\lambda/2$ gleich lang (oberes Teilbild). Dann sind die zum Beobachter reflektierten Lichtbündel in Phase und man beobachtet maximale Helligkeit. In Bild 5.8 ist einer der Umlenkspiegel um

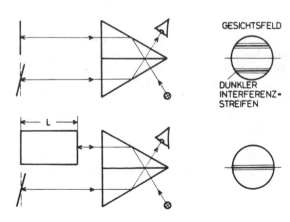

GESICHTSFELD

DUNKLER
INTERFERENZ-
STREIFEN

Bild 5.8:
Prinzip des Meter-
komparator nach
Kösters

einen geringen Betrag geneigt, so daß zwischen den beiden interferierenden Lichtbündeln in der Nähe des Gesichtsfeldrands Gegenphase auftritt und der Beobachter dort je einen dunklen Interferenzstreifen sieht. Im unteren Teilbild ist auf den einen Endspiegel ein Endmaß von der Länge L angesprengt. Das an dem Endmaß reflektierte Licht interferiert wiederum mit dem zweiten Lichtbündel. Bei dem in Bild 5.8 dargestellten Beispiel können wir nun über die Länge L die Aussage

$$L = (N_1 + 1/2) \cdot \frac{\lambda_1}{2} \tag{5.4}$$

machen, worin $N_1$ eine ganze Zahl ist. Der Summand 1/2 ergibt sich daraus, daß die beiden Streifenbilder um eine halbe Streifenbreite zueinander verschoben sind.

Derselbe Vorgang wird nun mit Licht einer anderen Wellenlänge $\lambda_2$ wiederholt und man hat nun beispielsweise

$$L = (N_2 + 1/4) \cdot \frac{\lambda_2}{2}, \tag{5.5}$$

wobei der Summand 1/4 wiederum aus zwei entsprechenden Streifenbildern abzulesen ist (die in diesem Beispiel bei $\lambda_2$ um 1/4 Streifenbreite zueinander verschoben seien. Kennt man die beiden Wellenlängen $\lambda_1$ und $\lambda_2$, dann kann man schnell nachprüfen, für welche Werte von $N_1$ bzw. $N_2$ die Gleichung

$$L = (N_1 + 1/2) \cdot \frac{\lambda_1}{2} = (N_2 + 1/4) \cdot \frac{\lambda_2}{2} \tag{5.6}$$

erfüllt ist. Dies wird i. a. für sehr viele Werte der Fall sein; allerdings nicht für jeden Wert von $N_1$ und $N_2$, sondern nur für bestimmte Wertepaare. Hat man L mit einem einfacheren Längenmeßverfahren grob vorgemessen, läßt sich das zugehörige Wertepaar $N_1$ und $N_2$ aussortieren und L bestimmen.

Das zweite oben angesprochene statische Verfahren benützt sogenannte Superpositionsstreifen[8]. Diese werden mit einer Lichtquelle kurzer Kohärenzlänge erzeugt. Vor dem Eintritt in das Meßinterferometer läuft das beleuchtende Lichtbündel durch ein Fabry-Perot-Interferometer. Dadurch entsteht eine Folge von Wellenzügen im Abstand von jeweils Fabry-Perot-Plattenabstand. Diese Wellenzüge sind untereinander kohärent, so daß sie im Meßinterferometer immer dann optimal sichtbare Interfenzen liefern, wenn die Meßstreckenlänge ein ganzzahliges Vielfaches des Fabry-Perot-Plattenabstands beträgt.

Tabelle 5.1 gibt einen Überblick über die wichtigsten Daten interferometrischer Längenmeßverfahren. Es handelt sich — mit einer Ausnahme — um Durchschnittsangaben aus Firmenprospekten.

174

Tabelle 5.1: Typische Daten interferometrischer Längenmeßverfahren

| Verfahren | Dynamische Längenmessung | Statische Längenmessung | Geradheit | Winkel |
|---|---|---|---|---|
| Meßbereich | 50 m | 0,5 m | 3 m[1] | $\pm\ 10°$ <br> $95°$ [2] |
| Genauigkeit | $1 : 10^{-7}$ | $1 : 10^{-8}$ | 0,1 $\mu$m/m | $\pm\ 0,1''$ <br> $\pm\ 0,3''$ [2] |
| Bemerkung | stabilisiertes Laserinterfero- meter | z. B. Meter- komparator | [1] Länge der Meß- strecke | [2] nicht- kommer- zielles Gerät[12] |

### 5.2.4 Messung physikalischer Größen

Neben den unter 5.2.2 und 5.2.3 beschriebenen Meßaufgaben aus der Feinmeßtechnik werden interferometrische Längenmeßverfahren zur Messung einer
Reihe weiterer Größen eingesetzt. Im folgenden werden einige Beispiele hierzu
kurz beschrieben. Exemplarische Geräte oder Meßanordnungen sind in den
jeweils zitierten Arbeiten beschrieben.

Ein Meßverfahren, welches noch in starker Analogie zur interferometrischen
Längenmessung im obigen Sinn steht, ist die interferometrische *Dilatometrie.*
Hierbei geht es um die Messung von Längenänderungen an festen Körpern als
Folge von Temperaturänderungen, Phasenumwandlungen oder mechanischen
Belastungen. Das interferometrische Verfahren hat gegenüber dem konventionellen, mit elektronischen Tastern arbeitenden den Vorteil der Trägheitslosig-
keit, es arbeitet berührungsfrei, wirkt daher nicht auf das Meßobjekt ein und
wird auch von dem Meßobjekt — beispielsweise durch Wärmeleitung — nicht
beeinflußt. S. J. Bennett[9] beschreibt ein absolutes interferometrisches Dilato-
meter mit einer Auflösung von wenigen Nanometern und einer Meßgenauigkeit
besser als $\pm$ 1 % zur Messung der thermischen Ausdehnung von Werkstoffproben
im Temperaturbereich von 20 °C bis 500 °C.

Zur Messung noch kleinerer Verschiebungen diskutiert und testet S. F. Jacobs[10]
ein auf einem Michelson-Heterodyn-Interferometer basierendes Verfahren mit
einer Auflösung von $10^{-5}\lambda$ bei der Messung von Verschiebungen und $10^{-9}\lambda$ bei
der Messung von Schwingungsamplituden. Ein Michelson-Heterodyn-Interfero-

meter zur Messung von Schwingungsamplituden mit einer Auflösung von bis zu 1,2 Å beschreiben Y. Ohtsuka und K. Itoh[11].

Zur Messung der *Parameter dünner Schichten* (Dicke, Brechungsindex und Absorptionskonstante) werden überwiegend photometrische und ellipsometrische Verfahren benutzt. In die Ergebnisse dieser Messungen gehen in der Regel alle drei genannten Parameter ein. In manchen Fällen ist es vorteilhaft, jeden dieser Parameter getrennt oder nur bestimmte Kombinationen dieser Parameter zu messen. So beschreibt J. Shamir[12] ein Verfahren zur Messung der Absorptionskonstanten schwach absorbierender Schichten. Hierzu wird ein modifiziertes Michelson-Interferometer benutzt, dessen Strahlteiler die zu messende Schicht bildet. Wenn der Rand der dünnen Schicht auf der Substratoberfläche zugänglich ist, kann die Schichtdicke direkt interferometrisch gemessen werden. A. W. Hartmann[13] beschreibt ein hierzu geeignetes Polarisationsinterferometer mit einer Auflösung von 1 nm. R. J. King u. a.[14] beschreiben zwei interferometrische Verfahren und vergleichen diese mit einem mechanischen. Die Ergebnisse der drei Verfahren stimmen für Schichtdicken im Bereich von 100 Å bis 2000 Å innerhalb von 10 Å überein.

Die *Dicke ultradünner Flüssigkeitsschichten* interessiert in der Biologie und in der Kolloidchemie. L. R. Fisher u. a.[15] beschreiben ein Interferenzverfahren zur Messung solcher Schichtdicken im Nanometerbereich.

Zur Messung der *Viskosität von Flüssigkeiten* beschreibt L. H. Tanner[16] ein Verfahren, welches den zeitlichen Verlauf der Filmdicke beim Zerfließen eines Flüssigkeitstropfens unter Einwirkung der Schwerkraft oder von Zentrifugalkräften interferometrisch mißt.

In den zuletzt angeführten Beispielen wurden bereits verschiedene nichtgeometrische Größen gemessen. Den Schlüssel zu allgemeineren Meßverfahren bildet die interferometrische Grundgleichung (5.2): bei konstant gehaltener Wellenlänge $\lambda$ und fester Wegdifferenz $\Delta l$ im Strahlengang sind gemessene Veränderungen der Phasendifferenz $\Delta \Phi$ auf Veränderungen im Brechungsindex des Mediums zurückzuführen. Das interferometrische Verfahren eignet sich insbesondere zur *Messung sehr kleiner Brechzahlen* und *Brechzahlunterschiede*. K. D. Singer u. a.[17] beschreiben ein Interferenzrefraktometer, welches Brechzahldifferenzen zwischen Flüssigkeiten mit einer Auflösung von $10^{-6}$ mißt. Ein Interferenzrefraktometer zur Messung der *Massendiffusion von Gasen* beschreiben W. Z. Black und R. L. Somers[18]. Das als Differentialinterferometer aufgebaute Gerät mißt den Konzentrationsgradienten, jedoch scheint die Einhaltung der vom mathematischen Modell geforderten Randbedingungen problematisch zu sein.

Der Brechungsindex einer Flüssigkeit ist in erster Näherung direkt proportional

176

zu ihrer Massendichte. Ein auf diesem Zusammenhang beruhendes Jamin-Interferometer zur Messung *statischer und dynamischer Drücke* sowie zur routinemäßigen *Kalibrierung von Druckaufnehmern* beschreiben R. Jones und B. D. Bergquist[19]. Die Auflösung beträgt etwa 1 kPa pro 1 Radiant Phasendifferenz.

Ein wichtiges Anwendungsgebiet für die optische Interferometrie ist die Messung von *Elektronendichten in Plasmen.* Zwei dort generell auftretende Probleme bei der Messung sind zum einen das vorzeichenrichtige Zählen der Hell-Dunkel-Wechsel im Interferometer und zum anderen die bei großen Experimenten nicht gewährleistete interferometrische Stabilität des Strahlengangs. Das erste Problem läßt sich generell mit dem oben beschriebenen dynamischen Längenmeßverfahren lösen. Beispielsweise beschreiben M. J. Lavan u. a.[20] ein Mach-Zehnder-Heterodyn-Interferometer, dessen Heterodynfrequenz mit akustooptischen Modulatoren erzeugt wird. C. J. Buchenauer und A. R. Jacobsen[21] benutzen ein relativ billiges Verfahren in einem Mach-Zehnder-Interferometer mit einem linear polarisierten Meßstrahl und einem zirkular polarisierten Referenzstrahl. Ein Wollaston-Prisma am Interferometerausgang erzeugt zwei Teilinterferenzen, die gegeneinander um 90° phasenverschoben sind, so daß die Veränderung der optischen Weglänge im Plasma vorzeichenrichtig registriert wird. Zur Lösung des Stabilitätsproblems beschreiben D. R. Baker und S.-T. Lee[22] ein Michelson-Interferometer mit zwei Lasern: einem He-Ne-Laser und einem $CO_2$-Laser. Der He-Ne-Laser mißt die Instabilitäten im Strahlengang des Interferometers, diese werden vom Meßergebnis des $CO_2$-Lasers abgezogen. Ein ähnliches Interferometer wird auch in [20] beschrieben.

Schließlich kann man auf Grund der Gleichung (5.2) auch Wellenlängen interferometrisch messen. F. V. Kowalski u. a.[23] beschreiben ein *digitales Wellenlängeninterferometer* zum Vergleich einer unbekannten Wellenlänge mit einer bekannten. Solche Interferometer sind in der Längenmeßtechnik für den Anschluß von stabilisierten Interferometerlasern an den Meterstandard von Interesse. In dem von F. V. Kowalski u. a. beschriebenen modifizierten Michelson-Interferometer durchlaufen beide Strahlen identische Wege in demselben Medium. Ein Endspiegel wird verschoben, die für die beiden Lichtquellen getrennt gezählten Hell-Dunkel-Wechsel am Interferometerausgang verhalten sich umgekehrt wie die Wellenlängen. Die erreichte Auflösung liegt bei $1 : 10^8$.

## 5.3 Interferometrische Flächen- und Optikprüfung

Messungen der Form einer Oberfläche oder einer Wellenfläche während der Herstellung und am fertigen Gerät sind mit interferometrischer Genauigkeit vor allem in der Optik notwendig. Da die Abweichungen von der Sollform bei optisch wirksamen Oberflächen typischerweise Bruchteile der Wellenlänge des für den Einsatz vorgesehenen Lichts nicht überschreiten dürfen, ist die Interferometrie das natürliche Meßverfahren hierzu. Hinzu kommt, daß die Meßergebnisse übersichtlich und leicht zu interpretieren sind. Dies ist von ganz entscheidender Bedeutung für den Einsatz dieser Verfahren in der Fertigungskontrolle.

Typisch für die interferometrische Flächenprüfung ist, daß es kein generell für alle wichtigen Fälle einsetzbares Meßverfahren bzw. Interferometer gibt. Die jeweils optimale Lösung hängt ab von der Form der zu prüfenden Fläche, von der Anzahl der notwendigen und zugelassenen Prüfungen am Meßobjekt und somit vom Herstellverfahren, ferner von der geforderten Präzision und natürlich von den Kosten für den Aufbau und den Betrieb des Interferometers.

Die reine Flächenprüfung reicht nur in Ausnahmefällen hin; z. B. wenn die betreffende Fläche als Oberflächenspiegel eingesetzt wird. Viel häufiger werden optische Komponenten im Durchlicht benutzt, wie im Falle von Linsen, Fenstern und Prismen. Die Qualität solcher Komponenten wird durch zwei Oberflächen und die optische Homogenität des Werkstoffs bestimmt und wird im Durchlicht geprüft. Im allgemeinen gilt der Leitsatz, daß optische Bauteile so geprüft werden sollen, wie sie eingesetzt werden.

In den letzten zehn Jahren war die Entwicklung auf dem Gebiet der interferenziellen Flächen- und Optikprüfung zum einen dadurch gekennzeichnet, daß für die zunehmende Verwendung von asphärischen Flächen entsprechende Prüfverfahren entwickelt worden sind. Die Interferometrie mit Hilfe synthetischer Hologramme und die digitale Interferometrie sind hier zu nennen. Zum anderen haben optoelektronische Phasenmeßverfahren, wie sie zuerst für die interferometrische Längenmessung eingesetzt worden sind, Eingang in die Prüfinterferometrie gefunden. Diese Phasenmeßverfahren liefern so präzise Meßwerte, daß sich die früher oft benutzten Vielstrahlinterferenzverfahren und die Äquidensitometrie heute meist erübrigen dürften.

### 5.3.1 Meßprinzip

Die interferometrische Flächen- und Optikprüfung läßt sich wie die Längenmessung am besten am Michelson-Interferometer erklären. Der Laserstrahl wird aber nun durch ein Fernrohr aufgeweitet und tritt als breites kohärentes Lichtstrahlenbündel in das Interferometer (siehe Bild 5.9). Diese Modifikation des Michelson-Interferometers sowie seine Anwendung zur Optikprüfung gehen auf Twyman und Green zurück. Wiederum haben wir einen Referenzstrahlengang mit einem Endspiegel (A) und einen Meßstrahlengang mit dem Meßobjekt (B) vorliegen. Wir interessieren uns aber hier für die optische Wegdifferenz zwischen den vielen verschiedenen interferierenden Meßstrahlen und bestimmen aus der gemessenen Wegdifferenz das Oberflächenprofil des Meßobjekts. Die vorliegenden optischen Wegdifferenzen werden durch Interferenz der Meßstrahlen mit

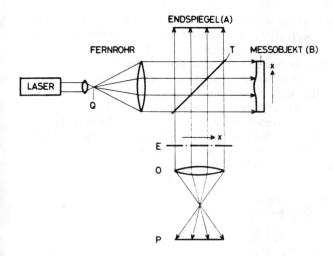

Bild 5.9: Twyman-Green-Interferometer. Das Oberflächenprofil des Meßobjekts ist stark überhöht dargestellt. Erläuterung der Symbole im Text.

dem Referenzstrahlenbündel gemessen. Beispielsweise erhält man die optischen Wegdifferenzen $\Delta l$ der interferierenden Strahlen in der Ebene E am Interferometerausgang als Differenz der Wegstrecken vom Strahlenzentrum Q über den Strahlteiler T zum Endspiegel A und weiter nach E und der entsprechenden Wegstrecken über die Meßobjektoberfläche bis nach E: $\Delta l = L(Q,T,A,T,E) - L(Q,T,B,T,E)$. Diese Wegdifferenz ist i. a. von x und von y abhängig, wobei x und y die Koordinaten in der Objektoberfläche sind. Aus dem allgemeinen Interferenzgesetz Gleichung (5.1) erhalten wir für die Ebene E ein „Interferogramm":

$$I(x,y) = I_1 + I_2 + 2 \cdot \sqrt{I_1 \cdot I_2} \cdot \cos(\Delta\Phi(x,y)) \qquad (5.6)$$

$I_1$ und $I_2$ sind die Intensitäten der interferierenden Teilbündel, die wir hier vereinfachend als konstant über den Bündelquerschnitt annehmen. Für $\Delta\Phi$ gilt wie bisher die Grundgleichung (5.2). Neu ist die Abhängigkeit von $\Delta\Phi$ von den Koordinaten auf der Objektoberfläche.

Meist beobachtet man nicht das reelle Interferogramm in der Ebene E, sondern das virtuelle Interferogramm in der Ebene des Meßobjekts, und zwar durch Abbildung dieser Ebene mit einer Optik O am Interferometerausgang auf einen Schirm oder photographischen Film in der Ebene P. Dies hat den Vorteil, daß man gleichzeitig mit dem Interferogramm auch das Objekt scharf sieht und das Streifenbild des Interferogramms der Objektoberfläche eindeutig zuordnen kann.

179

Bild 5.10 zeigt als Beispiel das Interferogramm eines einfachen Reflektors aus Spiegelglas. Es besteht aus hellen und dunklen Streifen, den Interferenzstreifen, deren Verlauf durch I(x,y) = konstant beschrieben wird. Diese Streifen sind daher Orte gleicher Wegdifferenz $\Delta$l im Strahlengang des Interferometers. Ist der Referenzspiegel A ein Planspiegel, dann ist das Interferogramm ein Höhenschichtlinienbild der Oberfläche des Meßobjekts. Wegen des zweimaligen Durchgangs des Lichts durch die Meßstrecke ändert sich der Abstand zur Referenzfläche von Streifen zu Streifen um $\lambda/2$. In der Mitte dieses Reflektors liegt offenbar eine Senke oder eine Erhöhung vor. Was von diesen beiden Möglichkeiten der Fall ist, läßt sich aus einem solchen Interferogramm alleine nicht entnehmen. Wir kommen auf diese Frage im Abschnitt 5.3.2 zurück.

Bild 5.10:
Interferogramm eines Reflektors
aus Spiegelglas

### 5.3.2 Fizeau-Interferometer (FI) und Probegläser

Das in Bild 5.9 dargestellte Prinzip der interferometrischen Flächenprüfung bildet die Basis einer Vielzahl wichtiger und vielfältiger Prüfverfahren. Gemeinsam für alle ist, daß es sich nicht um eine direkte Verallgemeinerung der interferometrischen Längenmessung handelt, sondern um eine relative Messung oder um einen Vergleich der Flächenform des Meßobjekts mit der Form eines Vergleichobjekts. Diese Relativmessung heißt Flächen-,,Prüfung".

Bei kugelförmigen und ebenen Flächen kommt vielfach ein einfacheres Verfahren zum praktischen Einsatz. Beispielsweise läßt sich eine Planfläche so prüfen, daß man ihr eine zweite Planfläche als Referenzfläche in geringem Abstand gegenüberstellt und diese Anordnung mit kollimiertem Licht beleuchtet; siehe Bild 5.11. Blickt der Beobachter durch die Austrittspupille dieser Anordnung auf das Prüfobjekt, sieht er ein virtuelles Interferogramm entsprechend Gleichung (5.6). In Bild 5.12 ist ein solches Interferogramm zu sehen.

180

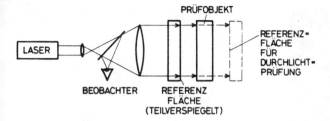

PRÜFOBJEKT

LASER

BEOBACHTER | REFERENZ FLÄCHE (TEILVERSPIEGELT)

REFERENZ=
FLÄCHE
FÜR
DURCHLICHT=
PRÜFUNG

Bild 5.11: Fizeau-Interferometer
Gestrichelt: Durchlichtprüfung

Bild 5.12:
Interferogramm einer Planplatte mit kreisringförmigen Unebenheiten

Die kreisringförmigen Interferenzringe zeigen, daß diese Planfläche kreisringförmige Unebenheiten besitzt. Dieses Interferogramm ist schwierig zu deuten.
Neigt man jedoch das Prüfobjekt relativ zur Referenzfläche, dann erhält man
das Interferogramm von Bild 5.13. Nun ist die Oberflächenform des Prüfobjekts
deutlicher zu erkennen. Wäre die zu prüfende Fläche ebenfalls plan, würde das
Interferogramm nun gerade äquidistante Streifen zeigen. Offen bleibt zunächst,
ob die W-förmige Unebenheit von etwa 1 $\lambda$ Größe eine Vertiefung oder eine
Erhöhung ist. Wie man leicht überlegt, läßt sich diese Frage direkt am Interferometer durch gezieltes Verändern des Abstands von der Referenzfläche zum
Prüfobjekt und Beobachtung der Wanderrichtung der Interferenzstreifen klären.
Auch zur Durchlichtprüfung läßt sich das FI einsetzen. Hierzu wird in Bild 5.11
rechts hinter dem Prüfobjekt eine zweite total verspiegelte Referenzfläche aufgestellt.

Die Planflächenprüfung mit dem FI setzt ein fehlerfreies Planflächennormal als
Referenzfläche voraus. Solche Planflächennormale gewinnt man mit Hilfe von
Flüssigkeitsoberflächen, z. B. mit Hilfe von Quecksilber, oder durch Absolut-
verfahren auf Basis von Geradheitsmessungen. Näheres hierzu ist bei G. Schulz
und J. Schwider[24] zu finden.

181

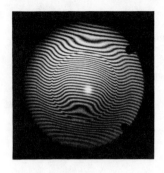

Bild 5.13:
Interferogramm derselben Platte wie in
Bild 5.12, jedoch gegen die Referenzfläche
geneigt

Das FI-Prinzip wird auch zur Prüfung von sphärischen Flächen benutzt.
R. V. Shack und G. W. Hopkins[25] beschreiben ein solches Gerät. Bei dem von
der Firma Zygo produzierten Interferometer (Bild 5.18) bildet die sphärische
Austrittsfläche der Kollimationsoptik die Referenzfläche.

Schließlich kann man die Referenzplatte als sogenanntes *Probeglas* dem Prüfobjekt direkt auflegen. Dann lassen sich Interferenzen sogar mit Weißlicht
beobachten. Man muß hierbei darauf achten, daß die den Spalt zwischen Prüfobjekt und Probeglas durchlaufenden Lichtstrahlen möglichst parallel zueinander sind. Ansonsten treten zusätzliche Wegdifferenzen auf, die durch entsprechende Veränderungen im Streifenverlauf des Interferogramms zu Fehl-
messungen Anlaß geben können. Probegläser werden ebenso zur Prüfung sphäri-
scher Flächen benutzt. Ihre Anwendung ist weitverbreitet; sie sind einfach zu
handhaben. Für jeden Krümmungsradius benötigt man ein separates Probeglas.
Nachteilig ist vor allem, daß sie mit der Prüfobjektoberfläche in direkten Kontakt kommen. Durch Staubpartikel kann es hierbei zur Beschädigung beider
Oberflächen kommen. Für die Serienprüfung sind daher Probegläser wenig
geeignet.

### 5.3.3 Twyman-Green-Interferometer (TGI)

Das TGI ist das am vielseitigsten für die Flächen- und Optikprüfung einsetzbare
Interferometer. Es bedarf hierzu meist nur einer Modifizierung des Meßarms.
Diese wird, wann immer möglich, so durchgeführt, daß bei fehlerfreiem Prüf-
objekt die optische Weglänge für alle Strahlen im Meßarm gleich groß sind. In
Bild 5.14 ist ein zur Prüfung von Kugelflächen modifiziertes TGI dargestellt.
Wenn das Prüfobjekt fehlerfrei und so aufgestellt ist, daß sein Krümmungsmittel-
punkt mit dem Brennpunkt der Aufweitoptik zusammenfällt, ist die obige
Bedingung erfüllt. Wenn man nun den Referenzspiegel um eine in seiner Oberfläche liegende Achse um einen geringen Winkel dreht, erhält man ein „Sollinterferogramm" aus äquidistanten geraden Streifen. Wie beim FI und im Falle

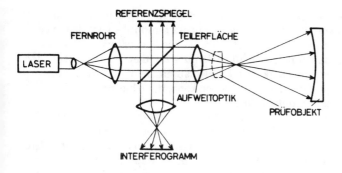

Bild 5.14: Twyman-Green-Interferometer zur Prüfung konvexer
(gestrichelt gezeichnet) und konkaver Kugelflächen

der Probegläser haben wir hier eine sogenannte „Nullmethode": Abweichungen
vom obigen einfachen Sollinterferogramm geben direkt die Fehler an. Nullmethoden sind in der Interferometrie von großer Bedeutung, weil sie eine
schnelle Beurteilung des Zustands eines Prüfobjekts erlauben, was besonders
bei der Bearbeitungssteuerung ausschlaggebend ist.

Je nach Prüfaufgabe muß der Meßarm des TGI besonders modifiziert werden.
Bild 5.15 zeigt drei Beispiele. In diesen Beispielen ist es relativ einfach, durch
geeignete Hilfspiegel eine Nullmethode zu realisieren. Dies ist bei asphärischen
Flächen nicht ohne weiteres möglich. Wenn beispielsweise die Oberfläche des
Prüfobjekts in Bild 5.14 von der Kugelform abweicht, dann hat das Interferogramm auch bei Vorliegen der Sollform des Prüfobjekts krumme Interferenzstreifen. Dieses Prüfproblem läßt sich auf drei verschiedene Weisen lösen:

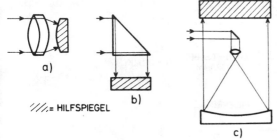

Bild 5.15: Meßarm des TGI zur Prüfung von
a) Objektiv in Durchlicht
b) Prisma in Durchlicht
c) Parabolspiegel in Auflicht

1. Man kann die Aufweitoptik so auslegen, daß sie die nichtsphärische Form des Prüfobjekts kompensiert. Solche Kompensationsoptiken wurden in der jüngsten Vergangenheit viel benutzt. Entwurf und Herstellung solcher Optiken stellen höchste Ansprüche an die Erfahrung der Optikkonstrukteure und an das Können der Optikwerkstatt. Problematisch bleibt, daß die fertige Kompensationsoptik nicht geprüft werden kann, denn hierzu wäre eine weitere Kompensationsoptik erforderlich etc.
2. Man kann die Kompensationsoptik durch ein „synthetisches Hologramm" ersetzen — dies wird im folgenden Abschnitt kurz beschrieben.
3. Schließlich kann man die Nullmethode aufgeben. Dann hat man als Interferogramm ein komplexes Streifenbild, das z. B. durch photoelektrisches Abtasten und Vergleich mit dem in einem Rechner gespeicherten Sollinterferogramm ausgewertet wird: „digitale Interferometrie", siehe übernächster Abschnitt.

### 5.3.4 Interferometer mit synthetischem Prüfhologramm („Computerhologramm")

Hologramme wurden bereits ausführlich in den Kapiteln 2 und 4 dieses Buches vorgestellt. Beleuchtet man ein Hologramm mit dem Referenzlicht, dann entsteht durch Beugung an der Struktur des Hologramms ein Lichtbündel mit denselben Eigenschaften wie das Objektlichtbündel, die sogenannte Rekonstruktion. Man kann auch umgekehrt vorgehen und das Hologramm mit dem Objektlicht beleuchten. Dann entsteht als Rekonstruktion das Referenzlichtbündel. Dies kann man zur Optikprüfung nutzen. In Bild 5.16 ist wiederum ein TGI dargestellt, welches weitgehend dem TGI von Bild 5.14 entspricht. Das Prüfobjekt besitzt hier jedoch eine asphärische Oberfläche, so daß das Sollinterferogramm

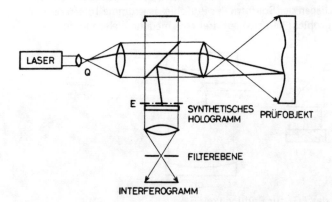

Bild 5.16: TGI zur Prüfung von asphärischen Flächen mit Hilfe eines synthetischen Prüfhologramms. Der Verlauf eines Lichtstrahls vom Strahlenzentrum Q über das Prüfobjekt bis zur Hologrammebene ist angedeutet.

— beispielsweise in der Ebene E — bei entsprechender Stellung des Referenz-
spiegels gekrümmte Interferenzstreifen aufweist. Nun nehmen wir ein Hologramm zu Hilfe, d. h. wir belichten in der Ebene E eine Photoplatte mit dem
Sollinterferogramm. Das vom Prüfobjekt kommende Lichtbündel ist das Objektlicht und vom Referenzspiegel kommt das Referenzlicht. Bringen wir das fertige
Hologramm in die ursprüngliche Position in der Ebene E und beleuchten es mit
dem vom Prüfobjekt kommenden Objektlicht, so erhalten wir als Rekonstruktion das Referenzlicht. Entscheidend ist nun, daß sich alle Abweichungen des
Objekts von der Sollform auch auf die rekonstruierte Referenzwelle übertragen.
Prüfen wir also das rekonstruierte Lichtbündel durch Interferenz mit dem
direkt vom Referenzspiegel kommenden Licht, dann haben wir wieder eine
Nullmethode: Gerade Streifen zeigen den Sollzustand des Prüfobjekts an. In
Bild 5.16 ist am Interferometerausgang gegenüber Bild 5.14 noch eine Filter-
blende angeordnet. Sie dient zum Ausblenden der Rekonstruktion, die das
direkt vom Referenzspiegel kommende Licht am Hologramm erzeugt; diese
rekonstruierte Objektwelle ist überflüssig und stört.

Das eben beschriebene Verfahren zur Herstellung des Prüfhologramms ist in
der Regel nicht gangbar, weil man hierzu das fertige Prüfobjekt braucht.
Vielmehr muß man das Hologramm ohne Objekt, also auf synthetischem Weg
gewinnen. Hierzu berechnet man für eine hinreichende Anzahl von Punkten in
der Hologrammebene die Längen der optischen Wegstrecken von dem Strahlenzentrum Q aus bis in die Hologrammebene E, und zwar zum einen über den
Referenzspiegel und zum anderen über das Prüfobjekt, wie bereits unter 5.3.1
beschrieben. Gleichung (5.6) liefert schließlich die Hologrammstruktur. Diese
läßt man meist von einem Plotter in großem Maßstab zeichnen und verkleinert
sie dann zum „synthetischen Prüfhologramm". Bild 5.17 zeigt ein Beispiel eines
solchen Hologramms zur Prüfung eines Hauptspiegels einer Spektrographen-
kamera.

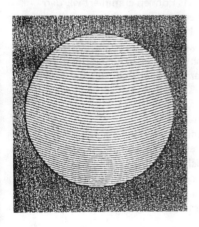

Bild 5.17:
Synthetisches Prüfhologramm
(für den Hauptspiegel einer Spektro-
graphenkamera)

Verschiedene Varianten von Interferometern mit synthetischen Prüfhologrammen sind in[26] und Fehlerquellen, sowie deren Reduzierung sind in[27] ausführlich beschrieben. Zum Schluß dieses Abschnitts sei noch die wichtige Frage der Justierung eines TGI angesprochen. Ein wichtiger Einzelschritt jeder Interferometerjustierung ist das Einstellen eines kollimierten Parallelstrahlenbündels. Hierzu benötigt man lediglich eine Planplatte hoher Qualität. M. Lurie[28] beschreibt ein solches einfaches Verfahren. Eine verbesserte, zugleich aber auch aufwendigere Methode beschreibt P. Langenbeck[29]. Justierung und Gebrauch eines kompletten TGI beschreibt R. J. Zielinski[30].

### 5.3.5 Digitale Interferometrie und optoelektronische Phasenmessung

Verzichtet man bei der interferometrischen Flächenprüfung auf Nullmethoden, dann muß man das auftretende Prüfinterferogramm mit dem Sollinterferogramm vergleichen und Abweichungen quantitativ feststellen.

Dieser Vergleich der beiden Interferogramme wird heute häufig mittels Rechnern durchgeführt. Die ersten Verfahren dieser Art benutzten hierzu photographische Aufnahmen des Prüfinterferogramms und digitalisierten dessen Struktur durch manuelles Eingeben des Streifenverlaufs oder durch Eingabe mittels eines Mikrodensitometers oder mittels einer Videokamera. Ein wesentlicher Vorteil dieses Verfahrens gegenüber allen bisher diskutierten besteht darin, daß man die von den Interferometerbauteilen selbst erzeugten Fehler in den optischen Weglängen eliminieren kann. Dazu ordnet man beispielsweise im TGI Bild 5.14 zwischen Teilerfläche und Aufweitoptik einen fehlerfreien Planspiegel senkrecht zum Strahlengang an. Hierdurch können erhebliche Kosteneinsparungen, insbesondere bei Interferometern mit großen Bündelquerschnitten, erzielt werden. Ein weiterer Vorteil ist natürlich die mit dem Rechner gewonnene Flexibilität. Auch Justierfehler wie Defokussierung des Prüfobjekts können eliminiert werden. Solche Interferogramm-Prozessoren sind seit einiger Zeit auch kommerziell erhältlich und bieten in der Regel die Möglichkeit einer isometrischen Darstellung der Oberflächenfehler sowie für die Optikprüfung die Möglichkeit, Spot-Diagramme und Modulationsübertragungsfunktionen darzustellen. Im übrigen muß man sich einer numerischen Interferogrammauswertung auch bei Anwendung einer Nullmethode bedienen, sobald Meßgenauigkeiten von $\lambda/4$ oder besser gefordert werden.

Nachteilig ist bei dieser sogenannten „Streifeninterferometrie", daß sie als Eingangsdaten den densitometrisch bestimmten Streifenverlauf benutzt, der durch die Intensität im Interferogramm (Gleichung (5.6)) bestimmt ist. Die in Interferometern immer vorhandenen, von Reflexionen an Optikoberflächen und Streuung an Staubpartikeln herrührenden sogenannten parasitären Interferenzen, stören die Intensität des Interferogramms in sehr viel stärkerem Maße als die Phasendifferenz $\Delta\Phi$. Ferner treten bei stark asphärischen Prüfobjekten Interferogramme mit stark unterschiedlichen Streifenabständen auf (etwa wie es in Bild 5.10 der Fall ist). Man registriert dann die Abweichungen der Prüfobjektoberfläche von der Sollform nur sehr unregelmäßig und mit dem Risiko, in Gebieten großer Streifenabstände Fehler kleiner räumlicher Ausdehnung zu übersehen. Schließlich muß man noch eine zusätzliche Information über das Vorzeichen der vom Interferogramm angezeigten Abweichungen eingeben, also den Interferenzstreifen sogenannte Ordnungszahlen vorzeichenrichtig zuordnen. Dieses Vorzeichen läßt sich aus einem Einzelinterferogramm nicht ablesen.

Diese Aspekte haben zu einer weiteren Entwicklung der digitalen Interferometrie Anlaß gegeben. Sie besteht im wesentlichen darin, die Phasendifferenz $\Delta\Phi(x,y)$ in einem äquidistanten zweidimensionalen Raster in der Interferogrammebene direkt zu messen (sog. „Phaseninterferometer"). Hierzu bieten sich zwei grundsätzliche Möglichkeiten an: Zum einen kann man $\Delta\Phi(x,y)$ aus mehreren Interferogrammintensitäten bestimmen, die bei unterschiedlicher Phasenlage des Referenzlichts in den Meßpunkten aufgenommen werden. Zum anderen kann man sich optoelektronischer Phasenmeßverfahren bedienen. Bild 5.18 zeigt ein solches Interferometer. Lichtquelle, Strahlteiler und Abtastvorrichtung für das Interferogramm befinden sich im Gehäuse dieses Geräts. Rechts vorne ist das Fenster für den Meßarm zu erkennen. Das abgebildete Interferometer kann − je nach Ausbaustufe − als Streifeninterferometer betrieben werden − dann wird der Streifenverlauf eines einzelnen Interferogramms ausgewertet − oder als Phaseninterferometer.

Bild 5.18: Digitales Interferometer: Als Streifeninterferometer und als Phaseninterferometer einsetzbar (Photo: Oriel/Zygo)

Optoelektronische Phasenmeßverfahren haben wir bereits bei der interferometrischen Längenmessung kennengelernt. Mit solchen Verfahren sind Meßgenauigkeiten bis $\lambda/100$ ohne weiteres erreichbar. Bekannt geworden sind bisher Verfahren, die mit periodisch modulierter Phase im Licht eines Interferometerarms arbeiten (sogenannte AC-Interferometer bzw. Phase-Lock-Interferometer und Verfahren, die mit Lichtbündeln unterschiedlicher Frequenz in den beiden Interferometerarmen arbeiten (sogenannte Heterodynverfahren, Abschnitt 5.2.2).

Soweit die Entwicklung auf diesem Gebiet überblickt werden kann, sind die Phaseninterferometer die technisch ausgereiftesten. Beispielsweise läßt sich als Lichtquelle für ein solches Verfahren der im Abschnitt 5.2.2 bereits beschriebene Zweifrequenzlaser einsetzen. Andere Möglichkeiten bestehen in der Verwendung einer rotierenden $\lambda/4$-Platte oder in der Beugung des Lichts an einem bewegten Beugungsgitter. Ein sehr weit entwickeltes Heterodyn-Interferometer beschreiben N. A. Massie u. a.[31]. Bei diesem Gerät wird die Heterodynfrequenz mittels akustooptischer Braggzellen erzeugt. Mit Hilfe von polarisationsoptischen Strahlteilern werden Meßarm und Referenzarm mit Licht unterschiedlicher Heterodynfrequenz beleuchtet. Das Interferogramm enthält dann neben dem durch die optische Weglängendifferenz gegebenen Phasenterm $\Delta\Phi(x,y)$ (siehe Gleichung (5.6)) noch einen zeitabhängigen Term analog wie in Gleichung (5.5):

$$I(x,y,t) = I_1 + I_2 + 2 \cdot \sqrt{I_1 \cdot I_2} \cdot \cos(\Delta\Phi(x,y) + 2 \cdot \pi \cdot (\nu_1 - \nu_2) \cdot t) \qquad (5.6)$$

Hier sind $\nu_1$ und $\nu_2$ die Heterodynfrequenzen von Meßlicht und Referenzlicht.

In der Interferogrammebene hat man nun in jedem Punkt $(x,y)$ einen zeitlich harmonisch verlaufenden Helligkeitswechsel mit der Frequenz $\nu_1 - \nu_2$ und einer relativen Phase $\Delta\Phi(x,y)$. Stellt man in irgendeinem Punkt im Interferogramm einen Photoempfänger fest auf und tastet das Interferogramm mit einem zweiten beweglichen Photoempfänger ab, so ist $\Delta\Phi(x,y)$ bis auf eine für alle Punkte $(x,y)$ gleiche Konstante jeweils gleich der zeitlichen Phasendifferenz der zwei Photoempfängersignale. Diese Phasendifferenz läßt sich durch elektronisches Messen der Abstände der Nulldurchgänge der beiden Signale sehr genau bestimmen. Da man die Heterodynfrequenz sehr hoch wählen kann (z. B. 1 MHz), kann diese Messung extrem schnell erfolgen. Ein weiterer Vorteil dieser relativen Phasenmessung besteht darin, daß eine Drift in den Wegdifferenzen des Interferometers, wie sie durch thermische Ausgleichsvorgänge bedingt fast immer auftritt, völlig unschädlich bleibt. Durch Aufstellen weiterer ortsfester Detektoren in der Interferometerebene könnte man sogar Drehungen der Endspiegel und ähnliche Dejustierungen rechnerisch und damit sehr schnell eliminieren.

In Tabelle 5.2 sind einige der neuen Interferometerkonzepte gegenübergestellt. Im konkreten Einzelfall können Abweichungen auftreten. Insbesondere wird

188

Tabelle 5.2:  Typische Daten einiger Interferometerkonzepte

| Methode | Nullmethode | | Digitale Interferometrie | |
|---|---|---|---|---|
| Interferometrie | FI, TGI | TGI mit synthetischem Hologramm | FI, TGI | TGI mit synthetischem Hologramm |
| Notwendige Präzision der Interferometerbauteile | $\lambda/20$ | $\lambda/20$ | $\lambda/4$ | $\lambda/4$ |
| Erreichbare Meßgenauigkeit | $\lambda/10$ | $\lambda/10$ | $\lambda/100$ | $\lambda/100$ |
| Meßbereich (Streifenzahl im Interferometer) | 10 | 1000[1] | 100[2] | 1000[1] |
| Asphärenprüfung | nein | ja | ja | ja |

1) Der Meßbereich ist auf Kosten der Meßgenauigkeit erweiterbar.
2) Der Meßbereich ist durch das Eingabegerät begrenzt.

die weitere Entwicklung der Eingabeverfahren Meßbereiche und Genauigkeiten weiter verbessern.


### 5.3.6  Sonderverfahren

Die zum Aufbau eines TGI notwendigen Optikteile mußten vor Einführung der digitalen Interferometrie von größerer optischer Qualität sein als das Prüfobjekt selbst. Man hat daher in der Vergangenheit viel Spürsinn investiert, um einfachere Alternativen zu finden. Hierzu gehören vor allem die sogenannten Scherinterferometer, das Ronchi-Verfahren, das Burch-Interferometer (oder Scatter-Plate-Interferometer) und das Shack-Interferometer[32]. Wir beschreiben diese Verfahren nicht im einzelnen, sondern verweisen auf die schon eingangs zitierte Literatur [1] und [2] sowie auf die Übersicht [33]. Zweifellos werden die genannten Verfahren dort, wo sie eingeführt sind, noch weiter in Gebrauch bleiben. Mit der weiteren Entwicklung der digitalen Verfahren — insbesondere der Eingabegeräte – dürften sich jedoch zunehmend billige – weil aus relativ ungenauen Komponenten aufgebaute – FI und TGI durchsetzen, an die für Präzisionsmessungen das Eingabegerät des Rechners angeschlossen wird.

Eine in der Optik immer wieder auftretende Prüfaufgabe betrifft die Parallelität von Platten unterschiedlichster Abmessungen, sowie die Prüfung verschiedener Prismenwinkel. J. Mc Leod[34] beschreibt hierzu Strahlengänge, in welchen das Prüfobjekt selbst als Interferometer fungiert. Ein Interferometer zur Prüfung der Maßhaltigkeit von 90°-Winkeln mit einer Meßgenauigkeit von bis zu 0,2" beschreibt D. Mallwitz[35]. Ein auf dem Strahlengang des Mach-Zehnder-Interferometers basierendes Gerät zur Messung von Parallelität und Prismenwinkeln beschreibt J. E. Ludman[36].

In der Halbleitertechnik und in der Metallographie findet das *Interferenzmikroskop* – ein zum Interferometer umgebautes Mikroskop – Anwendung[37], beispielsweise zur Untersuchung der Mikroebenheit von Oberflächen. Ein abtastendes Michelson-Interferometer auf Mikroskopbasis mit einer Profilhöhenauflösung von 0,01 $\mu$m beschreibt S. Raith[38]; J. M. Eastman beschreibt ein abtastendes Fizeau-Interferometer zur Profilhöhenmessung, ebenfalls auf Basis eines Auflichtmikroskops, mit einer Auflösung von etwa 2 nm[39].

Zur Untersuchung der Ebenheit großflächiger Prüfobjekte kann man sich der „Scan-Interferometrie" bedienen[40]. Hierbei wird das Prüfobjekt auf einem luftgelagerten Schlitten interferometrisch eben unter dem Meßgerät vorbeigeführt und bildet einen Endspiegel des Interferometers. Eine andere Möglichkeit, die Ebenheit großflächiger Prüfobjekte zu messen, bieten Interferenzverfahren mit schrägem Lichteinfall auf die Oberfläche des Prüfobjekts. Das hierbei regulär reflektierte Licht kann interferometrisch mit einem Referenzlichtbündel verglichen werden. Die Empfindlichkeit dieses Verfahrens wird mit dem Kehrwert des Cosinus des Einfallswinkels kleiner. P. Langenbeck[41] (und in [40]) beschreibt ein auf diesem Prinzip beruhendes Lloyd-Interferometer zur Prüfung der Ebenheit großer Flächen und Führungen. Ein für kleinere Flächen geeignetes, ebenfalls mit streifendem Lichteinfall arbeitendes „Interferoskop" beschreibt J. D. Briers[42]. Weitere Geräte zur Prüfung großer Flächen sind in [43] und [44] beschrieben.

Im vorliegenden Beitrag wurde versucht, Grundlagen und neue Entwicklungstendenzen der interferometrischen Längenmessung und Flächenprüfung auf engstem Raum darzustellen. Dabei war es ein Ziel, die engen Zusammenhänge zwischen Längenmessung und Flächenprüfung sichtbar zu machen. Neuere interferometrische Verfahren, deren Einsatz in der Praxis noch ungewiß ist, wie holographische Konturlinienverfahren[46] und die Zweiwellenlängeninterferometrie[47], wurden nicht diskutiert. Die angegebene Literatur möge den Leser zum weiteren Eindringen in den Stand der Technik und die Möglichkeiten der optischen Interferometrie anregen.

A. F. Fercher

# 6. Speckleinterferometrie und Specklephotographie

## 6.1 Vorbemerkung

Ähnlich wie die in Kapitel 4 beschriebene holographische Interferometrie
erlauben die Speckleinterferometrie (SI) und die Specklephotographie (SP)
die Messung von Verschiebungen und Schwingungsamplituden an streuend
reflektierenden Meßobjekten. Typische Eigenschaften dieser Speckleverfahren
werden auch am besten im Vergleich zur bekannteren holographischen Inter-
fermetrie sichtbar. Während es beispielsweise in der holographischen Interferometrie keine triviale Aufgabe ist, aus den beobachtbaren Interferenzen die verschiedenen Komponenten einer Verschiebung zu bestimmen, lassen sich mit
den Specklemethoden sehr leicht einzelne Komponenten messen. In der holographischen Interferometrie ist ferner der Meßaufbau immer ein Interferometer
mit entsprechender Empfindlichkeit gegenüber Erschütterungen und Luft-
schlieren. Demgegenüber sind die Strahlengänge der Speckleinterferometer
deutlich einfacher und entsprechend unempfindlicher; die SP arbeitet ohne
Referenzstrahl und ist daher auch in extremer Umgebung einsetzbar. Schließlich ist in der holographischen Interferometrie immer ein Hologramm erforderlich, was trotz aller Entwicklungen in den letzten Jahren bei Serienmessungen
immer noch einen zu beachtenden Zeitfaktor bedeuten kann. Demgegenüber
läßt sich die SI auch mit den schnellen fernsehtechnischen Methoden durchführen. Zum Einsatz kommen die Verfahren der SP und der SI sowohl bei der
Optimierung von Konstruktionen, beispielsweise durch Messungen an Modellen,
als auch zur Serienprüfung von Bauteilen auf Fertigungsfehler wie Risse in
Gußstücken, Fehlstellen in Klebungen und Schweißnähten u. a. Im folgenden
werden die zum Verständnis der Erscheinung der Laserspeckle notwendigen
Grundlagen auf anschaulicher Basis dargestellt. Anschließend werden die für
die Meßtechnik wichtigen Verfahren der SI und der SP beschrieben. Dabei wird
auch auf deren spezifische Meßproblematik eingegangen. Weitere Verfahren
der Specklemeßtechnik findet der interessierte Leser in den Monographien [1].

## 6.2 Eigenschaften der Laserspeckle

Bild 6.1 zeigt die typische Struktur der Laserspeckle (LS). Man beobachtet eine
solche unregelmäßige Helligkeitsverteilung z. B., wenn man ein Blatt weißes
Papier mit Laserlicht beleuchtet, sowohl auf der Oberfläche des Papiers als auch
in der Umgebung des Papiers. Diese Erscheinung der Speckle (= Flecken, engl.)

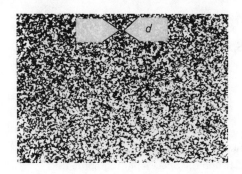

Bild 6.1:
Helligkeitsverteilung in einem
Laserspecklefeld (d ist die
mittlere Specklegröße)

oder Granulation wurde bereits im vorigen Jahrhundert beschrieben[2]. Wieder-
entdeckt wurde dieses Phänomen, als mit den Lasern leistungsstarke kohärente
Lichtquellen verfügbar waren. Anfangs wurden die LS als Störung empfunden.
Man suchte zunächst nur nach Möglichkeiten, diese fleckige Helligkeitsverteilung
in mit kohärentem Licht erzeugten Bildern, beispielsweise in der Holographie,
auszugleichen. Sehr schnell jedoch erkannte man auch die meßtechnischen Möglichkeiten, welche das Phänomen der LS bot. Bereits 1975 erschien eine erste
Monographie[3] über LS und schon 1978 folgte die Monographie von R. K. Erf[1]
über meßtechnische Anwendungen der LS.

Wir wollen zuerst verstehen, wie diese Laserspeckle entstehen.

In Bild 6.2 beleuchten wir eine streuende Oberfläche mit einer Lichtquelle Q
und betrachten in verschiedenen Beobachtungspunkten $P_1, P_2, \ldots$ die dort
auftretenden Intensitäten $I(P_i)$. Wir unterscheiden zwei Fälle:

a) bei inkohärenter Beleuchtung müssen wir die von den einzelnen Oberflächenpunkten kommenden Intensitäten $I_n$ addieren. Diese hängen von dem jeweiligen Reflexionsvermögen in den einzelnen Oberflächenpunkten des Streuers
ab und werden daher von zufälliger Größe sein, haben aber alle positives Vorzeichen:

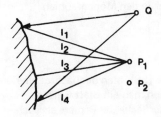

Bild 6.2:
Beleuchtung einer streuenden Fläche durch
eine Lichtquelle Q.
$P_1, P_2, \ldots$ Punkte im Streufeld

$$I(P) = \sum_n I_n \qquad (6.1)$$

Man kann das Ergebnis für $I(P)$ aufgrund statistischer Überlegungen streng herleiten. Wir beschränken uns hier aber auf eine Veranschaulichung: Wir nehmen einen Würfel und machen jeweils 60 Würfe. Jeder Wurf gibt uns einen Wert für $I_n$. Die 60 Würfe ergeben dann beispielsweise folgende verschiedene Werte für $I(P)$:

$$\sum_1^{60} I_n = 210, 208, 215, 209, 200, \text{ etc.}$$

Das Entscheidende ist sofort sichtbar und plausibel: nämlich die Tatsache, daß bei gleich vielen Würfen sich immer eine etwa gleich große Augenzahlsumme ergibt. Bei sehr vielen Würfen erhält man eine „Gaußsche Normalverteilung": Tragen wir die relative Häufigkeit für ein bestimmtes Ergebnis für $I(P)$ über dem Wert von $I(P)$ auf, dann erhalten wir Bild 6.3 (gestrichelte Kurve). Am häufigsten tritt der arithmetische Mittelwert $\langle I \rangle$ auf. Nahe daneben liegende Werte treten ähnlich häufig auf, stärker abweichende Werte treten seltener auf. Knapp 70 % aller Werte liegen innerhalb eines durch die sogenannte Standardabweichung $\sigma$ gekennzeichneten Bereichs um den Mittelwert. Wichtig ist ferner, daß die Standardabweichung im Vergleich zum Mittelwert mit zunehmender Zahl der Würfe relativ kleiner wird. Genau dies beobachtet man bei der Streuung inkohärenten Lichts: je mehr Streuzentren mitwirken, desto gleichmäßiger ist die Helligkeit $I(P)$ im Beobachtungsfeld.

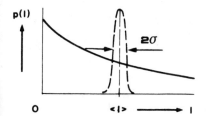

Bild 6.3:
Häufigkeitsverteilung für die Intensität;
$\langle I \rangle$ = mittlere Intensität;
gestrichelt = inkohärenter Fall

b) bei kohärenter Beleuchtung müssen wir die von den einzelnen Oberflächenpunkten kommenden Lichtwellen zunächst unter Berücksichtigung ihrer ortsabhängigen Phasenlagen und Amplituden addieren. Dafür ergibt sich gemäß den Gleichungen (2.5) bis (2.16) aus Kapitel 2:

$$I(P) = \frac{1}{2} \vec{E} \vec{E}^* = \frac{1}{2} \sum_n E_n \sum_n E_n^* \qquad (6.2)$$

Ihre Phase $\varphi_n$ ist abhängig von der optischen Weglänge von der Lichtquelle über den Streuer zum Punkt $P_i$. Bei hinreichend rauhen Streuern werden Werte von 0 bis $2\pi$ etwa gleich oft auftreten. Dann ist sofort einzusehen, daß eine resultierende Intensität $I(P)$ mit kleinem Wert viel öfter auftreten wird, als große Werte von $I(P)$, da hier alle Teilwellen $A_n$ konstruktiv interferieren — dieselbe Phase besitzen — müssen. Hingegen können kleine resultierende Amplituden und Intensitäten auf mannigfaltige Weise entstehen und werden daher auch öfter im Streufeld anzutreffen sein als große. Bild 6.3 gibt die entsprechende Häufigkeitsverteilung oder Wahrscheinlichkeitsdichtefunktion (WDF) wieder (durchgezogene Kurve). Es handelt sich um eine Exponentialverteilung. Für die WDF im kohärenten Fall ergibt die strenge Rechnung (z. B. in [3]):

$$p(I) = \frac{1}{\langle I \rangle} \cdot \exp\left(-\frac{I}{\langle I \rangle}\right) \tag{6.3}$$

mit dem Mittelwert

$$\langle I \rangle = \frac{\sum_{1}^{N} I_n}{N}. \tag{6.4}$$

Wir haben damit bereits die Statistik erster Ordnung der LS kennengelernt: wie häufig tritt eine bestimmte Intensität auf. Für die Anwendung der LS ist es ferner wichtig, die Größe der LS zu kennen. Schließlich müssen sie von der photographischen Emulsion oder von der Kathode einer Bildröhre aufgelöst werden. Auch diese Frage wollen wir anschaulich behandeln. In Bild 6.4 sei ein Bereich von der Größe D auf einer streuenden Oberfläche von Laserlicht beleuchtet. Wir fragen nach der mittleren Specklegröße d im Abstand l senkrecht von der Oberfläche. Die Antwort ergibt sich aus folgender Überlegung: Die Speckle entstehen durch Interferenz der vom Streuer kommenden Lichtwellen. Interferieren zwei Wellen unter einem Winkel $\alpha$, dann ist der im Interferenzbild auftretende Streifenabstand $d = \lambda / (2\cdot\sin(\alpha/2))$, also umso kleiner, je größer der Winkel ist, unter dem die zwei Wellen interferieren. Also können im Abstand l keine Streifenabstände auftreten, die kleiner sind als

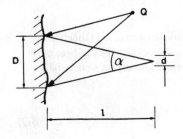

Bild 6.4:
Erläuterung zur mittleren Specklegröße im Streufeld

$$d = \frac{\lambda}{2 \cdot \sin \frac{\alpha}{2}}. \qquad (6.5)$$

Genau dies beobachtet man auch im Experiment. Die kleinsten Abstände zwischen zwei beispielsweise dunklen Stellen im Specklefeld (entspricht zwei dunklen Streifen im Interferenzfeld) betragen im Mittel:

$$d = \lambda \cdot \frac{l}{D}, \qquad (6.6)$$

was für kleine Winkel $\alpha$ mit Gleichung (6.5) übereinstimmt.

Analoges gilt für den Fall, daß eine streuende Oberfläche abgebildet wird. Die hier im Bild auftretenden Speckle hat D. Gabor „subjektive" Speckle genannt, da sie im Gegensatz zu den „objektiven" Speckle im Streufeld der Anordnung von Bild 6.4 erst bei Beobachtung bzw. Abbildung der Objektoberfläche auftreten. Nun ist der Winkel $\alpha$ durch den im Bildraum auftretenden maximalen Winkel gegeben. Mit den Bezeichnungen von Bild 6.5 gilt auch hier die Gleichung (6.6). Bei Abbildung arbeitet man meist mit dem Öffnungsverhältnis Ö als Quotient aus Pupillendurchmesser D durch die Brennweite der abbildenden Optik (oder mit der Blendenzahl B = 1/Ö). Bezeichnet man den Abbildungsmaßstab als Quotient aus Gegenstandsgröße durch Bildgröße mit M, so erhält man für die Specklegröße auf der Objektoberfläche mit dem Abbildungsgesetz für Linsen anstelle von Gleichung (6.6):

$$d = (1 + M) \cdot \frac{\lambda}{Ö} \qquad (6.7)$$

Die mittlere Specklegröße ist von derselben Größe wie die optische Auflösung bei der betreffenden Abbildung. Es ist auch plausibel, daß im LS-Feld keine feineren Strukturen auftreten können. Die LS sind auch in z-Richtung strukturiert. Ihre mittlere Ausdehnung in diese Richtung ist gleich der optischen Tiefenauflösung im betreffenden Strahlengang.

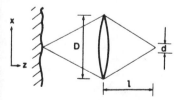

Bild 6.5: Erläuterung zur mittleren Specklegröße
bei Abbildung

## 6.2.1 Kontrast im LS-Feld und Überlagerung von LS

Der folgende Aspekt ist für die meßtechnische Anwendung der LS von grundsätzlicher Bedeutung: bei vielen Meßverfahren werden zwei LS-Felder überlagert. Wie sieht das Ergebnis aus? Wir müssen wiederum zwischen kohärenter und inkohärenter Überlagerung unterscheiden; im Gegensatz zur Diskussion im Abschnitt 6.2 erzeugen wir aber hier die einzelnen LS-Felder immer mit kohärentem Licht!

### 6.2.1.1 Kohärente Addition

Bei kohärenter Überlagerung zweier von den Streuern $S_1$ und $S_2$ in Bild 6.6 erzeugten LS-Feldern erhalten wir ein resultierendes LS-Feld mit denselben statistischen Eigenschaften erster Ordnung wie im oben diskutierten Fall. Die zwei einzelnen Streuer verhalten sich hier wie ein einzelner größerer Streuer. Die WDF der Intensitäten im Streufeld ist wieder eine Exponentialfunktion. Die Specklegröße hingegen wird sich wegen des nun größeren Winkels zwischen den im Streufeld interferierenden Wellen verkleinern. LS mit Exponentialverteilung der Intensitäten sind durch hohen Kontrast gekennzeichnet. Als Kontrast C definiert man hier den Quotienten aus der Standardabweichung der Intensitäten gebrochen durch den Mittelwert:

$$C = \frac{\sqrt{\langle I^2 \rangle - \langle I \rangle^2}}{\langle I \rangle} \qquad (6.8)$$

Dies ergibt für LS mit Exponentialverteilung der Intensitäten[3], C = 1, d. h. die Hell-Dunkel-Unterschiede sind von der Größe der mittleren Intensität (siehe Bild 6.1).

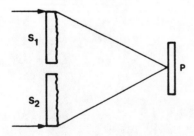

Bild 6.6: Kohärente Überlagerung zweier von den Streuern $S_1$ und $S_2$ erzeugter LS-Felder auf der Photoplatte P

## 6.2.1.2 Inkohärente Addition

Ein anderes Ergebnis erhalten wir bei inkohärenter Überlagerung zweier verschiedener LS-Felder. Eine solche erzielt man am einfachsten durch Überlagerung zweier LS-Felder in zeitlicher Reihenfolge: z. B. belichten wir die Photoplatte P in Bild 6.6 zuerst mit dem vom Streuer $S_1$ erzeugten LS-Feld und anschließend mit dem LS-Feld, welches der Streuer $S_2$ erzeugt. Diese beiden LS-Felder können hierbei offensichtlich nicht interferieren. Nun erhalten wir die in Bild 6.7 wiedergegebene WDF, deren Herleitung wir hier nicht nachvollziehen. Es handelt sich um die in der Wahrscheinlichkeitslehre wohlbekannte Gammaverteilung. Für uns ist nur das qualitative Aussehen dieser WDF von Bedeutung und die Tatsache, daß diese Verteilung einen geringeren Kontrast ergibt, als die negative Exponentialverteilung. Nun ist $C = 1/\sqrt{2}$, d. h. die Hell-Dunkel-Unterschiede sind kleiner geworden. Das läßt sich im Vergleich mit Bild 6.3 daran erkennen, daß sich in Bild 6.7 die Intensitäten stärker um die häufigste Intensität konzentrieren. Bild 6.8 zeigt ein solches LS-Feld mit Gammaverteilung der Intensitäten.

Zur Verdeutlichung sind hier sechs LS-Felder überlagert worden. Auf dem

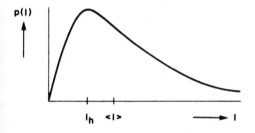

Bild 6.7:
Häufigkeitsverteilung für die Intensität inkohärent überlagerter LS-Felder;
$I_h$ = häufigste Intensität;
$\langle I \rangle$ = mittlere Intensität

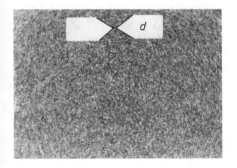

Bild 6.8:
Helligkeitsverteilung in einem Specklefeld, welches durch inkohärente Überlagerung von sechs verschiedenen LS-Feldern entstanden ist (d ist die mittlere Specklegröße)

199

Nachweis von Kontrastunterschieden beruhen mehrere Meßverfahren, die wir im folgenden betrachten werden.

Direkte Addition der Intensitäten der LS-Felder läßt sich nach dem Schema von Bild 6.6 gut erzielen. Hat man hingegen zwei LS-Felder auf je einem transparenten Bildträger (Platte oder Film), dann läßt sich eine Addition nur in grober Näherung dadurch erreichen, daß man die zwei Bilder aufeinander-legt. Eine Möglichkeit, diese Näherung zu verbessern, läge in der Verwendung von Photosubstanzen mit logarithmischer Kennlinie. Wir begnügen uns jedoch mit der obigen groben Näherung, da wir sie nur zum Verständnis einiger Verfahren der Speckleinterferometrie (SI) benötigen.

### 6.2.1.3 Inkohärente Subtraktion

In der elektronischen SI ist es auch möglich, die Differenz zweier LS-Felder zu bilden. Dann erhält man bei zwei verschiedenen Ausgangs-LS-Feldern — zunächst rein mathematisch — eine Struktur mit positiven und negativen Intensitätswerten. Diese besitzen eine Laplace-WDF, deren Aussehen uns hier nicht zu interessieren braucht. Als Bild lassen sich jedoch nur positive Werte darstellen bzw. der Betrag dieser Struktur. Diese hat im Falle, daß die beiden Ausgangs-LS-Felder voneinander statistisch unabhängig (oder einfach: voneinander verschieden) sind, wieder eine Exponentialverteilung, also großen Kontrast $C = 1$. Wo die Ausgangs-LS-Felder gleich waren, erhält man nun ein leeres Bild und offen-sichtlich $C = 0$. Darüber hinaus verschwinden im Bild alle Störungen und ungleichmäßigen Objektausleuchtungen, die in beiden Ausgangs-LS-Feldern an derselben Stelle auftraten.

### 6.3 Speckleinterferometrie (SI)

Die Verfahren der SI basieren nach dem oben Gesagten auf der Interferenz zweier Wellen. Durch Verwendung hinreichend kleiner Öffnungsverhältnisse bei der Abbildung kann man die mittlere Specklegröße so groß machen, daß die LS auch von einer Fernsehkamera aufgelöst werden. Dann läßt sich die SI elektronisch durchführen. Dieses Verfahren ist als „Electronic Speckle Pattern Interferometry" (ESPI) bekannt geworden[5]. Das ESPI-Verfahren zeichnet sich durch besondere Flexibilität aus und eignet sich wegen seiner Echtzeit-eigenschaften besonders gut für Serienmessungen. Im Forschungsstadium befin-den sich derzeit digitale SI-Verfahren (z. B.[6]). Diese zeichnen sich vor allem durch drastisch vermindertes elektronisches Rauschen und vorzüglichen Streifen-kontrast aus; die bisher beschriebenen Systeme benützen 100 x 100 Diodenarray-Kameras und haben eine entsprechend geringere transversale Bildauflösung als die Analog-Fernsehkamera.

### 6.3.1 Messung von Verformungen longitudinal zur Beobachtungsrichtung

Bild 6.9 zeigt den grundsätzlichen Strahlengang, der ähnlich wie bei der Aufnahme eines Hologramms ist. Das streuend reflektierende Meßobjekt wird kohärent beleuchtet und auf den Photoempfänger (Fernsehkamera, Photoplatte) abgebildet. Diesem Bild wird eine Referenzwelle überlagert. Das LS-Bild des Objekts interferiert mit dem Referenzlicht; beispielsweise in einem Punkt x die Objektwelle $O(x) = o(x) \cdot \exp(i \cdot \alpha(x))$ mit der Referenzwelle $R(x) = r \cdot \exp(i \cdot \beta(x))$. $o(x)$ und $\alpha(x)$ sind Amplitude und Phase der LS und nehmen in *verschiedenen* Bildpunkten zufällige Werte an. Die Intensität in der Bildebene ist

$$I_1(x) = |O(x) + R(x)|^2 = o^2 + r^2 + 2 \cdot o \cdot r \cdot \cos(\alpha - \beta) \qquad (6.9)$$

Der dritte Summand auf der rechten Gleichungseite ist der Interferenzterm. Er tritt nur bei kohärenter Überlagerung von Licht auf. Bei inkohärenter Überlagerung ist er Null.

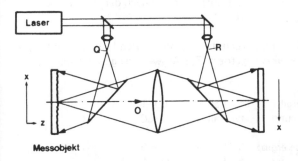

Bild 6.9: Strahlengang zur Messung longitudinaler Verformungen.
Q = Lichtquelle (Laserstrahlfokus) für die Objektbeleuchtung;
O = Objektlicht;
R = Referenzlicht

Ohne Referenzlicht R hat $I_1$ exakt die statistischen Eigenschaften, wie wir sie im Abschnitt 6.2 diskutiert haben. Mit dem Referenzlicht ändern sich WDF, Specklegröße und Kontrast. Bleibt die Intensität des Referenzlichts unter der mittleren Intensität im LS-Feld, sind die Abweichungen vom Fall des reinen LS-Felds geringfügig. Wir lassen diese Abweichungen im folgenden außer Betracht.

Verschiebt sich nun das Objekt bei x um $\Delta z$ in Beobachtungsrichtung, so verändert sich die Phase der Objektwelle im Bild um $\Delta\alpha = 4 \cdot \pi \cdot \Delta z/\lambda$ und die Bildintensität ist nun:

$$I_2(x) = o^2 + r^2 + 2 \cdot o \cdot r \cdot \cos(\alpha + \Delta\alpha - \beta) \qquad (6.10)$$

Nun sind zwei Grenzfälle bezüglich der Größe der Verschiebung zu unterscheiden:

Fall I:    $\Delta z = n \cdot \lambda/2$, d. h. $\Delta\alpha = 2 \cdot n \cdot \pi$ (n = ganzzahlig),
dann ist
$I_1(x) = o^2 + r^2 + 2 \cdot o \cdot r \cdot \cos(\alpha - \beta) = I_2(x)$
Hier liegt in beiden Fällen dieselbe Specklestruktur vor.

Fall II:    $\Delta z = (2 \cdot n + 1) \cdot \lambda/4$, d. h. $\Delta\alpha = (2 \cdot n + 1) \cdot \pi$,
nun ist
$I_1(x) = o^2 + r^2 + 2 \cdot o \cdot r \cdot \cos(\alpha - \beta)$
$I_2(x) = o^2 + r^2 - 2 \cdot o \cdot r \cdot \cos(\alpha - \beta)$
Hier liegen zwei unterschiedliche Intensitätswerte vor und entsprechend auch verschiedene Specklestrukturen vor und nach der Verschiebung oder Verformung des Objekts.

Bei Durchführung einer Messung werden die Bildintensitäten $I_1(x)$ vor und $I_2(x)$ bei Deformation des Meßobjekts registriert. Zur Auswertung gibt es zwei grundsätzliche Möglichkeiten:

A:    Addition; diese ergibt    für Fall I:    C = 1
    und    für Fall II:    $0 < C < 1$

B:    Subtraktion; diese ergibt    für Fall I:    C = 0
    und    für Fall II:    $0 < C < 1$

Die Addition läßt sich am einfachsten durch Doppelbelichtung eines photographischen Bildträgers erreichen. Die Kontrastunterschiede sind visuell allerdings nur bei hinreichend großer Specklestruktur erkennbar. Durch Verwendung von Photomaterial mit nichtlinearer Gradation kann man die Kontrastunterschiede in unterschiedliche mittlere Schwärzungen umwandeln.

Vorteilhafter ist die Subtraktion, weil hier zum einen die Kontrastunterschiede zwischen den Gebieten mit verschieden großen Verschiebungen in z-Richtung größer sind, zum anderen, weil hierbei störende Interferenzerscheinungen im Bild und inhomogene Objektbeleuchtung weitgehend eliminiert werden. Mit photographischen Bildträgern kann man die Subtraktion als Näherung realisieren. Hierzu nimmt man vor Deformation des Objekts das Specklebild auf eine

Photoplatte auf und bringt diese nach Ausarbeitung wieder an Ort und Stelle. Die Photoplatte ist nun an jenen Stellen dunkel, wo bei ihrer Belichtung viel Licht auftraf und umgekehrt. Ist das Specklebild zunächst unverändert, läßt die Photoplatte ein Minimum an Licht hindurch. Ändert sich die Specklestruktur bei Verformung des Objekts, dann wird an den Fall-II-Stellen mehr Licht transmittiert.

Dieses Verfahren läßt sich auch fernsehtechnisch durchführen. Hierzu wird das Specklebild des Meßobjekts vor der Verformung mit einem Bildspeicher aufgenommen und von dem während der Verformung laufend registrierten Bild subtrahiert. Das Bildsignal der Fall-I-Gebiete wird hierbei im Idealfall zu Null. Das Ergebnis wird auf einem Monitor sichtbar gemacht. Dies ergibt ein Echtzeitverfahren analog zu jenem der holographischen Interferometrie. Bild 6.10 zeigt als Beispiel ein so gewonnenes „Specklegramm" eines Autoreifens. Der Reifen wurde einer geringen Absenkung des Außendrucks ausgesetzt. Dabei dehnen sich im Innern des Reifens an Fehlstellen eingeschlossene Gasblasen aus und verformen die Oberfläche. Die auf dem Monitor sichtbaren Streifen können wie die Streifen im Interferogramm eines Fizeau-Interferometers gedeutet werden: Von Streifen zu Streifen nimmt die Verformung in z-Richtung um $\lambda/2$ zu (oder ab). Das Streifenbild gibt somit den Gradienten der Verformung wieder. Bewegungen des Meßobjekts als starrer Körper haben keinen Einfluß auf den Streifenverlauf.

Bei Verschiebungen des Meßobjekts als starrer Körper in x- und in y-Richtung (quer zur Meßrichtung) kommt es zu einer Verminderung des Kontrasts der Streifen, wenn diese Verschiebungen größer als etwa der halbe mittlere Durchmesser der Speckle werden. Man erhält dann beispielsweise mit einem Kameraobjektiv von f = 50 mm Brennweite und Blende 16 im Abstand L = 500 mm zum Meßobjekt nach Gleichung (6.7) auf der Objektoberfläche einen Specklemesser von etwa 0,1 mm. Damit bleiben Verschiebungen in x- und y-Richtung bis etwa 50 $\mu$m ohne merkliche Auswirkung auf den Streifenkontrast.

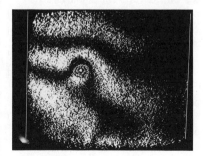

Bild 6.10:
Specklegramm eines fehlerhaften Autoreifens.
Monitorbild: Ausschnitt;
Reifenbreite etwa 15 cm.
(Photo: Polytec/VINTEN)

Verschiebungen des Meßobjekts als starrer Körper in z-Richtung führen ebenfalls erst dann zu einer Verminderung des Streifenkontrasts, wenn diese Verschiebungen in die Größenordnung der z-Ausdehnung der LS kommen. Die Ausdehnung der LS in z-Richtung ist von der Größe der optischen Schärfentiefe des betreffenden Abbildungsstrahlengangs. Die Ausdehnung $\Delta z$ der Schärfentiefe im Objektraum ist von der Größe $\Delta z = L \cdot f \cdot \lambda / d^2$; dies ergibt für das gewählte Beispiel $\Delta z = 1,5$ mm. Man erkennt, daß dieses Verfahren gegenüber Bewegungen des Meßobjekts als starrer Körper ziemlich unempfindlich ist. Dies ist eine sehr vorteilhafte Eigenschaft, weil sich solche Bewegungen bei der Belastung der Meßobjekte nicht immer ausschalten lassen.

Bild 6.11 zeigt ein modernes ESPI-Gerät, mit dem die hier und in den folgenden Abschnitten beschriebenen speckleinterferometrischen Messungen durchgeführt werden.

Bild 6.11:  ESPI-Gerät. Unter dem Monitor die Einrichtung zur Signalverarbeitung mit dem Bildspeicher. Links das Interferometer mit eingebauter Laserlichtquelle und dem Objekttisch. Hier bei der Analyse von Schwingungsmoden einer Platte (siehe Abschnitt 6.3.3) (Photo: Polytec/VINTEN)

### 6.3.2 Messung von Verformungen transversal zur Beobachtungsrichtung

Bild 6.12 zeigt den grundsätzlichen Strahlengang. Hier wird das Meßobjekt von zwei beispielsweise ebenen Wellen unter einem Winkel $\vartheta$ zur Beobachtungs-

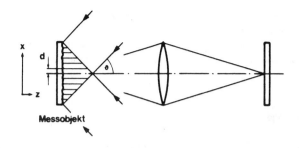

Bild 6.12:
Strahlengang bei der
Messung transversaler
Verschiebungen

richtung beleuchtet. Diese beiden Wellen interferieren und erzeugen eine Schar äquidistanter ebener heller und dunkler Bereiche mit einem Abstand $d = \lambda/(2 \cdot \sin\vartheta)$ voneinander. Das Objekt wird also streifenförmig ausgeleuchtet. Verschiebt sich nun die Oberfläche in x-Richtung, so kommen laufend neue Objektgebiete zur Ausleuchtung, bis nach einer Verschiebung um $d/2$ eine völlig neue LS-Struktur im Bild vorliegt. Wird die Oberfläche weiter verschoben, kommen wieder die anfangs ausgeleuchteten Oberflächenpartien ins Licht und erzeugen wieder das anfangs vorliegende LS-Muster.

Wiederum lassen sich zwei Grenzfälle bezüglich der Größe der Verschiebung unterscheiden:

Fall I: $\triangle x = n \cdot d$;           LS-Struktur unverändert
Fall II: $\triangle x = (2 \cdot n + 1) \cdot d/2$;   neue LS-Struktur

Ebenfalls lassen sich die beiden LS-Aufnahmen auf zwei verschiedene Weisen weiter verarbeiten:

A:     Addition; diese ergibt    für Fall I:    $C = 1$
                         und     für Fall II:    $C = 1/\sqrt{2}$

B:     Subtraktion; diese ergibt   für Fall I:    $C = 0$
                         und     für Fall II:    $C = 1$

Hinsichtlich der technischen Durchführung von A bzw. B gilt sinngemäß das schon unter 6.3.1 Gesagte.

Dieses Verfahren spricht nur auf die x-Komponente von Verschiebungen an, wobei die x-Richtung senkrecht zu der das Objekt beleuchtenden Ebenenschar steht. Die beobachtbaren Streifen geben den Gradienten der Verformung, gebildet in x-Richtung, wieder. Wie oben bleiben auch hier Bewegungen des Meßobjekts als starrer Körper ohne Einfluß auf die Streifenform. Verschiebungskomponenten in y- und z-Richtung dürfen wiederum die entsprechenden

205

Speckleabmessungen nicht überschreiten, sonst verschwinden die Streifen im Specklegramm. Die Streifenform wird durch diese Verschiebungskomponenten jedoch nicht beeinflußt. Die Meßgenauigkeit läßt sich durch Wahl des Winkels $\vartheta$ einstellen, der Meßbereich umfaßt wiederum die Ausdehnung einer Speckle und läßt sich durch Abblenden erweitern.

### 6.3.3 Analyse von Schwingungen

Bild 6.13 zeigt den grundsätzlichen Strahlengang. Er gleicht im Prinzip jenem von Bild 6.9. Die Objektoberfläche führt hier jedoch eine (z. B. harmonische) schwingende Bewegung aus. Dadurch wird die Phase der Objektwelle harmonisch moduliert: $\Delta\alpha = \alpha_0 \cdot \sin(\omega \cdot t)$, mit $\alpha_0 = 4 \cdot \pi \cdot z_0/\lambda$, worin $z_0$ die Amplitude und $\omega$ die Kreisfrequenz der Schwingung sind. Anstelle von Gleichung (6.9) erhalten wir hier im Bild eine zeitlich veränderliche Intensität:

$$I(x,t) = o^2 + r^2 + 2 \cdot o \cdot r \cdot \cos(\alpha + \alpha_0 \cdot \sin(\omega \cdot t) - \beta) \qquad (6.11)$$

Wenn die Periodendauer $2 \cdot \pi/\omega$ dieser Schwingung kleiner ist als die Belichtungszeit T, bildet der Photoempfänger das Zeitintegral

$$S(x) = \int_O^T I(x,t) \cdot dt = T \left[ o^2 + r^2 + 2 \cdot o \cdot r \cdot \cos(\alpha - \beta) \cdot J_0(\alpha_0) \right] \qquad (6.12)$$

S(x) ist die Schwärzung der Photoplatte oder die Signalgröße einer Vidikonröhre. Der Interferenzterm ist hier gegenüber Gleichung (6.9) durch die Besselfunktion nullter Ordnung ($J_0$) moduliert; Bild 6.14 zeigt den Verlauf dieser Funktion.

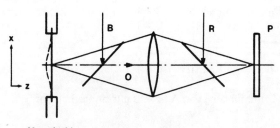

Messobjekt

Bild 6.13: Strahlengang zur Messung von Schwingungsamplituden
B = Objektbeleuchtung;
O = Objektlicht;
R = Referenzlicht;
P = Photoempfänger

206

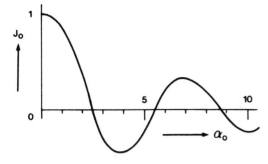

Bild 6.14:
Besselfunktion nullter
Ordnung

Wir betrachten drei Grenzfälle:

I. $J_0(\alpha_0) = 1: S(x) = T \cdot (o^2 + r^2 + 2 \cdot o \cdot r \cdot \cos(\alpha - \beta))$

Hier liegt kohärente Addition der zwei Lichtwellen O und R vor,
analog wie in Gleichung (6.9). Entsprechend tritt hoher Specklekontrast
im Bild auf: $C \div 1$.

II. $J_0(\alpha_0) = 0: S(x) = T \cdot (o^2 + r^2)$.

Es tritt kein Interferenzterm auf; das ist der Fall inkohärenter Überlagerung der zwei Lichtwellen O und R. Folglich gibt es nur geringen Specklekontrast: $C \div 0$.

III. Extrema mit $|J_0(\alpha_0)| < 1$.

Diese Fälle liegen zwischen den beiden obigen. Wir können mit mittlerem
Specklekontrast rechnen.

Die Sichtbarmachung dieser unterschiedlichen Specklekontraste ist zum einen
wiederum mit Hilfe eines Photoempfängers mit nichtlinearer Empfindlichkeits-
charakteristik möglich. Viel deutlicher sichtbar kann man die drei unterschiedlichen Bereiche aber mit fernsehtechnischen bzw. elektronischen Verfahren
machen. Wenn man das von einer Bildröhre kommende Videosignal hochpaß-
filtert, kann man die zu Fall I gehörigen Bildsignale fast ungeschwächt durch-
lassen und die zu Fall II gehörigen Bildsignale unterdrücken. Erstere erscheinen
dann auf einem nachfolgenden Monitor hell und letztere dunkel. Die zu Fall III
gehörigen Gebiete liegen dazwischen. Bild 6.15 zeigt ein solches Monitorbild
einer resonant schwingenden Flugzeugturbinenschaufel. Deutlich lassen sich
die hellen Fall-I-Bereiche erkennen. In diesen Bereichen ist die Schwingungsamplitude Null, es handelt sich um die Knotenlinien des vorliegenden Schwin-
gungsmodus. Man kann in Bild 6.15 auch einige Specklestreifen höherer Ordnung erkennen — also die Fälle III, für die die Schwingungsamplitude die aus

Bild 6.15:
ESPI-Monitorbild einer resonant schwingenden Flugzeugturbinenschaufel.
(Schaufelspitze; Schaufelbreite etwa 5 cm.)
Die Schwingungsknoten sind als helle Streifen zu erkennen.
(Photo: Polytec/EUMIG)

Bild 6.14 ablesbaren Werte annimmt – und dadurch die Größe der Schwingungsamplituden auf der Objektoberfläche mit guter Näherung angeben. Moderne ESPI-Geräte bieten jedoch die Möglichkeit, die Phase der Referenzwelle synchron mit der Schwingung des Meßobjekts mit beliebiger Amplitude und Phase zu modulieren. Damit kann man den hellen Streifen im Monitorbild auf beliebige Stellen im Meßobjekt legen und Amplitude und Phase der Schwingung an diesen Stellen präzise messen[7].

Bei stoßförmigen Belastungen oder bei mit großer Amplitude schwingenden Objekten, wie beispielsweise Verbrennungsmotoren, treten neben den zu messenden Deformationen zusätzliche sehr große Verschiebungen durch Bewegungen des Meßobjekts als ganzes auf. Analog wie in der holographischen Interferometrie läßt sich diese zusätzliche Bewegung durch Doppelbelichtung mittels Q-switch-Doppelimpulslaser ausschalten. Da sich die von zwei solchen Impulsen auf der Photokathode einer FS-Röhre erzeugten Ladungsbilder addieren, läßt sich das Q-switch-Doppelimpulsverfahren auch mittels ESPI-Geräten durchführen[8].

### 6.4 Specklephotographie (SP)

Ein wichtiges Meßverfahren der technischen Mechanik ist die Analyse mechanischer Spannungen an Bauteilen und Werkstoffproben mit Hilfe des Moiré-Effekts[9]. Hierzu muß auf die Oberfläche des Meßobjekts ein Strichgitter aufgebracht werden, wozu man sich beispielsweise der Photolacktechnik bedient. Dieses Verfahren ist äußerst aufwendig und unflexibel. LS hingegen liefern von selbst eine solche Strukturierung im Bild eines streuend reflektierenden oder transmittierenden Körpers. In der SP wird das Meßobjekt auch lediglich kohärent beleuchtet und photographiert, nämlich vor und bei der zu messenden Deformation bzw. Verschiebung oder während der zu analysierenden Schwingung. Darin liegt die Stärke der SP. Da bei der Aufnahme der Specklestrukturen keine Interferenz mit einem Referenzstrahl erfolgt, sind die Meßanordnungen denkbar einfach und auch in rauher Umgebung einsetzbar.

### 6.4.1 Messung von Verformungen transversal zur Beobachtungsrichtung

Bild 6.16 zeigt den grundsätzlichen Strahlengang. Das Meßobjekt wird kohärent beleuchtet und vor und bei der Verformung bzw. Verschiebung photographiert. Diese Aufnahme enthält dann ein Specklegramm, welches zunächst nur das Objekt, aber keine Streifen oder sonstige mit der Objektverschiebung zusammenhängende Strukturen erkennen läßt. Bild 6.17 zeigt einen stark vergrößerten Ausschnitt aus einem solchen Specklegramm. Es enthält dieselbe Specklestruktur zweimal, und zwar um einen geringen Betrag gegeneinander verschoben. Dieses Doppelbelichtungs-Specklegramm kann man als Doppelspalt-Gitter auffassen, dessen Gitterkonstante t gleich der mit dem Abbildungsmaßstab multiplizierten Objektverschiebung $\Delta v$ ist:

$$t = M \cdot \Delta v \tag{6.13}$$

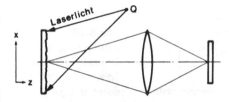

Bild 6.16:
Messung von Verschiebungen durch Doppelbelichtungs-SP.
Q = Laserstrahlfokus

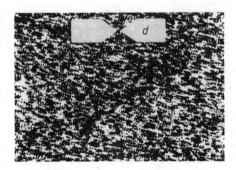

Bild 6.17:
Doppelbelichtung-Specklegramm (d ist die mittlere Specklegröße

Die auf der Objektoberfläche vorliegenden Verschiebungen lassen sich auf sehr einfache Weise aus diesem Doppelspalt-Gitter bestimmen. Beleuchtet man nämlich dieses Specklegramm mit einem Laserstrahl (siehe Bild 6.18), dann tritt an dem Doppelspalt-Gitter Beugung auf, die der Gittergleichung des bekannten linearen äquidistanten Strichgitters genügt. Für den Beugungswinkel der verschiedenen Beugungsordnungen gilt:

$$t \cdot (\sin\varphi + \sin\psi) = n \cdot \lambda \tag{6.14}$$

n = ganze Zahl (Ordnungszahl der Beugungsordnungen), t ist die Gitterkonstante, $\varphi$ ist der Beugungswinkel und $\psi$ ist der Einfallswinkel, jeweils zur Gitternormalen gemessen. Auf diese Weise ermittelt man die Gitterkonstante t und damit die Größe der Oberflächenverschiebung im Objekt punktweise. Die Richtung der Verschiebung steht senkrecht zur Streifenrichtung im Beugungsbild.

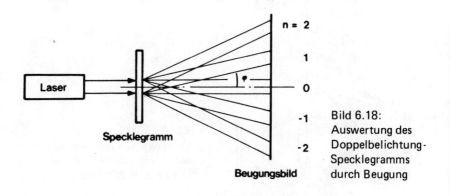

Bild 6.18:
Auswertung des
Doppelbelichtung-
Specklegramms
durch Beugung

## 6.4.2 Messung von Drehungen und Verschiebungsgradienten

In Bild 6.19 ist ein einseitig eingespannter Stab dargestellt, dessen zweites geführtes Ende axial belastet wird. Wir fokussieren eine Kamera im Abstand d vor der Objektoberfläche. Wo die Staboberfläche nur parallel verschoben wird, verschieben sich die beobachtbaren LS um denselben Betrag (z. B. von A nach A'). Der Grund hierfür ist, daß für die LS nur die Lichtwegunterschiede von der Lichtquelle über den Streuer maßgeblich sind. Bei kollimierter Beleuchtung und Parallelverschiebung der Streuzentren werden sich daher die LS mit der Streueroberfläche mitbewegen. Erfährt die Streueroberfläche eine zusätzliche Drehung, dann machen die LS auch diese Bewegung (von B nach B') mit, jedoch mit einer Modifikation. Die Bedingung, daß für eine bestimmte LS alle Lichtwegdifferenzen erhalten bleiben müssen, entspricht genau der Bedingung für die

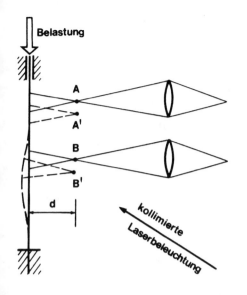

Bild 6.19:
Zur Bewegung der LS im Raum
bei Translation und Rotation
der Objektoberfläche.
A, B . . . Lage einer LS vor
Deformation
A', B' . . . Lage einer LS bei
Deformation

Beugung am Gitter. Die streuende Oberfläche kann als verallgemeinertes Reflexionsgitter betrachtet werden. Für ein solches Gitter gilt analog zu Gleichung (6.14) die Gittergleichung

$$t \cdot (\sin\varphi - \sin\psi) = n \cdot \lambda \tag{6.15}$$

Im Unterschied zu Gleichung (6.14) werden Beugungswinkel $\varphi$ und Einfallswinkel $\psi$ hier auf derselben Seite des Gitters bzw. der Oberfläche gemessen. Ändert sich der Einfallswinkel $\psi$ um $\Delta\psi$, so ändert sich der Beugungswinkel um $\Delta\varphi$. $\Delta\varphi$ errechnet sich sofort aus Gleichung (6.15). Differentiation gibt $\cos\varphi \cdot \Delta\varphi - \cos\psi \cdot \Delta\psi = 0$. Hieraus erhält man

$$\Delta\varphi = \frac{\cos\psi}{\cos\varphi} \cdot \Delta\psi \tag{6.16}$$

Dieser Zusammenhang gilt auch für die Bewegung $\Delta\varphi$ der LS, wenn wir die Beleuchtungsrichtung um $\Delta\psi$ verändern. Wenn wir nun aber die Oberfläche um einen Winkel $\Delta\Psi$ drehen, kommt zur gesamten Drehung $\Delta\Phi$ des LS-Musters bezüglich der Ausgangsposition, wie Bild 6.20 deutlich macht, noch der Betrag $\Delta\Psi$ dazu:

$$\Delta\Phi = (1 + \frac{\cos\psi}{\cos\varphi}) \cdot \Delta\Psi \tag{6.17}$$

211

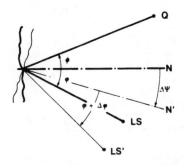

Bild 6.20:
Specklebewegung bei Drehung der
streuenden Oberfläche um $\Delta\Psi$.
N  = Oberflächennormale,
LS = Laserspeckle

Die Messung erfolgt wiederum mit Hilfe von Doppelbelichtungsaufnahmen.
Die Drehung oder, ganz allgemein, der Gradient der Verschiebung in Beobachtungsrichtung, gebildet senkrecht zur Beobachtungsrichtung, erscheint dann
zunächst als Speckleverschiebung im Bild. Letztere wird wie unter 6.4.1
beschreiben, durch Beugung punktweise gemessen.

### 6.4.3 Meßtechnische Fragen

Die SP ist vom gerätemäßigen Aufwand und vom Verfahren her das bei weitem
einfachste Verfahren mit interferometrischer Empfindlichkeit. Dem steht
gegenüber, daß man bei unbedachter Vorgangsweise gravierende Fehler machen
kann. Im folgenden werden neben einigen für das praktische Messen wichtigen
Techniken auch einige Fehlerquellen diskutiert. Die SI ist hiervon weitgehend
frei.

Bei der Messung von Deformationen werden im allgemeinen Translation und
Rotation der Objektoberfläche gleichzeitig auftreten. Aus dem Specklegramm
mißt man die aus beiden Bewegungen resultierende Speckleverschiebung. Die
beiden Anteile lassen sich trennen, wenn man zwei Aufnahmen macht. Eine
Aufnahme mit exakter Fokussierung auf die Meßobjektoberfläche liefert die
Translation. Diese muß bei der Messung von Drehungen von der aus einem
defokussiert aufgenommenen Specklegramm bestimmten Speckleverschiebung
abgezogen werden. Ein solches Verfahren wurde von A. K. Aggarwal und
P. C. Gupta[10] beschrieben. Eine Kamera, welche beide Aufnahmen gleichzeitig
macht, beschreibt W. F. Fagan[11].

Eine andere Möglichkeit, Translation und Drehung zu trennen, besteht darin,
auf die bezüglich Oberflächentranslationen stationäre Ebene zu fokussieren.
Je nach Geometrie von Objektoberfläche und beleuchtender Welle gibt es bei
Bewegungen in der Oberfläche eine Ebene, in welcher die LS ortsfest bleiben[12].
Fokussiert man bei Aufnahme des Specklegramms auf diese Ebene, dann resul-

tiert eine Speckleverschiebung nur aus der Rotation der Objektoberfläche um eine in der Oberfläche liegende Achse. Man findet die stationäre Ebene einfach dadurch, daß man die Objektoberfläche als Spiegel betrachtet und die Kamera auf das Bild der Lichtquelle in diesem gedachten Spiegel fokussiert. Bei ebenen Objektoberflächen legt man hierzu einen Planspiegel flach auf die Objektoberfläche und fokussiert auf das darin erscheinende Lichtquellenbild. Weitere Details zu diesem Problem hat D. A. Gregory [13] untersucht und diskutiert.

Da die Meßobjekte mit Laserlicht ausgeleuchtet werden müssen, ist deren Größe i. a. durch die Leistung des verfügbaren Lasers beschränkt. Diese Beschränkung kann durch Besprühen der Objektoberfläche mit Retroreflexlack gelockert werden. Diese im Handel erhältlichen Lacke bewirken, daß das Licht überwiegend in die Beleuchtungsrichtung, also zur Lichtquelle reflektiert wird. Um diese Eigenschaft optimal zu nutzen, beleuchtet man das Meßobjekt über einen Strahlteiler, wie in Bild 6.9 dargestellt und ordnet die Eintrittspupille der Kamera am Ort des Spiegelbilds der Lichtquelle Q am Strahlteiler an.

Deformationen werden sehr oft durch mechanische Belastungen erzeugt. In diesen Fällen treten u. U. große Objektverschiebungen auf, die nur auf Deformationen der Objekthalterung beruhen. Das einfachste Gegenmittel hierzu, die Aufnahmeapparatur mit dem Meßobjekt fest zu verbinden, ist nicht immer realisierbar. Ein flexibleres Verfahren beschreiben W. F. Fagan und Y. Negm [14]. Hierbei werden zwei einfach belichtete Specklegramme des Objekts vor und bei Deformation auf zwei getrennten Photoplatten aufgenommen. Diese beiden Specklegramme werden nach Ausarbeitung in einem justierbaren Plattenhalter sandwichartig („Sandwich-Speckle-Photographie") aufeinandergelegt. Durch geeignete Nachjustierung der zwei Platten zueinander lassen sich große überlagerte Objektverschiebungen wieder rückgängig machen. Mit dieser Technik kann man auch die mechanische Spannungsanalyse vereinfachen. In vielen Fällen ist man ja nicht an den bloßen Objektdeformationen interessiert, sondern an den auftretenden Spannungen. Die Spannungen sind aber proportional zum räumlichen Differentialquotienten der Verschiebungen. Letzteren kann man in einem bestimmten Punkt dadurch messen, daß man in diesem Punkt die beiden Speckleaufnahmen zur Deckung bringt und dann die bezüglich dieses Punkts vorliegende relative Verschiebung in benachbarten Punkten beugungsoptisch bestimmt und durch den Abstand der beiden Punkte dividiert. Auf diese Weise läßt sich der Differenzenquotient der Verschiebung nach Größe und Richtung ermitteln.

Ein analoger Zusammenhang wie jener zwischen Spannung und Verformung besteht zwischen dem auf eine Platte oder einen Stab einwirkenden Biegemoment und der Krümmung. J. A. Leendertz und J. N. Butters [15] beschreiben ein Speckle-Scherinterferometer zur Messung des räumlichen Differenzenquotienten von Verschiebungen.

Die kleinste mit der SP noch meßbare Objektverschiebung ergibt sich aus der Notwendigkeit, als Specklegramm ein zur beugungsoptischen Auswertung geeignetes Doppelspalt-Gitter zu erzeugen. Hierzu müssen die beiden einzelnen Specklebilder um wenigstens die mittlere Specklegröße gegeneinander versetzt sein. C. S. Vikram und K. Vedam[16] beschreiben eine Möglichkeit, diese untere Grenze etwa um einen Faktor 10 zu unterschreiten. Hierzu wird der zu messenden kleinen Verschiebung im Specklefeld eine große Verschiebung bekannter Größe und Richtung überlagert. Die kleine Verschiebung bewirkt dann mit ihrer senkrecht zur bekannten Verschiebung liegenden Komponente eine Drehung der Streifen im Beugungsbild, aus welcher ihre Größe bestimmt werden kann. Dasselbe Verfahren läßt sich auch mit der Sandwich-Speckle-Photographie durchführen. Hier brauchen jedoch nur die beiden Einzelaufnahmen um einen bekannten Vektor gegeneinander verschoben zu werden[14].

Die beugungsoptische Auswertung der Doppelbelichtungs-Specklegramme ist nicht unproblematisch. G. H. Kaufmann[17] hat gezeigt, daß die durch die Einhüllende der Intensität im Beugungsbild bedingte Verschiebung der Beugungsmaxima und die Verschiebung der Beugungsminima durch geringen Streifenkontrast zu Fehlern in der Größenordnung von 10 % führen kann. Geringer Streifenkontrast entsteht meist bei unkontrollierten Bewegungen des Meßobjekts in Beobachtungsrichtung und die dabei auftretende Dekorrelation der LS.

Weitere Fehlerquellen liegen im gleichzeitigen Auftreten von Verschiebungen und Drehungen. Selbst wenn die Kamera exakt auf die Oberfläche fokussiert ist, bewirken Drehungen vor allem in den äußeren Bildzonen u. U. erhebliche Speckleverschiebungen. Diese Fehlerquelle läßt sich durch Verwendung langbrennweitiger Objektive oder, noch besser, mit telezentrischen Strahlengängen vermeiden. Bei nicht ebenen Objektoberflächen sind diesem Verfahren naturgemäß enge Grenzen gesetzt. Schließlich ist sofort plausibel, daß auch die immer vorliegende Bildfeldkrümmung aus denselben Gründen zur Fehlerquelle wird. Die zuletzt aufgeführten Fehlerquellen wurden von A. E. Ennos[18] ausführlich diskutiert.

Zusammenfassend ist festzuhalten, daß manche Vorteile der SP gegenüber der SI und der holographischen Interferometrie durch Einflüsse des Abbildungsprozesses in den Grenzfällen sehr großer und nicht ebener Objekte verloren gehen.

### 6.4.4 Analyse von Schwingungen mit SP und andere Verfahren

Bei den oben diskutierten Verfahren der SP war das betreffende Specklefeld in jeweils zwei diskreten Positionen registriert worden. Aber auch wenn sich das Objekt und mit ihm das Specklefeld während der Aufnahme kontinuierlich bewegen, läßt sich das registrierte Specklegramm beugungsoptisch auswerten. Das wird plausibel, wenn man beispielsweise ein in der Oberflächenebene harmonisch schwingendes Objekt betrachtet, etwa die Stirnflächen einer Stimmgabel. Da sich die schwingenden Gabelzinken in den Umkehrpunkten sehr viel länger aufhalten als in allen Punkten dazwischen, wird das Specklemuster die Photoplatte in diesen Positionen sehr viel stärker schwärzen, als in den dazwischenliegenden. Man erhält wiederum eine gitterähnliche Struktur, die sich beugungsoptisch auswerten läßt. E. Archbold und A. E. Ennos[19] beschreiben ausführlich ein solches Verfahren. Damit lassen sich sehr viel allgemeinere Schwingungsformen analysieren, als wir sie eben zur Veranschaulichung betrachtet haben.

Die allermeisten Schwingungen erfolgen senkrecht zur Längsausdehnung der Körper, deshalb ist das eben beschriebene Verfahren auf einige Sonderfälle beschränkt. F. P. Chiang und R. M. Juang[20] beschreiben ein analoges Verfahren zur Analyse von Schwingungen, die in Beobachtungsrichtung erfolgen. Dabei wird die durch das Durchbiegen der schwingenden Fläche erzeugte Speckleverschiebung außerhalb der Objektoberfläche photographisch registriert.

Alle bisher diskutierten Verfahren der SP arbeiten mit punktweiser Auswertung. Das hat den Vorteil, die Größe von Deformationen oder Größe und Art einer Schwingung in diskreten interessierenden Punkten messen zu können, jedoch fehlt ein Überblick. Den kann man sich aber folgend beschaffen. Beleuchtet man das gesamte Specklegramm mit einem kollimierten Lichtbündel, wird das Licht in allen Objektpunkten gleichzeitig gemäß Bild 6.18 und Gleichung (6.14) gebeugt. Alle Bereiche auf der Objektoberfläche, in welchen dieselbe Speckleverschiebung nach Größe und Richtung vorliegt, beugen das Licht zum selben Ort im Beugungsbild. Blickt man also durch eine Lochblende in einer beliebigen Position im Beugungsbild auf das Specklegramm, d. h. auf das Bild des Objekts, dann sieht man unterschiedliche Objektbereiche hell erleuchtet. Das sind genau jene Gebiete, in welchen die zur Position der Lochblende gehörige Deformation nach Betrag und Richtung vorliegt. F. P. Chiang und R. M. Juang beschreiben dieses Verfahren in der bereits zitierten Arbeit[20].

Zum Schluß sei noch auf ein Verfahren hingewiesen, welches die Bewegungsbahn von Oberflächenpunkten auch bei komplexen Verschiebungen wiedergeben kann[21]. Weitere Methoden und Anwendungen der Speckleverfahren sind in den Monographien[1] beschrieben.

G. Seger

# 7. Partikelmeßtechnik auf der Basis von Streulichtmethoden

## 7.1 Einleitung

Die meßtechnische Erfassung von partikelhaltigen Systemen hat in den letzten Jahren für viele Bereiche große Bedeutung gewonnen. Als Beispiele seien hier die Kontrolle der Luft auf Verunreinigungen genannt, die Steuerung verfahrenstechnischer Prozesse, die Optimierung von Zerstäubungsvorgängen. Der Partikelmeßtechnik stellt sich dabei die Aufgabe, durch die Messung physikalischer Dispersitätseigenschaften wie Teilchengrößenverteilung, Massenkonzentration, Partikelgeometrie Kenngrößen für die eindeutige quantitative Beschreibung der Systeme zu liefern. Neben den Sinkgeschwindigkeits- und Trägheitsverfahren (Impaktoren, Zentrifugen) haben dafür vor allem die optischen Meßverfahren Bedeutung erlangt. Die Ursachen hierfür sind einerseits in der Möglichkeit der berührungslosen Messung an den schwebenden Teilchen ohne mechanische Eingriffe in das System zu sehen, andererseits in den spezifischen Eigenschaften des Laserlichts, die eine hohe Beleuchtungsstärke auf kleinstem Raum zulassen und damit sehr kleine Meßvolumina ermöglichen. Durch die Messung im Schwebezustand entfallen Meßfehler, die bei anderen Methoden durch das Abscheiden der Teilchen auf irgendwelchen Unterlagen zur anschließenden Vermessung unter dem Mikroskop auftreten und es sind kontinuierliche Messungen möglich, bei denen die Ergebnisse unmittelbar und innerhalb sehr kurzer Zeit vorliegen. Ein kleines Meßvolumen ermöglicht Messungen bei hohen Teilchenkonzentrationen und bei kleinen Partikeldurchmessern.

Im folgenden werden diese Zusammenhänge detailliert erläutert und Hinweise für deren optimale Nutzung bei unterschiedlichen Aufgabenstellungen gegeben.

## 7.2 Grundlagen der optischen Partikelmeßtechnik

Die theoretischen Grundlagen für die Untersuchung kleiner Teilchen mit Hilfe der Lichtstreuung wurden von Mie mit seiner elektromagnetischen Theorie der Ablenkung von ebenen Lichtwellen an Kugeln erarbeitet[1]. Diese Theorie liefert zwar nur exakte Lösungen für kugelige Teilchen; bei Abweichungen von dieser Gestalt ermöglicht sie jedoch immer noch wichtige qualitative Aussagen über das Streulichtverhalten.

Als Ergebnis seiner Theorie hat Mie Formeln angegeben, mit denen man für kugelige Teilchen die Intensität des in die verschiedenen Richtungen abgelenkten Lichtes in Abhängigkeit vom Teilchendurchmesser sowie vom Brechungsindex und Absorptionskoeffizienten des betreffenden Teilchenmaterials berechnen kann. Die Intensität des Streulichts ist dabei außerdem noch von dessen Wellenlänge $\lambda$ und vom Polarisationswinkel $\phi$ abhängig. Der Teilchendurchmesser d und die Lichtwellenlänge $\lambda$ werden dabei zweckmäßigerweise im sogenannten Mie-Parameter $\alpha = \frac{\pi\,d}{\lambda}$ zusammengefaßt, da sie nur in Form dieses Quotienten in den Formeln vorkommen. Diese Verknüpfung bedeutet, daß sich für verschieden große Teilchen jeweils dieselbe Winkelverteilung des Streulichtes ergibt, wenn die Teilchen mit verschiedenfarbigem Licht im entsprechenden Wellenlängenverhältnis beleuchtet werden. Eindeutige Verhältnisse und damit die Möglichkeit der Teilchengrößenbestimmung aus der Intensität des Streulichtes erhält man also nur, wenn man monochromatisches Licht benutzt. Für eine feste Wellenlänge ist der Mie-Parameter ein direktes Maß für den Teilchendurchmesser.

Die zur Bestimmung der Teilchengröße dienenden optischen Anordnungen unterscheiden sich im allgemeinen auch noch durch die Beleuchtungsstärke B und den Winkelbereich $\Delta\Gamma$ des eingestrahlten Lichts, den mittleren Winkel $\Theta_0$ und den Winkelbereich $\Delta\Omega$ unter dem das Streulicht gemessen wird (Bild 7.1).

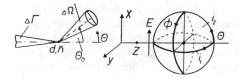

Bild 7.1:
Parameter zur Berechnung der Streulichtintensität eines Teilchens

Für den Zusammenhang zwischen der in einer bestimmten Anordnung zu messenden Gesamtstreulichtintensität und der Teilchengröße ergibt sich deshalb die sehr komplexe Beziehung

$$Q\,(d, \Theta_0, \Delta\Omega, \lambda, \overline{n}) = B\,\frac{\lambda^2}{4\,\pi^2}\, \overset{(\Delta\Omega)}{\int\!\int}\, i\,(\Theta, \lambda, \phi, d, \overline{n})\, \sin\Theta\,\delta\,\Theta\,\delta\,\phi \qquad (7.1)$$

mit $\overline{n}$ als komplexem Brechungsindex, in dem die Materialkonstanten Brechzahl und Absorptionskoeffizient zusammengefaßt sind.

Die Mie-Intensität i läßt sich aus tabellierten Werten für die beiden Intensitätskomponenten $i_1$ und $i_2$ in der Ebene senkrecht bzw. parallel zum Polarisationsvektor des einfallenden Lichts nach der Beziehung

$$i = i_1 \sin^2\phi + i_2 \cos^2\phi \qquad (7.2)$$

218

berechnen. Für unpolarisiertes Licht gilt $i = \frac{1}{2}(i_1 + i_2)$. Bei Verwendung von weißem Licht hat man zusätzlich über den Wellenlängenbereich zu integrieren unter Berücksichtigung der spektralen Strahlungsdichte der Lichtquelle und der spektralen Empfindlichkeit des Empfängers. Beleuchtet man mit nicht kollimiertem Licht, so ist eine weitere Integration über die Beleuchtungsapertur $\Delta\Gamma$ erforderlich.

Der allgemeine Ansatz führt im einzelnen zu sehr komplexen Formeln, die zwar mit Hilfe von EDV-Anlagen gelöst werden können, aber schwer zu überschauen sind. Es ist deshalb zweckmäßiger, sich die grundlegenden Zusammenhänge anhand von graphischen Darstellungen der Rechnerergebnisse für einige spezielle Fälle zu veranschaulichen. Eine Möglichkeit dazu bieten Polardiagramme, wie sie in Bild 7.2 dargestellt sind.

Den Diagrammen ist zu entnehmen, daß die Richtungsverteilung des Streulichts sehr komplex sein kann. Sie zeigen außerdem, daß bei gegebener Wellenlänge mit zunehmender Teilchengröße die Streuung in Vorwärtsrichtung die Seiten- und Rückstreuung immer stärker überwiegt und eine zentrale Vorwärtskeule entsteht, die sich auf immer kleinere Winkelbereiche begrenzt. Ein Vergleich der Intensitätswerte zeigt, daß die Streulichtintensität stark von der Teilchengröße abhängt. Untersucht man diese Abhängigkeit, so erhält man die in Bild 7.3 dargestellten Ergebnisse: Für Teilchen, die größer sind als die Wellenlänge des Lichtes, ist die Streulichtintensität im Mittel proportional zu $d^2$, wobei für kugelige Teilchen und monochromatische Beleuchtung noch Oszillationen um den Mittelwert auftreten. Diese können durch die Verwendung größerer Beobachtungsaperturen bzw. weißen Lichts teilweise verschmiert werden. Für Teilchen, die klein sind gegen die Wellenlänge (Rayleigh-Bereich), ist die Streulichtintensität proportional zu $d^6$. Dazwischen gibt es einen etwa gleichmäßigen Übergang. Dieses Verhalten ist im großen und ganzen bei allen Streuwinkeln zu beobachten, jedoch verschieben sich mit zunehmendem Ablenkwinkel die Übergänge vom einen zum anderen Potenzgesetz zu kleineren Teilchengrößen.

Die Kurven in Bild 7.3 zeigen weiterhin, daß vor allem bei großen Streuwinkeln für Teilchen, die größer sind als die Wellenlänge, die Streulichtintensität stark von den optischen Konstanten des Teilchenmaterials abhängt, und zwar insbesondere von der Größe des Absorptionskoeffizienten. Im Vergleich dazu zeigt Bild 7.4 die entsprechenden Kurven für die enge Vorwärtsstreuung (Kleinwinkelstreuung). Im Gegensatz zu den Ergebnissen für die größeren Streuwinkel weichen hier die Kurven für durchsichtige und für absorbierende Teilchen nicht mehr systematisch voneinander ab. Diese Unabhängigkeit ist damit zu erklären, daß im Kleinwinkelstreubereich die durch Beugung verursachte Lichtstreuung dominiert, die nur von der Kontur der Teilchen abhängt.

Für Teilchen, die groß sind im Vergleich zur Wellenlänge des benutzten Lichts,

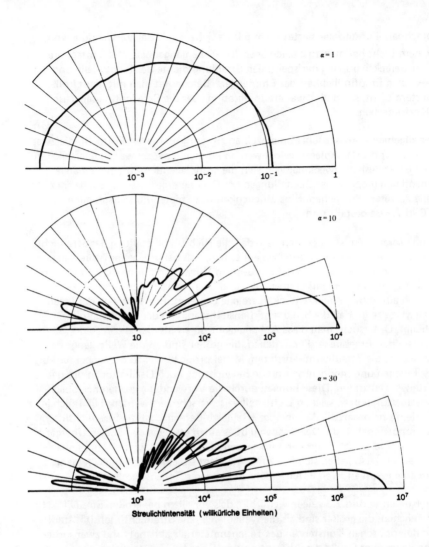

Streulichtintensität ( willkürliche Einheiten )

Bild 7.2: Polardiagramme des Streulichts für verschieden große Teilchen nach Olaf und Robock [2]

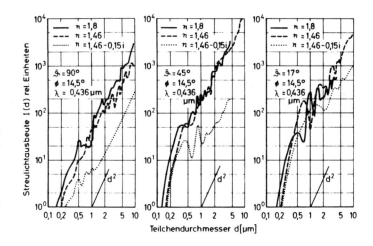

Bild 7.3: Streulichtausbeute in Abhängigkeit von der Teilchengröße für absorbierende und nicht absorbierende Tröpfchen und verschiedene mittlere Streuwinkel[3]

kann das Streulicht in 3 Anteile zerlegt werden, die auf den Effekten der Beugung, der Reflexion und der Brechung beruhen. Der Beugungsanteil ist unabhängig von den optischen Konstanten des Teilchenmaterials aber stark durch

$$\alpha = \frac{\pi\, d}{\lambda}$$ bestimmt und auf den Vorwärtsstreubereich konzentriert. Der reflektierte Anteil verteilt sich nahezu gleichmäßig über alle Streuwinkel, ist aber unterschiedlich für verschiedene Teilchenmaterialien. Der gebrochene Anteil hängt ebenfalls vom Teilchenmaterial ab und erstreckt sich leicht abfallend bis zu einem durch den Brechungsindex bestimmten Maximalwinkel. Bild 7.5 vermittelt einen Überblick über diese Zusammenhänge und die relativen Anteile in verschiedenen Streuwinkelbereichen.

Als wesentliches Ergebnis können wir festhalten, daß im Bereich der engen Vorwärtsstreuung auch für Teilchen aus sehr unterschiedlichen Materialien ein eindeutiger Zusammenhang zwischen der Intensität des Streulichtes und der Teilchengröße besteht. Dieser Winkelbereich ist deshalb für Größenmessungen an nicht einheitlichen Aerosolen besonders geeignet.

221

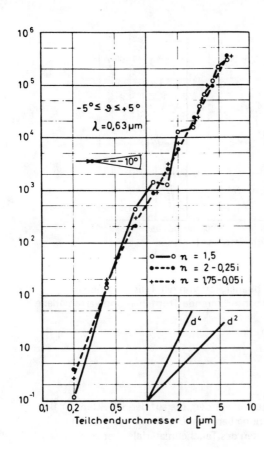

Bild 7.4:
Streulichtausbeute bei Kleinwinkelstreuung in Abhängigkeit von der Teilchengröße
für absorbierende und nicht
absorbierende Tröpfchen[3]

Da einerseits die Intensität des gestreuten Lichtes bei kleiner werdenden Teilchen
schnell abnimmt und andererseits das Trägergas selbst, meist also die Luft, ebenfalls streut, tritt sehr bald der Fall ein, daß die Luft genausoviel Streulicht in
einem bestimmten Winkelbereich erzeugt wie das zu messende Teilchen. Um die
dadurch bedingte untere Meßgrenze möglichst weit zu kleinen Teilchen hin zu
schieben, muß das beleuchtete Volumen so klein wie möglich gehalten werden.

Generell gilt, daß ein eindeutiger Zusammenhang zwischen der Teilchengröße
und der Intensität des in einen bestimmten Winkelbereich gestreuten Lichtes
nur besteht, wenn

— jeweils nur an einem Teilchen gemessen wird,
— das Teilchen monochromatisch (mit möglichst hoher Intensität) beleuchtet
  wird und

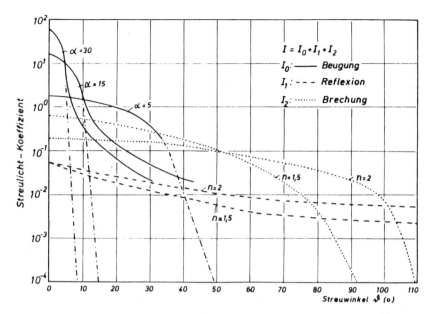

Bild 7.5: Winkelverteilung verschiedener Komponenten des Streulichts[4]

— die Beleuchtung nur aus einer Richtung, d. h. mit parallelem oder nahezu parallelem Licht erfolgt.

Diese Bedingungen lassen sich meist mit Laserlicht besonders gut erfüllen.

### 7.3 Vergleich Laserlicht — Weißes Licht

Die besonderen Eigenschaften des Laserlichts liegen u. a. in seiner räumlichen und zeitlichen Kohärenz (siehe Kapitel 2).

Die hohe räumliche Kohärenz (Parallelität) bedeutet eine gute Fokussierbarkeit auf kleinste Volumina. Man erreicht damit eine im Vergleich mit inkohärenten Lichtquellen um 4 bis 5 Größenordnungen höhere Beleuchtungsstärke und damit einen entsprechend erweiterten Meßbereich zu kleinen Teilchen hin. Durch das kleine Meßvolumen können außerdem relativ hohe Teilchenkonzentrationen (bis zu $10^6$ cm$^{-3}$) ohne merkliche Koinzidenzverluste zugelassen werden.

Die zeitliche Kohärenz (Monochromasie) des Laserlichts erweist sich dagegen partiell als nachteilig, weil sie für durchsichtige Teilchen oberhalb der Wellen-

223

länge des Lichts Interferenzeffekte zwischen dem gebeugten und dem gebrochenen Streulichtanteil verursacht, die zu Schwankungen der Streulichtausbeute pro Teilchen in Abhängigkeit von der Teilchengröße führen und damit ein eindeutigen Zusammenhang zwischen der Größe und der Streulichtintensität verhindern. Dieser Effekt kann nur teilweise durch Mittelung über größere Beleuchtungs- und Meßaperturen ausgeglichen werden. Eine fast vollständige Glättung der Kalibrierungskurven wird dagegen mit weißem Licht erreicht (Bild 7.6). Für Teilchen, die größer sind als die Wellenlänge des Lichts empfiehlt sich deshalb die Verwendung von weißem Licht, für kleinere Teilchen lassen sich dagegen mit Laserlicht größere Empfindlichkeit, bessere Auflösung und höhere Grenzwerte für die zulässige Teilchenkonzentration erreichen.

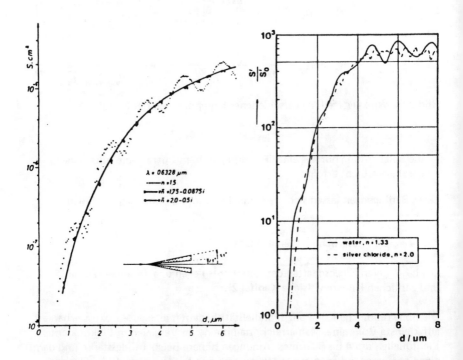

Bild 7.6: Theoretische Kalibrierungskurven für Kleinwinkelstreuung und monochromatisches Licht bzw. Licht einer Hg-Lampe[4]

## 7.4 Praktische Anwendungen

### 7.4.1 Teilchengrößenanalyse

#### 7.4.1.1 Meßverfahren für heterogene Aerosole

In Bild 7.7 ist der optische Aufbau eines auf der Messung der Kleinwinkelstreuung beruhenden Geräts zur Größenanalyse von Aerosolteilchen aus verschiedenen Materialien schematisch dargestellt[5]. Als Lichtquelle dient eine Hg-Lampe. Diese wird zunächst auf einen Spalt der Größe (0,04 x 0,20) mm$^2$ abgebildet und das Licht dann zu einem flachen Band fokussiert, aus dem der aus einer Düse austretende Aerosolstrahl das Meßvolumen von $2 \cdot 10^{-6}$ cm$^3$ herausschneidet. Das Streulicht wird im Winkelbereich zwischen 2,5 und 5,5° über einen Umlenkspiegel auf den Photodetektor gegeben, dessen Impulse mit einem Vielkanal-Impulshöhenanalysator ausgewertet werden.

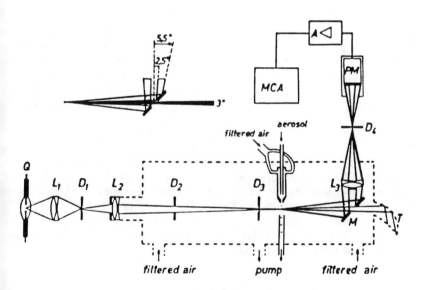

Bild 7.7: Optische Anordnung eines Größenmeßgeräts für heterogene Aerosole unter Ausnutzung der Kleinwinkelstreuung mit Licht einer Hg-Lampe; L = Linsen, D = Blenden[5]

225

Das Gerät wurde für die Messung an Teilchen im Größenbereich von 0,7 bis 6 μm Durchmesser entwickelt. Die Eichung erfolgte mit monodispersen Testaerosolen aus unterschiedlichen Materialien. Das Ergebnis ist in Bild 7.8 wiedergegeben. Wie erwartet wurde durch das nichtmonochromatische Licht eine weitgehende Glättung der Kurve erreicht.

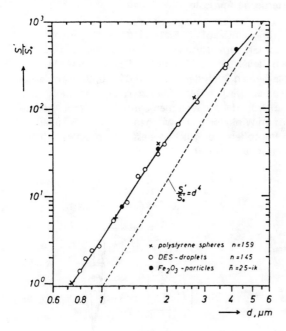

Bild 7.8:
Experimentelle Kalibrierungskurve für Kleinwinkelstreuung und Licht einer Hg-Lampe bei Teilchen mit unterschiedlichem Brechungsindex

Das kleine Meßvolumen wird durch die Einschnürung des Aerosolstroms auf eine Dicke von etwa 100 μm mit Hilfe einer Düsenanordnung nach dem in Bild 7.9 skizzierten Schema erreicht. Die teilchenführende Luft wird mit einem Reinluftmantel umgeben und dann durch eine Düse eingeengt und beschleunigt. Dabei bildet sich ein freier Aerosolstrahl aus, mit einer engsten Stelle unterhalb des Düsenaustritts. An dieser Stelle befindet sich das Lichtband. Der Prüfluftdurchsatz beträgt dabei etwa 100 cm$^3$ pro Minute.

### 7.4.1.2 Meßverfahren für submikroskopische Aerosole

Für Teilchen mit Durchmessern unterhalb der Wellenlänge des Lichts wird die Winkelverteilung des Streulichts nahezu isotrop. Es gibt keine bevorzugten Streu-

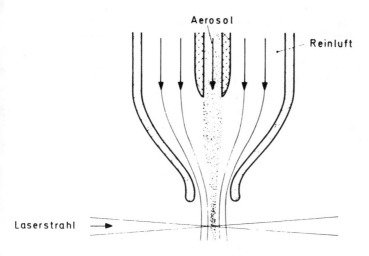

Bild 7.9: Schema der aerodynamischen Fokussierung

winkel mehr. Außerdem unterscheiden sich Partikel aus absorbierendem und nicht absorbierendem Material nur unwesentlich im Streuverhalten. Die Streulichtintensität zeigt auch für monochromatisches Licht einen monotonen Verlauf in Abhängigkeit von der Teilchengröße ($I \sim d^6$), so daß hier Laserlichtquellen vorteilhaft eingesetzt werden können. Eine gewisse Abhängigkeit vom Brechungsindex des Teilchenmaterials muß dagegen grundsätzlich in Kauf genommen werden.

Der optische Aufbau eines für den Größenbereich 0,07 bis 0,7 $\mu$m ausgelegten Laser-Aerosolspektrometers[6] ist in Bild 7.10 dargestellt.

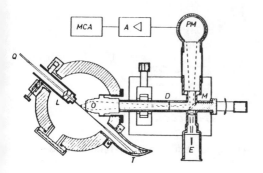

Bild 7.10:
Optische Anordnung eines
Laser-Aerosolspektrometers
für Submikroskopische
Teilchen[6]

227

Das Licht eines HeNe- oder Argon-Lasers wird mit Hilfe von Zylinderlinsen astigmatisch in das Meßvolumen fokussiert, wo es einen Flachstrahl von $(20 \times 120) \, \mu m^2$ bildet, durch dessen Zentrum der auf 30 $\mu m$ zusammengezogene Aerosolstrom geleitet wird. Auf diese Weise wird ein Meßvolumen von $1,5 \cdot 10^{-8} \, cm^3$ erreicht bei einem Prüfluftdurchsatz von 4 $cm^3$ pro Minute.

Das Streulicht wird unter einem mittleren Winkel von $40°$ durch ein Mikroskopobjektiv aufgenommen und durch eine Blende und über einen Umlenkspiegel auf den Detektor geleitet. Bild 7.11 zeigt experimentelle Kalibrierungskurven für Teilchen aus zwei verschiedenen Materialien.

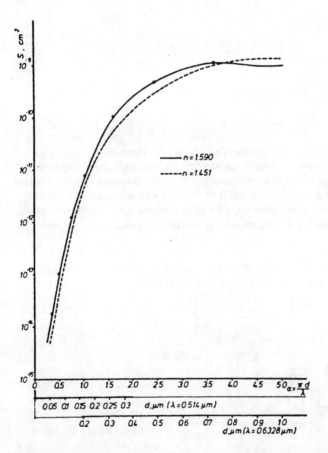

Bild 7.11: Experimentelle Kalibrierungskurve für ein Laser-Teilchengrößen-Spektrometer [4]

Durch das mit dem Laserlicht erzielbare kleine Meßvolumen können Aerosole mit hoher Teilchenkonzentration zugelassen werden. Aus statistischen Überlegungen läßt sich ableiten, daß Teilchenkonzentration N und Meßvolumen V die Ungleichung

$$N \cdot V \leqslant 0,05$$

erfüllen müssen, damit die Häufigkeit gleichzeitiger Messungen an zwei oder mehr Teilchen kleiner als 5 % wird. Bei einem Meßvolumen von $1,5 \cdot 10^{-8}$ cm darf die Konzentration des Aerosols somit bis zu $3 \cdot 10^6$ Teilchen pro cm$^3$ betragen.

### 7.4.1.3 Beugungszähler

Neben Geräten mit kleinem Meßvolumen und Messung am Einzelteilchen werden neuerdings auch Geräte für die gleichzeitige Größenbestimmung an vielen Teilchen kommerziell angeboten. Bei diesen als Beugungszähler bezeichneten Geräten wird die Fraunhofersche Beugungsfigur der Partikel für die Größenanalyse benutzt.

Die Fraunhofersche Beugungsfigur der Teilchen entsteht bei kollimierter, monochromatischer Beleuchtung in der hinteren Brennebene einer hinter den Teilchen aufgestellten Linse, wie in Bild 7.12 schematisch dargestellt. Sie ist unabhängig von der Lage der Teilchen und läßt somit auch Messungen an bewegten Teilchen zu.

Für kugelige Teilchen besteht die Beugungsfigur aus konzentrischen Ringen, wobei der Abstand dieser Ringe direkt mit der Teilchengröße korreliert ist. Für monodisperse Partikelkollektive kann somit aus dem Ringabstand die Teilchengröße und aus der Intensität der Beugungsfigur die Anzahl der Partikel ermittelt werden.

Bei Teilchen unterschiedlicher Größe überlagern sich die verschiedenen Beugungsfiguren, so daß die Größenbestimmung für die einzelnen Partikelfraktionen schwieriger wird. Durch den Einsatz elektronischer Rechner können jedoch auch in diesen Fällen noch befriedigende Meßergebnisse erzielt werden. Dazu wird mit Blenden an verschiedenen Radien in der Beobachtungsebene die Intensität in einer größeren Zahl von vorgegebenen, meist ringförmigen Bereichen gemessen und dann rechnerisch ermittelt, bei welcher Teilchengrößenverteilung sich die beste Übereinstimmung zwischen berechneten Intensitätswerten und den gemessenen ergibt.

Der Meßbereich solcher Beugungszähler liegt zwischen 2 und 500 $\mu$m, wobei mit

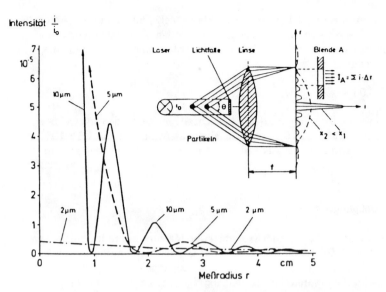

Bild 7.12: Prinzip der Fraunhofer-Beugung und örtliche Intensitätsverteilung verschiedener Partikelgrößen[10]

einer bestimmten Anordnung eine Verteilungsbreite von etwa 1 : 100 erfaßt werden kann. Die untere Meßgrenze ist dadurch bestimmt, daß die für die Fraunhofersche Beugung geltende Voraussetzung kleiner Wellenlänge gegen die Partikelgröße nicht mehr erfüllt ist. Die obere Meßgrenze ist durch die erforderliche Ausblendung des ungebeugten Laserlichts bedingt, die den ausnutzbaren Streuwinkel nach unten begrenzt.

Geräte dieser Art erlauben on-line Messungen sowohl an Aerosolen als auch an flüssigkeitssuspendierten Partikeln. Die Meßzeit liegt im Bereich einiger Sekunden, der Gesamtaufwand bis zum Vorliegen des Ergebnisses im Bereich weniger Minuten. Die Meßgenauigkeit liegt im Bereich einiger Prozent, solange keine merklichen Anteile (> 10 %) von Partikeln außerhalb des erfaßten Größenmeßbereichs vorhanden sind.

#### 7.4.1.4 Schnell veränderliche Aerosole

Für diskontinuierliche Messungen an schnell veränderlichen Aerosolen hat sich ein holographisches Verfahren bewährt. Mit Hilfe eines kurzen Laserblitzes wird ein Hologramm aller Teilchen im Meßvolumen aufgenommen. Aus diesem Hologramm kann ein Bild jedes einzelnen Teilchens rekonstruiert und zur Messung

230

von Größe und Lage des Teilchens benutzt werden. Bild 7.13 zeigt das Schema
der Aufnahme und Wiedergabe eines Teilchens.

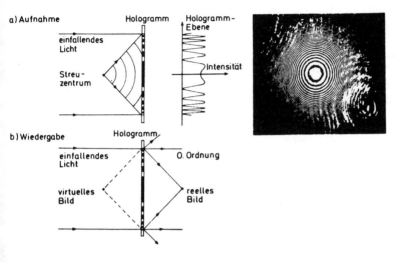

Bild 7.13:  Holographische Aufnahme und Wiedergabe eines Teilchens

Als Hologramm kommt ein Ringsystem von Interferenzstreifen zustande, das bei
Beleuchtung mit kohärentem Licht ein reelles und ein virtuelles Bild des Teilchens liefert. Das reelle Bild kann vergrößert und ausgemessen werden.

Befinden sich bei der Aufnahme mehrere Teilchen im beleuchtenden Laserlichtbündel, so wird auf der Fotoplatte für jedes Teilchen ein eigenes Ringsystem
erzeugt und alle Ringsysteme zusammen bilden das Hologramm der Teilchen-
wolke. Bei seiner Beleuchtung wird von jedem Teilchen ein reelles Bild kon-
struiert. Die relative Lage dieser Bilder entspricht der ursprünglichen Lage der
Teilchen während der Aufnahme des Hologramms.

Solche Hologramme können auch mit Impulslaser aufgenommen werden, die
extrem kurze Lichtblitze von 20 − 50 ns Dauer abgeben. Sie stellen Moment-
aufnahmen dar, aus denen ein statisches, räumliches Bild rekonstruiert werden
kann. Dieses Bild erlaubt die Vermessung von Teilchen im Größenbereich von
1 mm Durchmesser bis herab zu 0,5 $\mu$m und ihre Klassifizierung nach Größe,
Form und räumlicher Lage.

Bild 7.14 zeigt die optische Anordnung zur Aufnahme solcher Hologramme. In Bild 7.15 ist die Vergrößerung eines Hologramms von zerstäubten Teilchen wiedergegeben und in Bild 7.16 ist die Anordnung zur Auswertung der Hologramme skizziert.

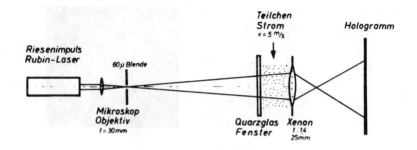

*Fraunhofer — Hologramm*

Bild 7.14:  Optische Anordnung zur holographischen Aufnahme von Aerosolteilchen

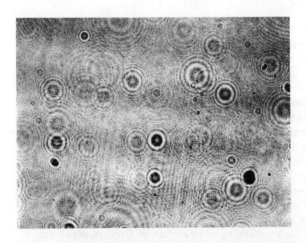

Bild 7.15:  Vergrößerter Ausschnitt aus einem Tröpfchenhologramm

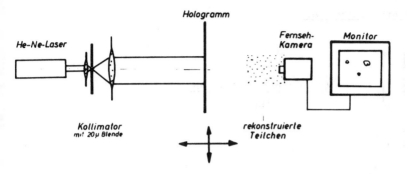

Bild 7.16: Optische Anordnung zur Rekonstruktion holographischer
Aerosolteilchen


Bild 7.17 zeigt zwei Rekonstruktionen aus demselben Ausschnitt eines solchen
Hologramms, wobei auf zwei verschiedene Ebenen scharf eingestellt wurde.
Bild 7.18 gibt eine gemessene Teilchengrößenverteilung wieder.

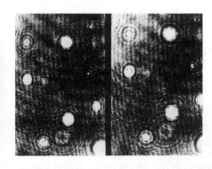

Bild 7.17:
Zwei Rekonstruktionen aus demselben
Hologrammausschnitt

Durch die extrem kurzen Belichtungszeiten können auf diese Weise Teilchen mit
Geschwindigkeiten bis zu etwa 100 m/s untersucht werden. Dabei ist es möglich,
mit einer Aufnahme Meßvolumen zwischen 1 cm$^3$ und mehreren dm$^3$ zu
erfassen.

Da auf ein und derselben Fotoplatte auch mehrere Hologramme überlagert
werden können, bietet sich bei Verwendung von mehrfach blitzenden Lasergeräten auch die Möglichkeit, Bewegungsabläufe zu untersuchen. Durch die aufeinanderfolgenden Blitze wird jedes Teilchen mehrfach holographiert. In der
Rekonstruktion kommt dadurch jeweils eine Spur von kettenförmig aneinander-
gereihten Einzelbildern zustande, aus der bei bekanntem zeitlichen Abstand der

233

Teilchenzahl/Größenbereich

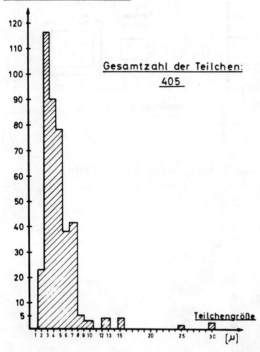

Gesamtzahl der Teilchen:
405

Teilchengröße

Bild 7.18:
Holographisch gemessene
Teilchengrößenverteilung
eines Staubgemischs

Blitze die Geschwindigkeit jedes Teilchens nach Betrag und Richtung bestimmt werden kann. Im einfachsten Fall genügen dazu bereits zwei Laserblitze.

Ein besonderer Vorteil des Verfahrens liegt darin, daß es keine Probenahme erfordert. Es hat deshalb besonders Anwendung in der Staubmessung und Aerosolforschung gefunden[7]. Weiterhin wurde es angewendet für die Untersuchung von Zerstäubungs- und Einspritzvorgängen[8,9] sowie auch von Gasblasen in strömenden Flüssigkeiten.

### 7.4.1.5 Größenmessung über den Doppler-Effekt

Bei der Streuung von Licht an bewegten Teilchen wird nicht nur die Richtung des Lichts beeinflußt, sondern auch dessen Frequenz (Doppler-Effekt). Für einen gegebenen Streuwinkel ist die Frequenzverschiebung proportional zur Geschwindigkeit des Teilchens. Da unter bestimmten Voraussetzungen die Geschwindigkeit eines Teilchens bestimmt wird durch seine Größe, kann aus einer Messung

234

der Frequenzverschiebung nicht nur die Geschwindigkeit des streuenden Teilchens, sondern auch dessen Größe ermittelt werden.

Eine direkte Korrelation zwischen der Teilchengröße und der Teilchengeschwindigkeit ist bei der Diffusion von Partikeln in einem ruhenden Medium infolge der Brownschen Molekularbewegung gegeben. Je größer das Teilchen, desto kleiner die Geschwindigkeit, desto kleiner also auch die Frequenzverschiebung des Streulichts.

Die in der Praxis auftretenden Frequenzverschiebungen sind im Vergleich zur Ausgangsfrequenz des Lichts ($\approx 5 \cdot 10^{14}$ Hz) sehr klein. Mit Hilfe von Methoden des laser-optischen Überlagerungsempfangs (Heterodynempfang) können sie aber dennoch gemessen werden. Das an den sich bewegenden Teilchen gestreute und damit frequenzverschobene Licht eines Lasers wird dazu auf den Empfänger mit Laserlicht unveränderter Frequenz überlagert. Dabei entsteht ein Schwebungssignal, dessen Frequenz gerade der Dopplerverschiebung entspricht und das mit entsprechenden Frequenzanalysatoren gemessen werden kann.

Bei Messungen dieser Art an frei schwebenden Partikeln in einem ruhenden Medium befinden sich im allgemeinen sehr viele Teilchen gleichzeitig im Meßvolumen. Deren Geschwindigkeiten unterscheiden sich sowohl nach der Richtung als auch nach dem Betrag. Dementsprechend resultiert aus einer Messung auch nicht nur eine einzelne Dopplerfrequenz, sondern ein ganzes Frequenzspektrum. Liegen nur Teilchen einer einheitlichen Größe vor, so hat dieses Spektrum die wohldefinierte Form einer Glockenkurve, aus deren Halbwertsbreite der Diffusions-Koeffizient und die Partikelgröße berechnet werden kann.

Dieses Verfahren der Lichtschwebungsspektroskopie findet in der Partikelmeßtechnik vor allem Anwendung bei der Größenbestimmung von Makromolekülen, Viren, Macrophagen und ähnlichen mehr oder weniger monodispersen Teilchensystemen. Die Temperatur und die Viskosität des Suspensionsmediums müssen dabei konstant gehalten, Strömungen jeder Art (Konvektion) vermieden werden.

Bild 7.19 zeigt schematisch den Aufbau eines Meßgeräts dieser Art.

Bild 7.20 zeigt das an einer Suspension von Latexpartikeln mit 0,5 $\mu$m Durchmesser unter einem Streuwinkel von 22° gemessene Dopplerfrequenzspektrum im Vergleich zum berechneten Spektrum.

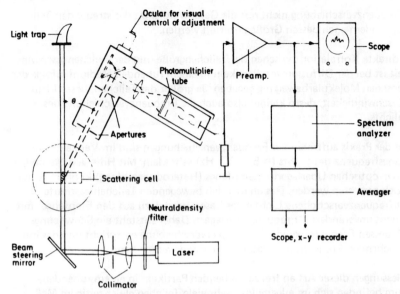

Bild 7.19: Aufbau zur lichtschwebungsspektroskopischen Bestimmung der Teilchengröße

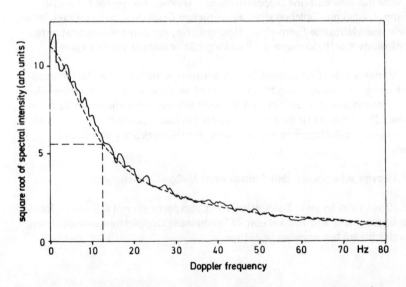

Bild 7.20: Dopplerfrequenzspektrum einer Suspension von Latexpartikeln mit 0,5 μm Durchmesser

## 7.4.2 Lungen-Depositionsproportionale Anzeige des Feinstaubes

Bei optischen Staubkonzentrationsmessungen mit Hilfe der Lichtstreuung ist es nicht möglich, alle Korngrößen gleichmäßig zu berücksichtigen, da die Streulichtausbeute pro Teilchen stark vom Teilchendurchmesser abhängt. Betrachtet man aber die Streulichtausbeute pro Volumeneinheit Staub, die „spezifische" Streulichtausbeute, so kann man feststellen, daß sie im großen und ganzen in Abhängigkeit von der Teilchengröße sehr ähnlich verläuft wie die Depositionswahrscheinlichkeit für diese Teilchen in den Lungenalveolen. Eine Übereinstimmung dieser beiden Kurven in ihrem Verlauf und in der Lage des Maximums, das beide im Bereich des Feinstaubes durchlaufen, bedeutet für ein bestimmtes Staubphotometer, daß bei Messungen mit diesem Gerät die Staubkörner einer bestimmten Größe nur in dem Maß zum Gesamtstreulichtsignal beitragen, in dem sie auch an der Gesamtdeposition des Staubes in den Lungenalveolen beteiligt sind. Man erhält somit ein Streulichtsignal, das dem Volumen des in den Lungenalveolen sich insgesamt absetzenden Staubes proportional ist. Das ist eine für die Überwachung von Arbeitsplätzen außerordentlich wichtige Größe.

Wie genauere Untersuchungen [11] gezeigt haben, ist es möglich, durch richtige Wahl der Wellenlänge der verwendeten Lichtquelle sowie des mittleren Streuwinkels und des Öffnungsverhältnisses der Erfassungsoptik für das gestreute Licht die beiden Kurven in ausreichendem Maß aneinander anzupassen (Bild 7.21). Man muß dazu eine Lichtquelle im nahen Infrarot benutzen (1,8 $\mu$m) und unter 70° mit einer Öffnung von 20° messen.

Eine Verwirklichung dieser optimalen Werte scheitert heute noch daran, daß noch keine für praktische Zwecke einsetzbaren Lichtquellen mit 1,8 $\mu$m Wellenlänge zur Verfügung stehen. Eine sehr gute Annäherung an die optimalen Verhältnisse wurde aber mit einem Gerät erreicht, das mit einer GaAs-Lumineszenzdiode als Lichtquelle ($\lambda$ = 0,94 $\mu$m) und einer Si-Diode als Empfänger nach der im Bild 7.22 skizzierten Anordnung aufgebaut wurde.

Als sehr vorteilhaft erwies sich dabei die Verwendung der Halbleiterdiode als Lichtquelle. Sie ermöglicht den Bau von leichten, tragbaren Handgeräten mit Batteriebetrieb die mit verhältnismäßig geringen Kosten hergestellt und überall eingesetzt werden können. Die Empfindlichkeit des Gerätes liegt bei 0,065 mg Staub pro m$^3$.

Es ist zu erwarten, daß entsprechende Halbleiterlaser-Dioden bei der für die optimale Anpassung gewünschten Wellenlänge von 1,8 $\mu$m in absehbarer Zeit zur Verfügung stehen werden. Damit könnte gleichzeitig auch die Empfindlichkeit des Gerätes noch beträchtlich gesteigert werden. Bild 7.21 zeigt eine praktische Ausführung des Gerätes, das primär für die Staubkontrolle im Steinkohlenbergbau entwickelt wurde, das aber auch für viele andere Luftkontrollzwecke eingesetzt werden kann.

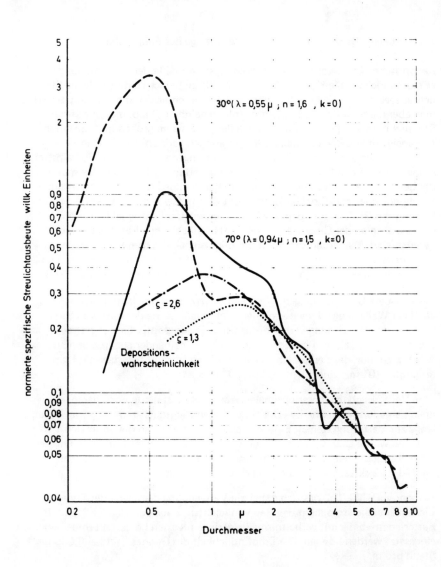

Bild 7.21: Spezifische Streulichtausbeute in Abhängigkeit von der Teilchengröße bei 30° mittlerem Streuwinkel und sichtbarem Licht sowie bei 70° und ultrarotem Licht. Zum Vergleich sind die Wahrscheinlichkeiten für die Deposition von Kohlestaub ($\rho$ = 1,3) bzw. Gesteinsstaub ($\rho$ = 2,6) in den Lungenalveolen eingetragen.

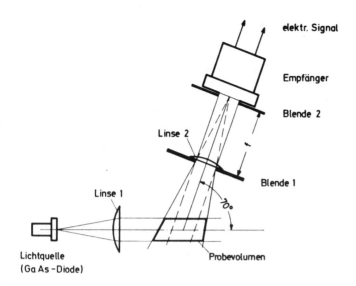

elektr. Signal

Empfänger

Blende 2

Linse 2

Blende 1

Linse 1

$\vartheta_0$

Lichtquelle
(Ga As –Diode)

Probevolumen

Bild 7.22: Optische Anordnung eines Staubphotometers mit depositions-
proportionaler Anzeige des Feinstaubs

Bild 7.23:
Staubphotometer für depositions-
proportionale Anzeige des Feinstaubes (Hund)

### 7.4.3 Erfassung spezifisch geformter Stäube

Die Konturenform eines lichtstreuenden Teilchens spiegelt sich unmittelbar in der Verteilung des gestreuten Lichtes um die optische Achse herum wider. Bei Teilchen mit einer spezifischen äußeren Form, z. B. faserförmigen Teilchen, kann das dazu benutzt werden, selektiv nur diese Teilchen zu erfassen. Damit besteht die Möglichkeit, spezielle Geräte für die Messung von Faserteilchen-Konzentrationen zu entwickeln. Solche Geräte sind sowohl für die direkte Überwachung der Arbeitsplatzbelastung in der asbestverarbeitenden Industrie (Asbestose-Bekämpfung) als auch für die allgemeine Kontrolle der Luft auf Verunreinigung durch Faserstaub und die Festlegung von TRK-Werten von großem Interesse.

Das Meßprinzip beruht darauf, daß faserförmige Teilchen auffallendes Licht vorwiegend quer zur Faser streuen, während bei den sonstigen Staubteilchen das Streulicht etwa gleichmäßig um die optische Achse herum verteilt auftritt (Bild 7.24).

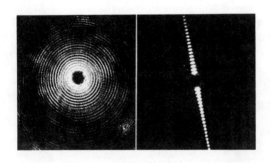

Bild 7.24:
Beugungsfigur eines faser-
förmigen und eines kugeligen
Teilchens

Die asymmetrische Verteilung des Streulichtes von Fasern in der Meßebene kann mit Hilfe eines Quadrantendetektors nachgewiesen und dazu benutzt werden, die Faserform automatisch zu detektieren um so spezifisch nur die Teilchen dieser Form in einem bestimmten Luftvolumen zu zählen. Bild 7.25 zeigt die Meßanordnung schematisch. Der Teilchenstrom wird mit einem Reinluftmantel umgeben und danach durch eine Düse eingeengt, so daß die Staubteilchen vereinzelt nacheinander durch das unter der Düse angeordnete Laserlichtbündel hindurchtreten. Das vom Teilchen erzeugte Streulicht fällt auf ein Lichtdetektorsystem, mit dem festgestellt werden kann, ob eine ausgeprägte Asymmetrie der Lichtverteilung vorliegt. Wenn das der Fall ist, wird das betroffene Teilchen als Faser registriert.

Messungen an Teststäuben haben ergeben, daß auf diese Weise Fasern bis hinab zu 0,1 μm Dicke erfaßt werden können. Die Zählrate beträgt maximal 20 000

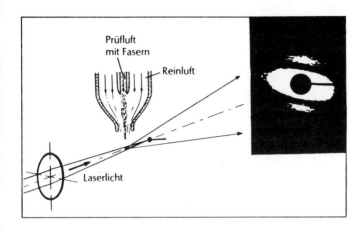

Bild 7.25: Schematische Anordnung des optischen Faserzählgerätes, rechts das Streubild einer Faser

Teilchen pro Sekunde. Anhand von Vergleichsmessungen in der Praxis unter unterschiedlichen Staubbedingungen konnte bestätigt werden, daß mit dem neuen Gerät gleiche Empfindlichkeiten wie mit dem konventionellen Filterverfahren erzielt werden. Unter normalen Arbeitsbedingungen reichen Meßzeiten von wenigen Minuten aus, um aussagekräftige Meßwerte zu gewinnen. Manuelle Auswertearbeiten sind nicht erforderlich.

W. Englisch, W. Wiesemann

# 8. Gasanalyse mit Laser

## 8.1 Einleitung

Konventionelle optisch-spektroskopische Meßverfahren (wie z. B. die Absorptions-, Raman- oder Fluoreszenzspektroskopie) werden seit langem für die Untersuchung und Analyse von Gasen und Gasgemischen eingesetzt und haben ihre Leistungsfähigkeit für bestimmte Aufgabenstellungen hinreichend demonstriert. Mit der Entwicklung des Lasers als neuartige Lichtquelle ist jedoch die optische Spektroskopie in ein neues Stadium getreten. In nahezu allen Teilbereichen konnten durch Anwendung des Lasers die spektrale Auflösung und die Empfindlichkeit um einige Größenordnungen gesteigert werden. Darüber hinaus wurden neue Verfahren entwickelt, die nunmehr die Beobachtung von Vorgängen erlauben, die vorher einer Messung nicht zugänglich waren und wichtige Erkenntnisse über die Struktur der Atome, Moleküle und festen Körper liefern.

Durch diese Entwicklung hat sich den Laser-spektroskopischen Verfahren zur Gasanalyse ein breiter Einsatzbereich erschlossen. Durch Ausnutzung der besonderen Eigenschaften des Laserlichts (vgl. Kapitel 1) lassen sich neuartige Meßverfahren und Meßgeräte für die Gasanalyse realisieren, die gegenüber konventionellen Methoden in vielen Fällen wesentliche Vorteile bieten bzw. ganz neue Anwendungen möglich machen.

Die Laser-spektroskopischen Verfahren zur Gasanalyse arbeiten ebenso wie die konventionellen spektroskopischen Verfahren direkt und berührungsfrei, d. h. das Meßergebnis wird nicht durch Meßsonden oder umständliche Probenaufbereitung verfälscht und steht sofort zur Verfügung. Der Laser emittiert jedoch sehr monochromatische Strahlung, deren Wellenlänge bei bestimmten Lasertypen außerdem kontinuierlich durchstimmbar ist; d. h. die gesamte vom Laser erzeugte Strahlung ist nutzbare Meßstrahlung. Damit stehen extrem hohe spektrale Leistungsdichten zur Verfügung, die sich mit konventionellen (d. h. thermischen) Lichtquellen nicht erreichen lassen.

Fokussiert man das Laserlicht mit einer geeigneten Optik, so können sehr kleine Meßvolumina ($< 1 \text{ mm}^3$) realisiert werden, d. h. man kann Messungen (z. B. Untersuchungen an Flammen) mit sehr guter lokaler Auflösung durchführen, wobei sich die spektrale Leistungsdichte im Meßvolumen durch die Fokussierung noch vervielfacht. Andererseits läßt sich Laserlicht auch auf große Entfer-

243

nung bündeln bzw. kollimieren. Damit ist die Möglichkeit zu einer echten Fernmessung gegeben. Hierbei dient das nahezu parallele Laserbündel quasi als Sonde, um ein mehr oder weniger weit entferntes Meßvolumen zu analysieren oder um integrale Messungen entlang einer großen Meßstrecke durchzuführen. Die Reichweite kann im Extremfall bis zu mehreren hundert Kilometern betragen, wie dies z. B. für Atmosphärenuntersuchungen vom Weltraum aus erforderlich ist.

Außerdem läßt sich die Laseremission zeitlich steuern. Von besonderer Bedeutung ist die Erzeugung von Impulsen mit kurzer Zeitdauer (Nanosekunden- oder Picosekundenbereich) und hoher Spitzenleistung. Solche Impulse werden verwendet, um schnell ablaufende Vorgänge mit hoher zeitlicher Auflösung zu untersuchen oder, bei Fernmeßverfahren, um anhand der Pulslaufzeit die Entfernung zum Meßvolumen zu bestimmen.

Für zahlreiche Anwendungen ist außerdem von Bedeutung, daß die Laserspektroskopischen Verfahren nicht nur zum empfindlichen Nachweis und zur Bestimmung der Konzentration von bestimmten Gasen geeignet sind. Sie gestatten auch die berührungslose Messung verschiedener anderer Parameter von Gasen und Gasgemischen wie z. B. Druck, Temperatur, energetische Besetzungsverhältnisse, Bewegungszustand etc.

Es gibt im wesentlichen drei optisch-spektroskopische Verfahren in Verbindung mit Lasern, die für eine Gasanalyse eingesetzt werden (vgl. auch Tabelle 8.1):

— Laser-Ramanspektroskopie
— Laser-Fluoreszenzspektroskopie
— Laser-Absorptionsspektroskopie

Die Anwendungsbereiche dieser Verfahren, ihre physikalischen Grundlagen und die dafür geeigneten Lasertypen werden in den nächsten Abschnitten kurz zusammengefaßt. Bei der nachfolgenden Diskussion der technischen Ausgestaltung und praktischen Anwendung unterscheiden wir zwischen zwei Einsatzbereichen: Zunächst werden verschiedene Ausführungsformen von Laser-Spektrometern für lokale Messungen erläutert, d. h. für Messungen mit Probenentnahme oder vor Ort über geringe Entfernung. Danach werden die Methoden der Fernanalyse behandelt und anhand von praktischen Ausführungsbeispielen verdeutlicht. Den Abschluß bildet die Vorstellung des Gas-Sensors DIANA, der speziell für die Überwachung von risikobehafteten Anlagen entwickelt wurde und sowohl lokale Messungen wie auch Fernmessungen ermöglicht.

## 8.2 Anwendungsbereiche

In Anbetracht ihrer Vorzüge und spezifischen Merkmale ist es nicht verwunderlich, daß die Laser-spektroskopischen Verfahren zur Untersuchung und Analyse von Gasen zunehmend Eingang in den verschiedensten Bereichen von Forschung und Technik finden:

— In der reinen und angewandten Forschung gehören sie bereits weitgehend zu den Standard-Untersuchungsmethoden. Im physikalisch-chemischen Labor werden sie eingesetzt, um z. B. Informationen über energetische Besetzungszustände in Atomen und Molekülen und deren Relaxationszeiten zu gewinnen, Molekülstrukturen aufzuklären, unbekannte Species zu identifizieren und Gasgemische zu analysieren.

  Auch in der Wärme-, Strömungs- und Verbrennungstechnik gewinnen die Laser-Meßtechniken zunehmend an Bedeutung, vor allem wegen ihrer berührungslosen und somit störungsfreien Arbeitsweise. Sie dienen hier u. a. zur Messung der lokalen Augenblickswerte von Konzentration, Dichte, Temperatur und gegebenenfalls Strömungsgeschwindigkeit von Gasen. Solche Informationen werden zur Modellierung von Strömungs- und Verbrennungsvorgängen benötigt. Ein typisches Anwendungsbeispiel ist hier der Einsatz des Lasers zur Untersuchung und Optimierung der Verbrennungsvorgänge in Motoren und technischen Flammen.

— Im Bereich der industriellen Produktion steht der Einsatz von Laserverfahren zur Gasanalyse noch weitgehend am Anfang. Ein großes Potential wird in der Überwachung und Steuerung von Prozeßabläufen gesehen. Das Laser-Meßgerät dient hier als on-line Sensor (berührungslos!), der die Konzentration oder die Durchflußrate einer bestimmten Leitkomponente erfaßt und gegebenenfalls steuert. Auch in der Qualitätskontrolle ergeben sich gute Einsatzmöglichkeiten. Ein bereits realisiertes Beispiel ist die Kontrolle der Gaszusammensetzung und des Gesamtfülldrucks in Halogenlampen.

  Ein weiterer Einsatzbereich ist die Überwachung von risikobehafteten Anlagen, wo die Gefahr besteht, daß durch unerkannte Leckagen explosive oder toxische Gase austreten und große Schäden verursachen können. Hierfür kommen vor allem Laser-Fernmeßverfahren in Betracht.

— Im Bereich des Umweltschutzes zählt die Reinhaltung der Luft, sowohl am Arbeitsplatz wie auch in der offenen Atmosphäre, zu den vordringlichen Aufgaben. Bereits seit einiger Zeit existieren für zahlreiche Gase gesetzliche Vorschriften über die maximal zulässigen Emissionswerte sowie Richtlinien für die maximalen Immissionskonzentrationen (MIK-Werte) und die maximalen Arbeitsplatzkonzentrationen (MAK-Werte). Jedoch fehlt in vielen Fällen

noch das meßtechnische Instrumentarium, um die erforderlichen Emissions-
und Immissionsmessungen zuverlässig und mit vertretbarem Aufwand durchführen zu können. Die Laser-spektroskopischen Methoden zur Gasanalyse,
insbesondere in der Ausgestaltung als Fernmeßverfahren, können hier helfen,
diese Lücke zu schließen.

## 8.3 Laserspektroskopische Verfahren

Die optisch-spektroskopischen Meßverfahren zur Gasanalyse mit Laser beruhen
auf der energetischen Wechselwirkung von Photonen, d. h. von Licht, mit
Atomen oder Molekülen. In Bild 8.1 sind die verschiedenen Erscheinungsformen
stark vereinfacht und schematisch dargestellt. Laserlicht mit der Intensität $I_0$
und der Photonenenergie $h\nu_0$ wird in ein Gasvolumen eingestrahlt. Nach Durchqueren der Wechselwirkungslänge L ist die transmittierte Laserintensität $I_t$
gegebenenfalls infolge von Absorption geschwächt. Im Streulicht, das nach den
Seiten austritt, finden sich u. U. Anteile mit verschobener und unverschobener
Frequenz, die den verschiedenen Wechselwirkungsprozessen wie Fluoreszenz-
anregung ($h\nu_F$), Ramanstreuung ($h(\nu_0 \pm \nu_R)$) und elastische Streuung ($h\nu_0$)
zuzuordnen sind.

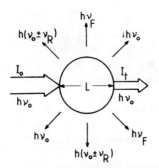

Bild 8.1:
Schematische Darstellung der verschiedenen
spektroskopischen Verfahren für die Gasanalyse
mit Laser. Erläuterung siehe Text.

Tabelle 8.1 gibt einen Überblick über die verschiedenen Meßverfahren, die Parameter, die sich damit erfassen lassen und die Wechselwirkungspartner. Die
letzte Spalte enthält Angaben zu den typischen Wechselwirkungsquerschnitten,
die ein Maß für die im Prozeß auftretenden Lichtintensitäten und damit für die
Größe des Meßeffekts darstellen. Der Vollständigkeit halber ist auch die
Rayleighstreuung mit aufgeführt. Es handelt sich hier um die elastische Streuung
von Photonen an Molekülen, wobei das Streulicht nicht frequenzverschoben ist
und im allgemeinen keine Aussage über die Molekülsorte zuläßt. Messungen
unter Ausnutzung der Rayleighstreuung sind aufwendig und äußerst schwierig

246

Tabelle 8.1: Zusammenstellung und Vergleich verschiedener spektroskopischer Verfahren für die Gasanalyse mit Laser (CARS = Coherent Anti-Stokes Raman Scattering)

| Verfahren | Meß-information | Wechsel-wirkungs-partner | Wirkungs-querschnitt |
|---|---|---|---|
| Rayleigh-streuung | Dichte (Temperatur) | Moleküle | $10^{-27}$ cm$^2$ |
| Raman-streuung | Gasart Konzentration Temperatur | Moleküle | $10^{-28} - 10^{-30}$ cm$^2$ |
| CARS | Besetzung von Energiezuständen | | $10^{-21} - 10^{-24}$ cm$^2$ |
| Fluoreszenz | Gasart (Konzentration) (Temperatur) | Moleküle | $10^{-19} - 10^{-22}$ cm$^2$ |
| | | Atome | $10^{-12} - 10^{-18}$ cm$^2$ |
| Absorption | Gasart Konzentration (Temperatur) | Moleküle | $10^{-17} - 10^{-21}$ cm$^2$ |
| | | Atome | $10^{-12} - 10^{-18}$ cm$^2$ |

durchzuführen und sind zur Zeit nur im Forschungsbereich von Bedeutung. Dieses Verfahren wird daher nicht weiter behandelt.

## 8.3.1 Ramanspektroskopie und CARS

Beim Ramaneffekt tritt Licht in inelastische Wechselwirkung mit elektronischen, Schwingungs- oder Rotationszuständen von Atomen, Molekülen etc. Dabei ändert sich die Lichtfrequenz auf definierte Weise um den Betrag $\nu_R$. Eine Verschiebung zu kleineren Frequenzen kennzeichnet die sogenannten Stokes-Linien ($\nu_o - \nu_R$), während man bei größeren Frequenzen ($\nu_o + \nu_R$) von Anti-Stokes-Linien spricht. Die Frequenzverschiebung dieser Ramanlinien entspricht beispielsweise der Energiedifferenz zwischen Schwingungszuständen oder Rotationszuständen des streuenden Moleküls. Die Ramanspektren sind deshalb für die betreffende Molekülart charakteristisch und können zur Gasidentifizierung benutzt werden. Die Intensität der frequenzverschobenen Ramanlinien ist ein Maß für die Konzentration der Moleküle. Bei geeigneter Auswertung lassen sich daraus auch Daten über Temperatur und Besetzungsverhältnisse gewinnen. Für weitergehende Informationen über die physikalischen Grundlagen des Ramaneffekts und seine meßtechnische Nutzung sei auf die einschlägige Spezialliteratur verwiesen [1-3].

Die Laser-Ramanspektroskopie ist besonders vorteilhaft für die quantitative Analyse von unbekannten Gasgemischen. Im Prinzip lassen sich mit *einer Messung alle Komponenten* der Mischung *gleichzeitig* nachweisen. Außerdem ist eine Frequenzabstimmung des Lasers auf eine definierte Absorptionslinie nicht erforderlich.

Allerdings ist die Intensität des frequenzverschobenen Ramanstreulichtes sehr gering. Unter vereinfachenden Annahmen ergibt sich für eine bestimmte Ramanlinie des betrachteten Gases der Zusammenhang

$$I_R = k I_o \, NL\Omega \, (d\sigma/d\Omega) \qquad\qquad (8.1)$$

mit $I_R$ = Ramanintensität, k = Gerätekonstante, $I_o$ = eingestrahlte Intensität, N = Moleküldichte. $\Omega$ und L bezeichnen den Raumwinkel bzw. die Wechselwirkungslänge, die von der Registrieroptik erfaßt werden. $d\sigma/d\Omega$ ist der differentielle Wechselwirkungsquerschnitt pro Raumwinkeleinheit. Da $d\sigma/d\Omega$ sehr klein ist (vgl. Tabelle 8.1), sind die auftretenden Ramanintensitäten generell sehr schwach. Es müssen also leistungsstarke, kurzwellige Laser und aufwendige Empfangs- und Nachweissysteme verwendet werden, um bei der konventionellen Ramanspektroskopie eine ausreichende Nachweisempfindlichkeit zu erzielen.

In den letzten Jahren wurde eine neue sehr erfolgversprechende Methode entwickelt: „Coherent Anti-Stokes Raman Scattering" oder, abgekürzt, CARS. Es handelt sich hier um einen optischen nicht-linearen Streuprozeß auf der Grundlage des Ramaneffekts, der mit ebenfalls molekülspezifischen Eigenschaften aber deutlich höheren Wirkungsquerschnitten (vgl. Tabelle 8.1) in Erscheinung tritt. Allerdings verlangt CARS mehr technischen Aufwand und stellt höhere experimentelle Anforderungen als die konventionelle Ramanspektroskopie. In Bild 8.2 ist das CARS-Grundprinzip schematisch dargestellt. Es werden zwei Laserquellen mit unterschiedlichen Emissionsfrequenzen $\nu_1$ und $\nu_2$ benötigt. Die eine Laserfrequenz ($\nu_2$) muß auf das zu untersuchende Gas abstimmbar sein. Es besteht also die gleiche Einschränkung wie bei den Verfahren der Fluoreszenz- und Absorptionsspektroskopie. Außerdem muß ein bestimmter Winkel zwischen den beiden Laserbündeln eingehalten werden. Das CARS-Signal hat dann die Frequenz $\nu_3 = 2\nu_1 - \nu_2$ und wird in einen engen

Bild 8.2:
Schema der Anordnung zur
CARS-Spektroskopie

Raumwinkel abgestrahlt. Die Signalintensität ist näherungsweise gegeben durch

$$I_3 = (4\pi^2 \nu_3/c)^2 \, I_1^2 I_2 \, |\chi_3|^2 \, l^2 \qquad (8.2)$$

Hierbei bedeuten $I_1$ und $I_2$ die Intensitäten der beiden Laserbündel, c die Lichtgeschwindigkeit, $\chi_3$ die nichtlineare Suszeptibilität dritter Ordnung des Gases, die proportional zur Moleküldichte ist, und l die geometrische Länge, auf der die beiden Intensitäten $I_1$ und $I_2$ miteinander in Wechselwirkung treten. Wegen der besseren Streueffizienz und der Abstrahlung in einen eng begrenzten Raumwinkel kann die empfangene Leistung bei CARS um bis zu 11 Zehnerpotenzen größer sein als bei der konventionellen Ramanspektroskopie. Infolge der hohen spektralen Leistungsdichte des Signals eignet sich CARS ganz besonders für Untersuchungen in heißer, selbstleuchtender Umgebung (z. B. Flammen, Plasmen) und wird zum Studium von Verbrennungsvorgängen (z. B. in Motoren) mit großem Erfolg eingesetzt[4].

### 8.3.2 Fluoreszenzspektroskopie

Für dieses Meßverfahren benötigt man Laser, deren Emissionsfrequenz auf eine Absorptionslinie des zu untersuchenden Gases abgestimmt ist. Durch Absorption des Laserlichts werden die Atome oder Moleküle selektiv angeregt, d. h. sie gehen in einen energetisch höher liegenden Zustand über. Nach einer gewissen Zeit, der Lebensdauer des Zustands, fallen sie in einen energetisch tiefer liegenden Zustand zurück, wobei in vielen Fällen Fluoreszenzstrahlung emittiert wird (in den vollen Raumwinkel $4\pi$; vgl. Bild 8.1). Fluoreszenz tritt etwa $10^{-10}$ s bis $10^{-5}$ s nach der Anregung auf und ist oft zu niedrigeren Frequenzen hin verschoben. Sie kann aber auch bei der Frequenz des Anregungslichts erfolgen (Resonanzfluoreszenz). Die spektrale Verteilung des Fluoreszenzlichts ist für die betreffende Atom- oder Molekülsorte charakteristisch und kann zu deren Identifizierung benutzt werden.

Nicht alle Bereiche des optischen Spektrums sind für die Anregung von Fluoreszenzstrahlung gleich günstig. Im infraroten Spektralbereich, d. h. im Bereich der Rotations-Schwingungsspektren haben viele Molekülgase zwar große Absorptionsquerschnitte, jedoch ist die Fluoreszenzausbeute meist sehr gering: Die angeregten Moleküle geben bei Atmosphärendruck ihre Anregungsenergie überwiegend strahlungslos ab (Stöße mit anderen Molekülen). Außerdem verteilt

249

sich die Anregungsenergie sehr rasch auf eine große Zahl verschiedener Rotationszustände. Die spektrale Intensität des IR-Fluoreszenzlichts ist daher sehr gering.

Andere Verhältnisse liegen bei Anregung mit sichtbarer und ultravioletter Strahlung vor (Anregung von elektronischen Zuständen). In diesem Bereich ist insbesondere bei den Atomen der Metalldämpfe z. B. Arsen (As), Blei (Pb), Kadmium (Cd), Kalium (K), Natrium (Na), Quecksilber (Hg) und Zink (Zn) die Wahrscheinlichkeit für strahlende Übergänge groß. Da auch die Absorptionsquerschnitte groß sind, wird ein relativ großer Anteil der Anregungsstrahlung absorbiert und in Fluoreszenzlicht umgewandelt. Dies gilt mit Einschränkungen auch für manche Moleküle und Molekülradikale.

Für eine Abschätzung der Intensität bei der Resonanzfluoreszenz (frequenzunverschoben) kann die für die Ramanintensität angegebene Gleichung (8.1) herangezogen werden, wenn man die Werte für den differentiellen Fluoreszenz-Wirkungsquerschnitt bei der entsprechenden Anregungswellenlänge einsetzt. In Tabelle 8.2 sind für einige Gase diese Werte zusammengestellt. Ebenfalls angegeben sind die Absorptionsquerschnitte $\sigma$ und die Stern-Volmer Löschfaktoren q (quenching ratios) für Luft bei Atmosphärendruck. Es gilt:

$$d\sigma_F/d\Omega = q\sigma/(4\pi). \tag{8.3}$$

Tabelle 8.2: Absorptionsquerschnitte $\sigma$, Stern-Volmer Löschfaktoren q, und differentielle Wirkungsquerschnitte $d\sigma_F/d\Omega$ der Resonanzfluoreszenz für ausgewählte Atome und Moleküle

| Spezies | Wellenlänge (nm) | $\sigma$ (cm$^2$) | q *) | $d\sigma_F/d\Omega$ *) (cm$^2$/sr) |
|---|---|---|---|---|
| Na | 589,6 | $3,1 \cdot 10^{-12}$ | $1,1 \cdot 10^{-2}$ | $2,7 \cdot 10^{-15}$ |
| Hg | 253,7 | $2,5 \cdot 10^{-13}$ | $1,1 \cdot 10^{-3}$ | $2,2 \cdot 10^{-17}$ |
| NO$_2$ | 400,0 | $1,1 \cdot 10^{-17}$ | $2,5 \cdot 10^{-5}$ | $2,2 \cdot 10^{-23}$ |
| SO$_2$ | 290,0 | $1,4 \cdot 10^{-17}$ | $1,2 \cdot 10^{-5}$ | $1,3 \cdot 10^{-23}$ |
| C$_6$H$_6$ | 250,0 | $1,3 \cdot 10^{-18}$ | $1,6 \cdot 10^{-4}$ | $1,7 \cdot 10^{-23}$ |
| I$_2$ | 564,0 | $1,0 \cdot 10^{-17}$ | $\approx 10^{-3}$ | $8,0 \cdot 10^{-22}$ |
| NO | 5300,0 | $5,2 \cdot 10^{-19}$ | $3,8 \cdot 10^{-4}$ | $1,6 \cdot 10^{-24}$ |

*) für Luft bei Atmosphärendruck

Aus Gleichung (8.1) ist ersichtlich, daß die Fluoreszenzintensität der Dichte der fluoreszierenden Atome oder Moleküle proportional ist und daher prinzipiell für eine quantitative Konzentrationsbestimmung herangezogen werden kann. In der Praxis stößt dies jedoch meist auf Schwierigkeiten, da die Fluoreszenzintensität noch von mehreren anderen Parametern (Druck, Temperatur, andere Gase, etc.) beeinflußt wird. Mit den Methoden der „Fluoreszenz-Sättigung" lassen sich diese Schwierigkeiten teilweise überwinden. In[5] werden verschiedene Fluoreszenzverfahren speziell für die Untersuchung von Flammen diskutiert.

### 8.3.3 Absorptionsspektroskopie

Bei der Gasanalyse durch Absorptionsmessung wird die Schwächung der Intensität eines Laserbündels beim Durchgang durch das zu messende Gas bestimmt (vgl. Bild 8.1). Voraussetzung für die Anwendung dieses Verfahrens ist das spektrale Zusammentreffen einer Absorptionslinie des betreffenden Gases mit einer Emissionslinie des Lasers. Es besteht somit die gleiche Einschränkung wie bei der CARS-Methode und der Fluoreszenzspektroskopie. Eine solche Koinzidenz läßt sich im sichtbaren und nahen ultravioletten Spektralbereich immer erzwingen, da in diesem Bereich Farbstofflaser zur Verfügung stehen, deren Emissionswellenlänge kontinuierlich durchstimmbar ist.

Von besonderem Interesse für Absorptionsmessungen ist jedoch der infrarote Spektralbereich, in dem die Molekülgase sehr charakteristische, stark strukturierte, Absorptionsspektren (Rotations-Schwingungsspektren) aufweisen. Diese Spektren sind sozusagen der „Fingerabdruck" der Molekülgase und können zu ihrer Identifizierung herangezogen werden. Auch dieser Bereich läßt sich mit den heute verfügbaren Lasern abdecken, und zwar durch die Bleisalz-Laserdioden, die zumindest abschnittsweise kontinuierlich durchstimmbar sind, allerdings mit sehr geringer Ausgangsleistung, und durch die leistungsstarken Moleküllaser, die auf sehr zahlreiche diskrete Einzellinien abstimmbar sind. Wegen der Vielzahl der verfügbaren Laser- und Gas-Absorptionslinien lassen sich in den meisten Fällen geeignete Koinzidenzen finden.

Ein Beispiel für eine (zufällige) spektrale Koinzidenz von Absorptionslinie und Laserlinie ist in Bild 8.3 wiedergegeben: In das mit sehr hoher Auflösung aufgenommene Absorptionsspektrum des Methans ist die 3,39 $\mu$m-Linie des He-Ne-Lasers eingezeichnet.

Das Verfahren der Absorptionsmessung mit Laser eignet sich weniger zur Analyse einer unbekannten Gasmischung. Seine Stärke liegt vielmehr im (empfindlichen) Nachweis eines bestimmten Gases in unterschiedlicher Umgebung. Entsprechende Meßgeräte sind vergleichsweise einfach aufgebaut und lassen sich sehr vielseitig einsetzen. Insbesondere sind damit auch Fern-

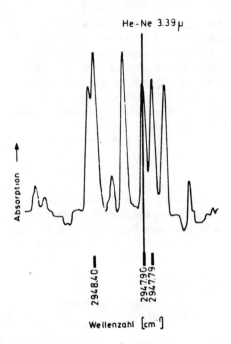

He-Ne 3.39 μ

Absorption →

2948.40
2947.90
2947.79

Wellenzahl [cm⁻¹]

Bild 8.3:
Hochaufgelöstes Absorptionsspektrum des Methans
mit 3,39 μm Linie des He-Ne-
Lasers

messungen möglich. Diesem Verfahren kommt daher eine besondere Bedeutung zu. In den folgenden beiden Abschnitten werden die Grundlagen für eine quantitative Auswertung von Laser-Absorptionsmessungen und die erforderlichen Voraussetzungen näher erläutert.

### 8.3.3.1 Beer'sches Absorptionsgesetz

Die spektrale Breite einer Laserlinie ist in jedem Fall kleiner als die Breite einer Absorptionslinie. Die Absorption erfolgt daher nach dem einfachen Lambert-Beer'schen Exponentialgesetz:

$$I_t = I_o \exp(-\sigma NL). \tag{8.4}$$

Hier bezeichnen $I_t$ und $I_o$ die transmittierten bzw. eingestrahlten Intensitäten des Laserlichts, $\sigma$ den Absorptionsquerschnitt des Atoms oder Moleküls bei der gewählten Laserwellenlänge, N die Anzahl der absorbierenden Teilchen pro Volumeneinheit, d. h. die Teilchenzahldichte, und L die Wegstrecke, über die Absorption erfolgt. Aufgelöst nach der interessierenden Größe N ergibt sich:

252

$$N = \frac{1}{\sigma L} \ln (I_o/I_t). \tag{8.5}$$

Aus Gleichung (8.5) folgt, daß aus einer Messung von $I_o$ und $I_t$ bei vorgegebener Meßgeometrie direkt die Konzentration der absorbierenden Teilchen berechnet werden kann, wenn deren Absorptionsquerschnitt bei der betreffenden Laserwellenlänge bekannt ist. Diese Daten können der einschlägigen Spezialliteratur entnommen werden oder müssen gegebenenfalls experimentell bestimmt werden. Die in den Standard-Absorptionskatalogen angegebenen Absorptionskoeffizienten bzw. -querschnitte sind nur mit breitbandigen Lichtquellen gemessen und daher zu ungenau. Sie eignen sich lediglich für qualitative Abschätzungen und zur Auswahl der geeigneten Laserwellenlänge.

Häufig interessiert der Nachweis sehr geringer Teilchenzahldichten. Der Exponent in Gleichung (8.4) ist dann klein ($\sigma NL \ll 1$), und es gilt näherungsweise:

$$I_t = I_o (1 - \sigma NL). \tag{8.6}$$

Aufgelöst ergibt sich:

$$N = \frac{1}{\sigma L} \frac{I_o - I_t}{I_o} = \frac{1}{\sigma L} \frac{\Delta I}{I_o}. \tag{8.7}$$

Für kleine N müssen entsprechend kleine relative Änderungen des Signals nachgewiesen werden, was meßtechnisch schnell an Grenzen stößt. Diese Schwierigkeit läßt sich zumindest teilweise beseitigen, wenn man die Absorptionswegstrecke L vergrößert, z. B. durch Verwendung einer Multipass-Zelle (vgl. Abschnitt 8.5.3.1), oder wenn man direkt die im Gas absorbierte Laserleistung nachweist, wie dies z. B. bei der photo-akustischen Spektroskopie (vgl. Abschnitt 8.5.3.2) oder auch bei der Modulationsgradtechnik (vgl. nächsten Abschnitt) erfolgt.

Die Messung kleiner Signaländerungen wird außerdem durch verschiedene Störeinflüsse erschwert und verfälscht, z. B. durch unbekannte und evtl. variierende Intensitätsverluste im optischen Aufbau, durch Streuverluste und absorbierende Störgase entlang der Weglänge L und, bei Fernmessungen, durch nicht voraussagbare Leistungsverluste bei der Erzeugung des Rücksignals (vgl. Abschnitt 8.6.1). Diese Störeinflüsse müssen für genaue quantitative Messungen ausgeschaltet werden. Zwei hierfür geeignete Techniken werden im folgenden Abschnitt beschrieben.

### 8.3.3.2 Beseitigung von Querempfindlichkeiten und Störeinflüssen

#### a) Modulationsgrad-Technik

Diese Technik läßt sich nur in Verbindung mit Lasern anwenden, die zumindest über einen engen Wellenlängenbereich kontinuierlich durchstimmbar sind, wie z. B. Bleisalz-Laserdioden (vgl. Abschnitt 8.4.2). Bild 8.4 zeigt schematisch die Wirkungsweise. Hierbei wird zunächst die Laserwellenlänge exakt auf das Maximum der Absorptionslinie des Meßobjekts abgestimmt. Eine geringe zusätzliche Modulation der Laserwellenlänge mit der Periodizität f bewirkt dann, daß die empfangene Laserleistung mit der doppelten Frequenz 2 f moduliert ist, sofern das Meßobjekt in der Meßstrecke vorhanden ist. Diese 2f Komponente läßt sich mit elektronischen Mitteln sehr einfach ausfiltern. Dabei ist die Größe des Modulationsgrads der 2f Modulation ein direktes Maß für die Teilchenzahldichte ausschließlich des Meßobjekts, solange keine Koinzidenz mit einer ähnlich stark strukturierten Absorptionslinie eines Fremdgases besteht. Flache Ausläufer von „fremden" Absorptionslinien ebenso wie Streu- und Reflexionsverluste mindern zwar den gesamten Signalpegel, ändern jedoch den Modulationsgrad kaum und können daher die Messung nicht verfälschen.

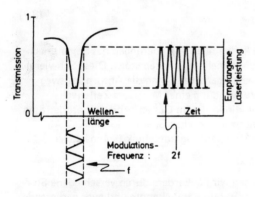

Bild 8.4:
Prinzip der Modulationsgrad-Technik

#### b) Differentielle Absorptions-Spektroskopie (DAS-Technik)

Hierbei wird mit mindestens zwei Laserwellenlängen $(\lambda_1, \lambda_2)$ gearbeitet, die die gleiche Absorptionsstrecke durchqueren. Gemäß Bild 8.5 sind die so gewählt, daß die Meßwellenlänge $\lambda_1$ von dem Meßobjekt möglichst stark absorbiert wird, während die Referenzwellenlänge $\lambda_2$ vom Meßobjekt nur schwach absorbiert wird, aber annähernd die gleiche Schwächung durch die verschiedenen Störeinflüsse erfährt wie die Meßlinie. Durch Normierung der Signale des

254

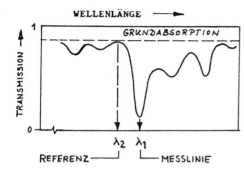

**Bild 8.5:**
Prinzip der DAS-Technik
(differentielle Absorptions-
S̲pektroskopie)

Meßkanals auf die des Referenzkanals ergibt sich dann die gesuchte Konzentration des Meßobjekts. Eine mehr mathematisch fundierte Beschreibung der DAS-
Technik wird in Abschnitt 8.6.2 bei der Diskussion der Fernmeßverfahren
präsentiert.

### 8.4 Laser-Lichtquellen für die Gasanalyse

Im folgenden sind diejenigen Laser zusammengestellt, die für die Gasanalyse
aufgrund ihrer besonderen Eigenschaften von Bedeutung sind. Eine ausführliche Beschreibung der verschiedenen Lasertypen findet sich in Kapitel 1 dieses
Buches. Ref.[6] enthält eine Zusammenstellung aller verfügbaren Laserlinien in
Gasen und Dämpfen.

### 8.4.1 Ultravioletter und sichtbarer Spektralbereich

In diesem Spektralbereich kommt dem *Farbstoff-(Dye-) Laser* wohl die größte
Bedeutung zu. Seine Emissionswellenlänge kann innerhalb der breiten
Fluoreszenzbande eines Farbstoffes kontinuierlich durchgestimmt werden.
Bei Verwendung von verschiedenen Farbstoffen läßt sich der gesamte Spektralbereich vom nahen IR bis ins UV lückenlos überdecken. Der Farbstofflaser
(kontinuierlich oder gepulst) wird für alle drei hier diskutierten spektroskopischen Verfahren mit großem Erfolg eingesetzt.

Für manche Anwendungen haben auch die *Edelgas-Ionenlaser* (Ar, Kr)
Bedeutung. Sie können im kontinuierlichen Betrieb vergleichsweise hohe Ausgangsleistungen auf mehreren diskreten Einzellinien erzeugen.

*Festkörperlaser,* insbesondere der *Nd: YAG-Laser* mit Frequenzvervielfachung,
werden im wesentlichen nur für die Ramanspektroskopie oder zum Pumpen

255

von Farbstofflasern eingesetzt. Im gepulsten Betrieb lassen sich kurze Impulse mit sehr hohen Spitzenleistungen erzeugen.

Seit neuerer Zeit gewinnen auch die sogenannten *Excimerlaser* (ArF, KrF, XeCl) für die Gasanalyse an Bedeutung. Sie liefern leistungsstarke energiereiche Impulse im UV. Die Wellenlänge ist in einem sehr engen Bereich durchstimmbar.

### 8.4.2 Infrarot-Spektralbereich

Ein Sonderfall ist der *He-Ne-Laser*. Seine 3,39 $\mu$m Emissionswellenlänge zeigt eine zufällige Koinzidenz mit einer starken Absorptionslinie des Methans (vgl. Bild 8.3). Er eignet sich gut zum Nachweis dieses Gases.

Wesentlich wichtiger ist die Gruppe der *Molekülgaslaser*. Sie können sowohl kontinuierlich wie auch gepulst mit hoher Ausgangsleistung und hohem Wirkungsgrad betrieben werden und lassen sich auf eine Vielzahl diskreter Einzellinien mit genau definierter Wellenlänge abstimmen. Tabelle 8.3 gibt einen Überblick über den Emissionsbereich und die Anzahl der nutzbaren Emissionslinien bei den verschiedenen Lasertypen. Durch Verwendung der seltenen Isotope $^{13}$C, $^{14}$C, $^{18}$O läßt sich die Anzahl der Emissionslinien noch vervielfachen (vgl. [6]).

Tabelle 8.3: Molekülgaslaser

| Lasertyp | Emissionsbereich | Linienanzahl |
|----------|------------------|--------------|
| $CO_2$ | ca. 9 – 12 $\mu$m | > 150 |
| CO | ca. 5 – 6,5 $\mu$m | > 100 |
| DF | ca. 3,5 – 4,1 $\mu$m | > 30 |
| HF | ca. 2,5 – 3,2 $\mu$m | > 30 |

Von besonderer Bedeutung im IR-Spektralbereich sind die abstimmbaren *Bleisalz-Laserdioden*. Sie gestatten — wie in Kapitel 1 diskutiert — eine zumindest abschnittsweise kontinuierliche Durchstimmung der Emissionswellenlänge im mittleren und fernen IR. Das Emissionszentrum ist durch die chemische Zusammensetzung des Halbleiters festgelegt. Laserdiodensysteme, die für einen industriellen Einsatz geeignet sind, stehen heute kommerziell zur Verfügung. Allerdings sind sie recht kapitalintensiv.

Andere Lasersysteme im IR-Spektralbereich, wie z. B. der Hochdruck-$CO_2$-Laser oder der optische parametrische Oszillator, die eine mehr oder weniger kontinuierliche Abstimmung der Emissionswellenlänge erlauben, sind noch im reinen Forschungsstadium angesiedelt oder sind für einen industriellen Einsatz zur Zeit zu komplex und technisch zu wenig weit entwickelt.

## 8.5 Ausführungsformen von Laser-Spektrometern für lokale Messungen

Unter lokalen Messungen verstehen wir hier in-situ Messungen an räumlich begrenzten Proben oder vor Ort über geringe Entfernung. Es ist dabei unerheblich, ob mit Stichproben oder fortlaufend im Durchflußverfahren gearbeitet wird.

Grundsätzlich sind alle drei genannten Laser-spektroskopischen Verfahren für diese Art von Messung geeignet. Ihr Einsatz richtet sich nach der jeweiligen Aufgabenstellung. Alle Verfahren eignen sich auch für einen automatisierten Betrieb.

### 8.5.1 Laser-Ramanspektrometer

Bild 8.6 zeigt schematisch den Aufbau eines typischen Raman-Analysengerätes. Die Meßkammer enthält die zu untersuchende Gasprobe. Das Laserlicht wird von einer Linse fokussiert und tritt durch ein Fenster in die Meßkammer ein. Nur ein kleiner Teil des Laserlichts tritt in Wechselwirkung mit den Molekülen, der größte Teil geht ungehindert durch das Gas hindurch. In der Fokuszone ist die Intensität des einfallenden Laserlichts am größten und daher auch die Intensität des erzeugten Ramanlichts. Dieser Bereich wird über ein Linsensystem auf den Eintrittsspalt eines hochauflösenden Mono- oder Polychromators fokussiert und spektral zerlegt. Besonders wichtig ist eine sehr gute Unterdrückung des frequenz-unverschobenen Streulichts (Rayleigh- und ggfs. Miestreuung), dessen Intensität etwa 3 bis 4 Zehnerpotenzen größer ist als die des Ramanlichtes.

Ein Fotomultiplier bzw. eine Kamera (z. B. Reticon oder Vidikon) in Verbindung mit einem Vielkanalanalysator oder Rechner registriert die Intensität der einzelnen Ramanlinien. Da das Ramanspektrum im allgemeinen recht kompliziert ist, erfolgt die Auswertung am besten mit einem Computer. Die typische Meßzeit zur Aufnahme eines Ramanspektrums beträgt einige Sekunden. Bei längeren Integrationszeiten läßt sich die Empfindlichkeit entsprechend steigern.

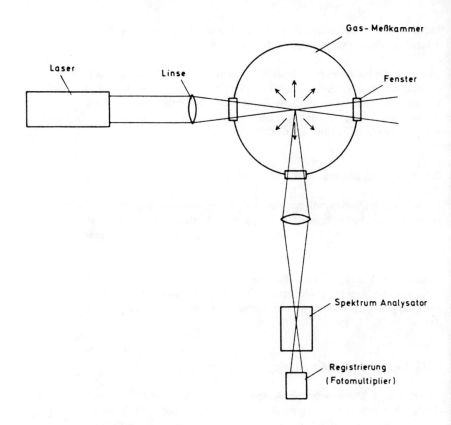

Bild 8.6: Schematischer Aufbau eines Laser-Raman-Spektrometers
zur Gasanalyse

Die Nachweisempfindlichkeit für ein bestimmtes Gas ist dabei nur mittelmäßig
(typisch: Promillebereich). Laser-Ramanspektrometer dienen daher weniger
zum empfindlichen Nachweis sehr kleiner Spurenkonzentrationen. Ihre Stärke
liegt vielmehr bei der Analyse von unbekannten Gemischen (Erfassung mehrerer
Komponenten gleichzeitig) und bei der Untersuchung von Molekülen (Struktur,
energetische Besetzungsverhältnisse etc.).

Laser Raman-Spektrometer in verschiedenen Ausführungsformen sind kommerziell verfügbar und finden für viele Aufgaben in Forschung und Technik bereits
routinemäßige Verwendung.

Systeme für CARS (vgl. Abschnitt 8.3.3) sind zwar apparativ noch aufwendiger als normale Laser-Ramanspektrometer und daher noch kapitalintensiver, doch ebenfalls bereits kommerziell verfügbar.

## 8.5.2 Laser-Fluoreszenzspektrometer

Bild 8.7 zeigt schematisch den typischen Aufbau eines Laser-Fluoreszenzspektrometers, in diesem Fall zum Nachweis von $NO_2$. Hierbei wird im Durchflußverfahren gearbeitet. Das zu untersuchende Gas durchströmt ein Filter, das feste und flüssige Schwebstoffe zurückhält, bevor es in die Meßkammer gelangt. Zur Anregung der $NO_2$-Fluoreszenz kann ein Ar-Ionenlaser ($\lambda$ = 488 nm) oder auch ein Farbstofflaser benutzt werden. Das angeregte $NO_2$ Gas emittiert breitbandige Fluoreszenzstrahlung im roten Spektralbereich. Dieses Licht wird ausgefiltert und von einem Fotomultiplier registriert. Bei dieser Anordnung beträgt die Nachweisempfindlichkeit für $NO_2$ etwa 0,1 ppm (1 ppm = $10^{-6}$). Ähnliche Messungen wurden auch für Stickoxid (NO), Schwefeldioxid ($SO_2$), Chlorgas ($Cl_2$) u. v. a. mit vergleichbarer Nachweisempfindlichkeit durchgeführt.

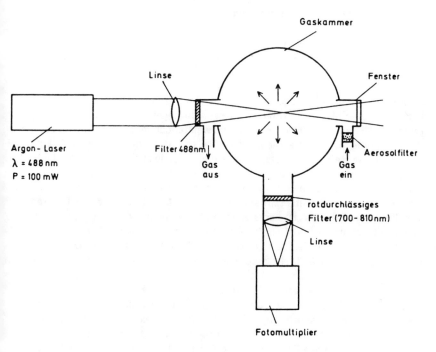

Bild 8.7: $NO_2$ Nachweis durch Messung der Laser-induzierten Fluoreszenz

Mit ausgefeilter Experimentiertechnik und erhöhtem apparativen Aufwand läßt sich die Nachweisempfindlichkeit noch erheblich steigern. Dies gilt insbesondere für den Nachweis von Metall-Atomen. Hier wurden Nachweisgrenzen von $2,5 \cdot 10^{-12}$ g/cm$^3$ ($\hat{=} 7 \cdot 10^9$ Atome/cm$^3$) für Pb und $2,5 \cdot 10^{-11}$ g/cm$^3$ ($\hat{=} 3 \cdot 10^{11}$ Atome/cm$^3$) für Fe erreicht. In einer besonders empfindlichen Anordnung konnten noch 200 Na-Atome/cm$^3$ nachgewiesen werden.

Die Laser-Fluoreszenzspektroskopie läßt sich naturgemäß nur bei fluoreszenzfähigen Substanzen einsetzen. Ihr Einsatzbereich ist daher beschränkt. Für spezielle Anwendungen kann sie jedoch sehr leistungsfähig sein. Ein solcher Anwendungsfall ist z. B. die Untersuchung von angeregten Atomen, Molekülen und Molekülradikalen in Flammen. Auch hier gilt, daß Systeme zur Untersuchung der Laser-angeregten Fluoreszenz meist für die jeweilige Anwendung maßgeschneidert sind.

### 8.5.3 Laser-Absorptionsspektrometer

#### 8.5.3.1 Direkte Absorptionsmessung

Es sind sehr unterschiedliche Anordnungen zur direkten Absorptionsmessung denkbar. Zwei einfache Ausführungsformen sind in Bild 8.8 schematisch dargestellt:

Im Fall a) wird die im Gas absorbierte Laserintensität durch die Bildung der Differenz von einfallender Intensität $I_o$ und durchgelassener Intensität $I_t$ ermittelt. Hierzu wird der Laserstrahl in zwei Teilbündel aufgespalten. Das eine durchsetzt die Meßküvette, die mit dem Gas gefüllt ist, das andere durchläuft die evakuierte Referenzküvette, die genau gleichartig aufgebaut ist und damit die gleichen optischen Verluste aufweist. Die beiden Teilbündel fallen auf eine rotierende Sektorenscheibe (Chopper), deren Sektoren auf einer Seite verspiegelt sind. Bei bewegter Scheibe fällt abwechselnd der Meßstrahl bzw. der Referenzstrahl auf den Detektor. Das entstehende Wechselsignal wird verstärkt. Seine Amplitude ist proportional zur Intensitätsdifferenz der beiden Strahlen $\Delta I = I_o - I_t$. Bei Normierung auf die eingestrahlte Intensität $I_o$ ist das Signal gemäß Gleichung (8.7) direkt proportional zur Teilchendichte in der Meßküvette.

Bei Anordnung b) wird das Verhältnis aus durchgelassener und einfallender Intensität gebildet ($I_t/I_o$). Der optische Aufbau ist ganz ähnlich wie bei der eben beschriebenen Anordnung, jedoch werden die beiden Teilbündel vor Eintritt in die Küvetten von einem Chopper mit unterschiedlichen Lochkränzen, d. h. mit verschiedenen Frequenzen moduliert. Obwohl die beiden Teilbündel gleichzeitig von demselben Detektor empfangen werden, können die entspre-

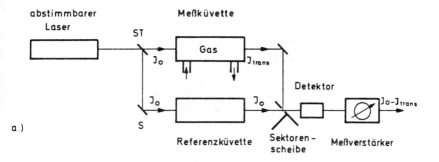

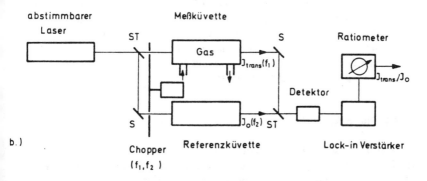

Bild 8.8: Zwei mögliche Anordnungen zur Absorptionsmessung mittels Laser
a) Anordnung zur Differenzenbildung
b) Anordnung zur Quotientenbildung

chenden Signale aufgrund der unterschiedlichen Choppfrequenzen elektronisch getrennt und weiterverarbeitet werden. Ein ratiometrischer Verstärker
bildet das Verhältnis von durchgelassener und einfallender Intensität. Das
logarithmierte Signal ist gemäß Gleichung (8.5) direkt proportional zur Dichte
der absorbierenden Teilchen.

Bei beiden Anordnungen läßt sich die Empfindlichkeit durch Vergrößerung der
Absorptionswegstrecke steigern. Man verwendet hierzu Vielfachreflexionszellen
(Multipass- oder White-Zelle), deren Schema in Bild 8.9 gezeigt ist. Durch
geschickte Ausnutzung der guten Bündelbarkeit des Laserlichts lassen sich damit
in vergleichsweise einfachen und kleinen Anordnungen Weglängen bis zu 100 m
und mehr realisieren.

261

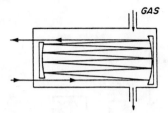

Bild 8.9:
Multireflexionszelle zur Vergrößerung der
Absorptionsweglänge

Zur Abschätzung der Nachweisgrenze von Geräten zur direkten Absorptionsmessung nehmen wir eine Absorptionsweglänge von L = 1 m und einen „typischen" Absorptionsquerschnitt von $\sigma = 10^{-19}$ cm$^2$ an. Außerdem nehmen wir
an, daß sich eine relative Intensitätsänderung $\Delta I/I_o$ = 0,1 % noch nachweisen
läßt. Gemäß Gleichung (8.7) ergibt sich dann eine Nachweisgrenze von ca.
4 ppm (bezogen auf die Dichte bei 1 bar).

### 8.5.3.2 Photoakustische Zelle

Der photoakustische Effekt ist bereits seit 1880 (A. G. Bell) bekannt, wird
jedoch erst seit kurzem für die Gasanalyse ausgenutzt. Bild 8.10 zeigt schematisch den Aufbau einer entsprechenden Meßanordnung:

Das Licht eines in der Wellenlänge abstimmbaren IR-Lasers wird von einem
Chopper mit einer definierten Frequenz moduliert und durchdringt die in der
Meßkammer eingeschlossene Gasprobe. Ein Teil der Laserenergie wird im Gas
absorbiert und letztendlich in Wärme umgesetzt. Dies führt zu Temperatur- und
damit zu Druckänderungen, die wegen der Intensitätsmodulation des Laserlichts
ebenfalls periodisch erfolgen. Dieses akustische Signal läßt sich mit einem geeigneten Mikrofon innerhalb des Meßvolumens mit großer Empfindlichkeit nachweisen. Es ist ein Maß für die im Gas absorbierte Laserenergie. Der durchgelassene Teil der Laserleistung wird von einem Detektor nachgewiesen und dient
zur Normierung auf die momentane Laserleistung. Ein Ratiometer bildet das
Verhältnis zwischen den beiden Signalen.

Der besondere Vorteil dieser Meßanordnung, auch Spektrophon genannt, beruht
auf der Tatsache, daß nur die tatsächlich in der Probe absorbierte Leistung zum
eigentlichen Meßsignal beiträgt. Dementsprechend empfindlich ist diese Methode. Sie erlaubt noch den Nachweis von Gasen mit einer Konzentration im ppb-
Bereich (1 ppb = $10^{-9}$). In Tabelle 8.4 sind für einige Gase die erreichten Nachweisgrenzen und die dazu verwendeten Laser mit den entsprechenden Laserlinien angegeben.

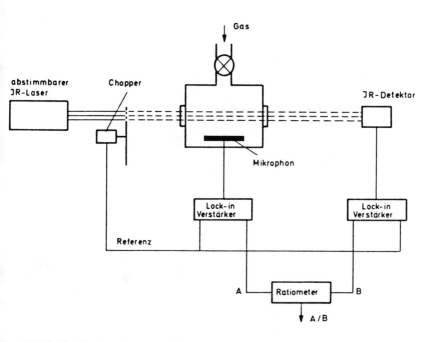

Bild 8.10: Spektrophon zur Absorptionsmessung mittels Laser

### 8.5.3.3 Absorptionsspektrometer mit abstimmbaren IR-Laserdioden

Bild 8.11 zeigt schematisch den Aufbau eines typischen kommerziellen Dioden-laser-Absorptionsspektrometers. Es besteht im wesentlichen aus der Laserdiode, die am kalten Finger einer Gas-Kältemaschine montiert ist, den Einrichtungen zur genauen Kontrolle und Regelung von Temperatur und Diodenstrom, der Absorptionszelle, die meist als Mehrfachreflexionszelle ausgebildet ist, um die Absorptionsweglänge zu vergrößern, dem IR-Detektor und verschiedenen optischen Vorrichtungen zur Strahlformung, Unterdrückung von unerwünschten Moden und Frequenzkalibrierung. Die Verarbeitung der Detektorsignale erfolgt mit der bekannten Lock-In Technik.

In manchen Fällen, insbesondere bei Langzeitmessungen an einem Gas, ist ein zweiter Referenzstrahlengang nützlich. Er enthält eine Referenzküvette, die mit dem Meßobjekt unter reduziertem Druck gefüllt ist sowie einen Regeldetektor und dient zur automatischen Stabilisierung der Emissionswellenlänge auf das Maximum der Absorptionslinie (vgl. Bild 8.16).

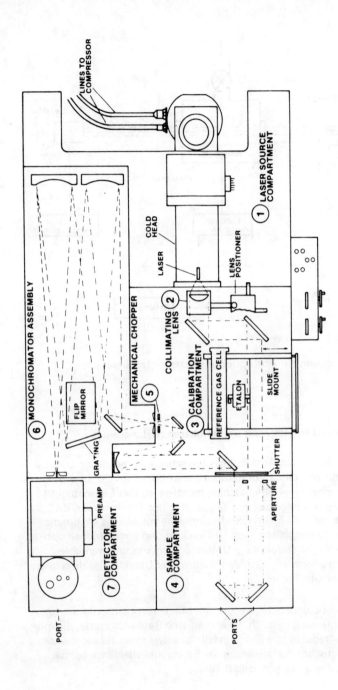

Bild 8.11: Optischer Aufbau des Diodenlaser-Spektrometers SP 5000 der Firma Spectra Physics, Laser Analytics Division

264

Tabelle 8.4: Nachweisgrenzen des Spektrophons für einige Molekülgase.
Die Messungen erfolgten mit abstimmbaren CO- bzw. $CO_2$-Lasern.
Bezüglich der Nomenklatur für die einzelnen Laserlinien sei auf
die einschlägigen Lehrbücher (z. B.[1]) verwiesen oder auf Ref.[6],
die auch Angaben zur genauen Wellenlänge enthält.

| Gas | Nachweisgrenze (ppb) | Laser und Laserlinie |
|---|---|---|
| Ammoniak ($NH_3$) | 0,4 | CO : $P_{19\text{-}18}$ (15) |
| Stickoxid (NO) | 0,4 | CO : $P_{8\text{-}7}$ (11) |
| Stickstoffdioxid ($NO_2$) | 0,1 | CO : $P_{20\text{-}19}$ (14) |
| Wasser ($H_2O$) | 14 | CO : $P_{17\text{-}16}$ (13) |
| Propylen ($CH_3CH{:}CH_2$) | 3 | CO : $P_{19\text{-}18}$ (9) |
| 1.3 Butadien ($CH_2{:}CHCH{:}CH_2$) | 1 | CO : $P_{20\text{-}19}$ (13) |
| 1 Buten ($CH_3CH_2{:}CH{:}CH_2$) | 2 | CO : $P_{19\text{-}18}$ (9) |
| Trichloräthylen ($C_2HCl_3$) | 0,7 | $CO_2$ : 001−100 P (24) |
| Äthylen ($C_2H_4$) | 0,2 | $CO_2$ : 001−100 P (14) |
| Methanol ($CH_3OH$) | 0,3 | $CO_2$ : 001−020 P (34) |
| Benzol ($C_6H_6$) | 3 | $CO_2$ : 001−020 P (30) |
| 1.3 Butadien ($CH_2{:}CHCH{:}CH_2$ | 2 | $CO_2$ : 001−100 P (30) |
| 1 Buten ($CH_3CH_2{:}CH{:}CH_2$) | 2 | $CO_2$ : 001−100 P (38) |

Diodenlaser-Spektrometer werden bevorzugt in Verbindung mit der Modulationsgradtechnik (vgl. Abschnitt 8.3.3.2a) betrieben, da sich hiermit eine erhöhte
Meßgenauigkeit erzielen läßt und Störeinflüsse und Querempfindlichkeiten
weitgehend eliminiert werden.

In Tabelle 8.5 sind Nachweisgrenzen für einige Molekülgase angegeben, die mit
dem Diodenlaser-Spektrometer unter Verwendung der Modulationsgradtechnik
erzielt wurden. Es muß hinzugefügt werden, daß sich die extremen Empfindlichkeiten nur mit ausgefeilter Experimentiertechnik und nur bei reduziertem
Druck ($\leq$ 10 Torr Gesamtdruck) erreichen lassen. Bei höherem Druck verbreitern
sich die Absorptionslinien und die Maxima sind nicht mehr so scharf ausgeprägt.

Tabelle 8.5: Nachweisgrenzen, die mit Laserdioden-Spektrometern erzielt wurden

| Substanz | Absorptions-koeffizient $(m^{-1}\ ppb^{-1})$ | ungefähre Wellenlänge $(cm^{-1})$ | Nachweis-grenze (ppb) |
|---|---|---|---|
| $SO_2$ | $3,5 \cdot 10^{-7}$ | 1370 | 0,3 |
| $SO_2$ | $3,5 \cdot 10^{-8}$ | 1140 | 3 |
| $O_3$ | $2 \cdot 10^{-7}$ | 1050 | 0,5 |
| $NO$ | $3 \cdot 10^{-6}$ | 1800 | 0,03 |
| $NO_2$ | $5 \cdot 10^{-6}$ | 1600 | 0,02 |
| $N_2O$ | $5 \cdot 10^{-8}$ | 1150 | 2 |
| $NH_3$ | $2 \cdot 10^{-6}$ | 1050 | 0,05 |
| $CO$ | $10^{-5}$ | 2120 | 0,01 |
| $CO_2$ | $10^{-4}$ | 2350 | 0,001 |
| $CO_2$ | $3,5 \cdot 10^{-10}$ | 1075 | 300 |
| $H_2O$ | $2 \cdot 10^{-9}$ | 1135 | 50 |
| $CH_4$ | $3 \cdot 10^{-6}$ | 1300 | 0,03 |
| $PAN$ | $\approx 3 \cdot 10^{-7}$ | 1150 | 0,3 |

## 8.6 Laser-Fernmeßverfahren, Lidartechnik

Laser-Fernmeßverfahren erlauben die Ortung und Konzentrationsmessung (mit Ortsauflösung oder Mittelwertbildung) von Gasen über große Entfernungen hinweg. Zusätzlich können damit in bestimmten Fällen auch andere Parameter wie Temperatur, Druck oder Ausbreitungsgeschwindigkeit von Gaswolken ermittelt werden, die für verschiedene Aufgabenstellungen von Bedeutung sind. Die Laser-Verfahren arbeiten aktiv, d. h. unabhängig von den jeweiligen Beleuchtungsverhältnissen. Ihr Einsatz ist tagsüber und nachts möglich.

Die wichtigsten Laser-Fernmeßverfahren basieren auf Absorptionsmessungen. Raman- und Fluoreszenz-spektroskopische Verfahren haben nur für einige

Sonderfälle Bedeutung und werden hier nicht weiter behandelt. Die Laser-Fernmeßtechnik läßt sich in vielen Bereichen mit Vorteil einsetzen. Als Beispiele seien genannt:

— Umweltschutz (Emissions- und Immissionsüberwachung)
— Klimatologie und Meteorologie
— Eigenüberwachung von industriellen Anlagen

## 8.6.1 Anordnungen zur Erzeugung des Rücksignals

Ein Laser-Fernmeßsystem auf der Grundlage der Absorptionsspektroskopie besteht im wesentlichen aus dem Lasersender (cw oder Puls-Betrieb), der ein Strahlungsbündel durch das Meßgebiet schickt, der Empfängereinheit mit zugehöriger Empfangsoptik und der Auswerteeinheit, die das Maß der selektiven Absorption entlang der Meßstrecke bestimmt und daraus die Konzentration berechnet. Im einfachsten Fall sind Lasersender und Empfängereinheit räumlich voneinander getrennt angeordnet. Für die meisten Anwendungen ist es jedoch wünschenswert, Sende- und Empfangseinheit am gleichen Ort zu haben. Die erforderliche „Rückführung" der Laserstrahlung kann auf verschiedene Weise erfolgen (Bild 8.12):

— Retroflektor:
Der Retroreflektor arbeitet nach dem Prinzip des Katzenauges. Einfallende Strahlung wird in sich rückreflektiert, und zwar weitgehend unabhängig von der Einfallsrichtung. Auf diese Weise läßt sich ein relativ starkes Rücksignal bereits mit sehr geringer Sendeleistung erzeugen. Allerdings ist man bei dieser Anordnung von vornherein auf bestimmte Meßstrecken festgelegt.

— Rückstreuung an topografischen Zielen:
Wie bei der Anordnung mit Retroreflektor wird auch hier die mittlere Gaskonzentration integral über die Meßstrecke zwischen Lasersender und Streuobjekt gemessen. Da aber topografische Ziele (Gebäude, Gelände, Bewuchs) praktisch überall zur Verfügung stehen, entfällt die Beschränkung auf vorgegebene Meßstrecken. Durch Anpeilen von Zielen in gestaffelten Abständen läßt sich eine gewisse Entfernungsauflösung erreichen. Die Rückstreuung erfolgt im allgemeinen diffus und ist vom spektralen Reflexionsvermögen $\rho$ der Streuoberfläche abhängig (typisch $\rho \approx 0,1$).

— Rückstreuung am atmosphärischen Aerosol:
Hierbei wird ausgenützt, daß Laserlicht in der Atmosphäre an stets vorhandenen Teilchen (Aerosolen) gestreut wird. Gemäß der Mie-Theorie erfolgt ein Teil der Streuung auch in Rückwärtsrichtung. Die Richtung zum Streuzentrum ist durch Azimuth- und Elevationswinkel des Laserbündels gegeben.

267

Die Entfernung zum Streuzentrum läßt sich durch Messung der Laufzeit des Laserpulses bestimmen. Da die Rückstreuung entlang des gesamten Lichtwegs erfolgt, ist eine echte Entfernungsauflösung innerhalb der Reichweite des Meßsystems möglich. Allerdings erfordert dieses Meßverfahren einen vergleichsweise hohen apparativen Aufwand. Die Rückstreuintensität ist sehr klein (Volumen-Rückstreukoeffizient bei $\lambda = 10\ \mu m$ typisch: $\beta_{180} \approx 5 \cdot 10^{-8}\ m^{-1}\ sterad^{-1}$). Um noch ein auswertbares Rückstreusignal zu erzielen, müssen besonders leistungsstarke Impulslaser eingesetzt werden. Dieses Meßverfahren wird als eigentliche Lidartechnik bezeichnet. Das Wort Lidar ist in Analogie zum Begriff Radar gebildet und steht als Abkürzung für „light detection and ranging".

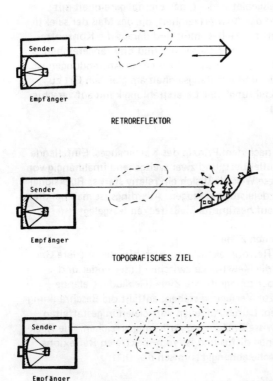

Bild 8.12: Verfahren zur Erzeugung des „Rücksignals" bei Laser-Fernmessungen

Bild 8.13 illustriert verschiedene Einsatzbeispiele von Fernmeßsystemen, die nach den drei genannten Anordnungen arbeiten. Sie finden Verwendung zur

-- lokalen Überwachung von begrenzten Arealen
- großräumigen Überwachung der Atmosphäre von fliegenden Plattformen (Hubschrauber, Flugzeug, Satellit) aus
- Bestimmung von Konzentrationsprofilen in der Atmosphäre oder in Abgasfahnen.

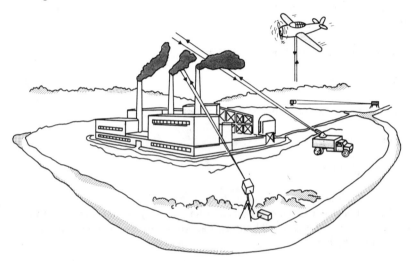

Bild 8.13: Einsatzbeispiele von Laser-Fernmeßverfahren

### 8.6.2 Fernmessung mit der DAS-Technik

Bei allen hier diskutierten Fernmeßsystemen ist die empfangene Laserleistung $P_E$ (Rücksignal) durch die sog. Lidargleichung gegeben:

$$P_E(\lambda) = \epsilon(\lambda) P_o(\lambda) t(\lambda) \frac{A}{R^2} T(\lambda)^2 \qquad (8.8)$$

mit $P_o$ = Sendeleistung, $\epsilon$ = effektiver Rückstreukoeffizient, A = Teleskopfläche, R = Entfernung zum Streuzentrum, T = Transmission der Atmosphäre zwischen Lasersender und Streuzentrum (einfacher Weg), t = optische Verluste im System.

Der Rückstreukoeffizient $\epsilon$ ist von der Wellenlänge $\lambda$ und der Art des Streu-objektes abhängig:

— Retroreflektor:

$$\epsilon(\lambda) = 4\rho(\lambda)/(\pi\vartheta_{RR}^2) \qquad \text{für } D_{RR} > \vartheta_T R, \qquad (8.9a)$$

$$\epsilon(\lambda) = 16\rho(\lambda)A_{RR}/(\pi\vartheta_T\vartheta_{RR}R)^2 \qquad \text{für } D_{RR} < \vartheta_T R, \qquad (8.9b)$$

mit $\rho(\lambda)$ = Reflexionsvermögen, $\vartheta_T$ = Sendedivergenz des Laserbündels. $D_{RR}$ und $A_{RR}$ bezeichnen den Durchmesser und die wirksame Fläche des Retroreflektors während $\vartheta_{RR}$ die Divergenz des rückreflektierten Bündels ist.

— Topografisches Ziel mit isotroper Streuung:

$$\epsilon(\lambda) = \rho(\lambda)/(2\pi) \qquad (8.10)$$

mit $\rho(\lambda)$ = Reflexionsvermögen des Streuers.

— Aerosol-Streuung:

$$\epsilon(\lambda) = \beta_{180}(\lambda)\,c\tau/2 \qquad (8.11)$$

mit $\beta_{180}$ = Volumen-Rückstreukoeffizient, $c$ = Lichtgeschwindigkeit, $\tau$ = Laser-Pulsdauer (bzw. charakteristische sampling-Zeit der Signalverarbeitungselektronik). $c\tau/2 = \Delta R$ kann als das auflösbare Entfernungsintervall betrachtet werden.

Die interessierende Information über die Konzentration des Meßobjekts steckt in der atmosphärischen Transmission T. Es ist nützlich, T in zwei Anteile aufzuspalten: $T = T_M T_S$.

$T_M(\lambda)$ beschreibt die selektive Absorption ausschließlich durch das Meßobjekt und ist nach Lambert-Beer gegeben durch

$$T_M(\lambda) = \exp\left[-\int_o^R \sigma_M(\lambda)N_M(R')dR'\right] \qquad (8.12)$$

mit $\sigma_M(\lambda)$ = Absorptionsquerschnitt, $N_M$ = Teilchenzahldichte des Meßobjekts. Das Integral ist erforderlich, da die Teilchenzahldichte entlang der Wegstrecke im allgemeinen nicht konstant ist.

$T_S(\lambda)$ beinhaltet alle vom Meßobjekt unabhängigen Verlustmechanismen in der Atmosphäre (z. B. Streuung, Absorption durch Fremdgase).

Da die Konzentrationsbestimmung nach der Absorptionsmethode im Grunde auf einer Intensitätsmessung basiert, müssen die im allgemeinen unbekannten und dazu noch zeitlich variierenden Einflüsse von $\epsilon(\lambda)$ und $T_S(\lambda)$ so weit wie möglich ausgeschaltet werden. Dies gelingt mit Hilfe der Modulationsgradtechnik (falls anwendbar) oder der DAS-Technik (differentielle Absorptionsspektroskopie; vgl. Abschnitt 8.3.3.2). Bei der DAS-Technik wird im einfachsten Fall (nur ein Meßobjekt) auf zwei leicht unterschiedlichen Wellenlängen $\lambda_1$ und $\lambda_2$ möglichst gleichzeitig gemessen. Die Auswahl von $\lambda_1$ und $\lambda_2$ erfolgt so, daß der differentielle Absorptionsquerschnitt des Meßobjekts möglichst groß ist, d. h.

$$\sigma_M(\lambda_1) \gg \sigma_M(\lambda_2). \tag{8.13}$$

Andererseits sollen aber die übrigen atmosphärischen Störeinflüsse für beide Linien möglichst gleich sein, d. h.

$$T_S(\lambda_1) \approx T_S(\lambda_2). \tag{8.14}$$

Ebenso soll der effektive Rückstreukoeffizient für beide Linien gleich sein:

$$\epsilon(\lambda_1) \approx \epsilon(\lambda_2). \tag{8.15}$$

In dem Maße wie diese Forderungen erfüllt sind, läßt sich dann die Konzentration des Meßobjektes durch Vergleich der empfangenen Laserleistungen auf den beiden Linien ermitteln. Die Auswerteeinheit bildet das logarithmische Verhältnis:

$$Q = \ln(P_E(\lambda_1)/P_E(\lambda_2)) = A + B - 2 \Delta\sigma_M \, \overline{N}_M R. \tag{8.16}$$

Die Konstante A faßt alle Systemparameter zusammen und läßt sich durch interne Kalibrierung zu Null machen:

$$A = \ln(t(\lambda_1)P_o(\lambda_1)/t(\lambda_2)P_o(\lambda_2)) \approx 0. \tag{8.17}$$

In B sind alle Querempfindlichkeiten und externen Störeinflüsse zusammengefaßt. Wenn die Gleichungen (8.14) und (8.15) exakt erfüllt sind, ist B = 0:

$$B = \ln(\epsilon(\lambda_1)T_S(\lambda_1)/\epsilon(\lambda_2)T_S(\lambda_2)) \approx 0. \tag{8.18}$$

Bei Verwendung eines Retroreflektors oder bei Rückstreuung am topografischen Ziel ergibt sich dann die gesuchte integrale Konzentration $\overline{N}_M$ des Meßobjekts entlang der Wegstrecke R zu

$$\overline{N}_M = Q/(2 \Delta\sigma_M R), \tag{8.19}$$

wobei $\Delta\sigma_M = \sigma_M(\lambda_1) - \sigma_M(\lambda_2)$ der differentielle Absorptionsquerschnitt ist. Der Faktor 2 im Nenner von Gleichung (8.19) resultiert aus dem doppelten Durchgang des Laserbündels über die Wegstrecke R. Im Falle der Messung mit Entfernungsauflösung unter Ausnutzung der Aerosolrückstreuung ergibt sich die Konzentration im Meßvolumen der Länge $\Delta R = c\tau/2$ durch Subtraktion der Meßgrößen Q bei den Entfernungen $R + \Delta R$ und R:

$$\overline{N}(\Delta R) = -\Delta Q/(2\Delta\sigma_M \Delta R), \qquad (8.20)$$

$$\Delta Q = Q(R + \Delta R) - Q(R).$$

Das Prinzip der Signalauswertung bei dieser DAS-Lidartechnik ist anschaulich in Bild 8.14 dargestellt.

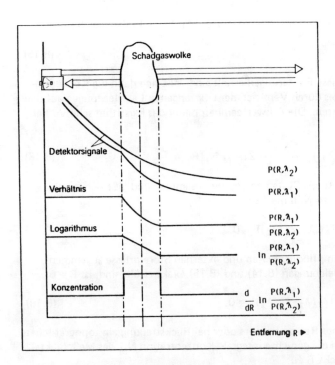

Bild 8.14: Prinzip der Meßwertgewinnung bei der DAS-Lidar-Technik zur entfernungsaufgelösten Konzentrationsbestimmung. Die Abkürzungen sind im Text erläutert

### 8.6.3 Abschätzung der Leistungsfähigkeit von Fernmeßverfahren

Obwohl die im vorigen Abschnitt angegebenen Beziehungen zum Teil unter stark vereinfachenden Annahmen abgeleitet wurden und in der Praxis noch eine Reihe zusätzlicher Störeinflüsse auftreten, reichen sie doch aus, um zumindest eine Abschätzung der Leistungsfähigkeit von Lidar-Systemen zuzulassen.

**Reichweite**

Die Reichweite eines Laser-Ferndetektionssystems ist diejenige Entfernung, aus der noch ein auswertbares Signal mit ausreichendem Signal-Rausch-Verhältnis (S/N) empfangen werden kann. Sie ist im wesentlichen durch die Art der Rückstreuung und die technischen Systemparameter bestimmt. Die Bilder 8.15a) und 8.15b) zeigen das berechnete (S/N) in Abhängigkeit von der Entfernung für die zwei Arten der diffusen Rückstreuung. Die Berechnung basiert auf folgenden typischen Parametern:

— Topografisches Ziel:
Laserpulsenergie $E_o$ = 0,1 J, Pulsdauer $\tau_L$ = 100 ns, Teleskopdurchmesser $D_E$ = 5 cm bzw. 10 cm, optische Effizienz t = 0,5, isotrope Streuung mit Reflexionsvermögen $\rho$ = 0,1.

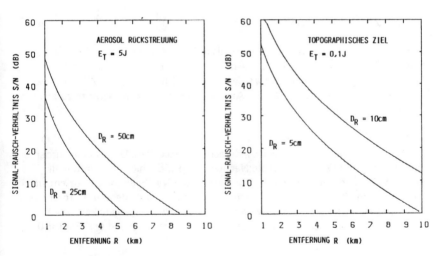

Bild 8.15: Reichweite von Laser-Fernmeßsystemen
    a) bei Aerosolrückstreuung
    b) bei topografischem Ziel
    Die Abkürzungen sind im Text erläutert

— Aerosolrückstreuung:
Laserpulsenergie $E_0$ = 5 J, Pulsdauer $\tau_L$ = 100 ns, Teleskopdurchmesser $D_E$ = 25 cm bzw. 50 cm, optische Effizienz t = 0,5, elektronische Zeitkonstante $\tau_E$ = 0,7 $\mu$s, d. h. aufgelöstes Entfernungsintervall $\Delta R \approx$ 100 m, Aerosolrückstreukoeffizient $\beta_{180}$ = 5 · $10^{-8}$ m$^{-1}$ sterad$^{-1}$.

In beiden Fällen wird ein HgCdTe Detektor (Direktempfang) verwendet, der eine äquivalente Rauschleistung von NEP = $10^{-11}$ WHz$^{-1/2}$ hat. Die elektrische Bandbreite der Signalverarbeitung beträgt B = 10 MHz. Die atmosphärische Extinktion (nicht durch das Meßobjekt hervorgerufen), wird mit $\gamma s$ = 8 · $10^{-5}$ m$^{-1}$ angesetzt.


**Nachweisempfindlichkeit**

Die Nachweisempfindlichkeit, oder genauer, die Nachweisgrenze ist definiert als die minimale Konzentration eines Meßobjekts, die sich bei gegebener Absorptionswegstrecke mit einem Meßsystem noch sicher nachweisen läßt. Sie ist abhängig von der Größe des differentiellen Absorptionsquerschnitts und von der Genauigkeit,mit der sich kleine Änderungen der Meßgröße Q nachweisen lassen, d. h. vom erzielbaren Signal-Rausch-Verhältnis S/N. In erster Näherung gilt:

$$N_{min} = \sqrt{2}/(S/N_2 2\Delta\sigma_M R), \tag{8.21}$$

wobei S/N$_2$ das Signal-Rausch-Verhältnis auf der Referenzlinie $\lambda_2$ ist. Setzt man an: S/N$_2$ = 20 (d. h. etwa 5 % Änderung im Intensitätsverhältnis $P_E(\lambda_1)/P_E(\lambda_2)$ kann noch nachgewiesen werden) und $\Delta\sigma_M$ = $10^{-19}$ cm$^2$, so ergibt sich bei dieser konservativen Abschätzung die Nachweisgrenze zu etwa 0,1 ppm · km.

In Tabelle 8.6 sind für verschiedene Gase die optimalen Linienpaare des $CO_2$-Lasers für den Nachweis mit der DAS-Technik angegeben. Die Linien wurden speziell im Hinblick auf maximale Nachweisempfindlichkeit und minimale Querempfindlichkeit ausgewählt. Die angegebene Nachweisgrenze bezieht sich auf ein Fernmeßsystem, mit dem sich gerade noch 5 % Änderung im Intensitätsverhältnis $P_E(\lambda_1)/P_E(\lambda_2)$ nachweisen lassen. Ist die Meßgenauigkeit besser (z. B. 1 %), so reduziert sich die Nachweisgrenze entsprechend (ca. Faktor 0,2).

Tabelle 8.6: Zusammenstellung geeigneter $CO_2$-Laserlinien für den Nachweis von verschiedenen Gasen nach der DAS-Technik. Die angegebene Nachweisgrenze bezieht sich auf 5 % Signaländerung

| Gas | Messung | | | Referenz | | | Nachweis-grenze (ppb · km) |
|---|---|---|---|---|---|---|---|
| | Laser-linie | Wellen-länge (μm) | Absorptions-Koeffizient (atm⁻¹ cm⁻¹) | Laser-linie | Wellen-länge (μm) | Absorptions-Koeffizient (atm⁻¹ cm⁻¹) | |
| $CF_3Cl$ | R' (40)* | 9,026 | 106 | R' (42)* | 9,018 | 17,2 | 6 |
| $CF_2Cl_2$ | P (36) | 10,764 | 47,6 | P (26) | 10,653 | 3,62 | 12 |
| $CFCl_3$ | R' (10) | 9,329 | 15,9 | P' (12) | 9,488 | 1,02 | 34 |
| $C_2HCl_3$ | P (18) | 10,571 | 14,5 | P (10) | 10,495 | 3,17 | 45 |
| $C_2H_3Cl$ | P (22) | 10,611 | 8,57 | P (12) | 10,513 | 1,35 | 71 |
| $C_2H_4$ | P (14) | 10,532 | 36,5 | P (20) | 10,591 | 2,15 | 15 |
| $C_3H_6$ | P (28) | 10,675 | 1,88 | P' (32) | 9,657 | 0,28 | 320 |
| $C_4H_6$ | P (32) | 10,719 | 3,36 | P (10) | 10,495 | 1,03 | 220 |
| $C_6H_6$ | P' (30) | 9,639 | 2,01 | P' (26) | 9,604 | 0,40 | 320 |
| $NH_3$ | R' (30) | 9,220 | 77 | R' (16) | 9,294 | 13,8 | 8 |
| $O_3$ | P' (12) | 9,488 | 11,4 | P' (24) | 9,586 | 0,57 | 48 |
| $SF_6$ | P (16) | 10,551 | 849 | P (12) | 10,513 | 186 | 0,8 |

R, P: Zweige des 001 – 100 Übergangs; R'P': Zweige des 001 – 020 Übergangs; *: $^{12}C^{18}O_2$ Molekül

## 8.7 Ausführungsbeispiele von Fernmeßsystemen

Im folgenden werden beispielhaft drei praktisch realisierte Fernmeßsysteme vorgestellt, bei denen das „Rücksignal" durch Reflexion am Retroreflektor, durch Rückstreuung an der Erdoberfläche und durch Rückstreuung am atmosphärischen Aerosol erzeugt wird.

### 8.7.1 Laser-Fernmeßsystem für Straßenverkehrsimmissionen

Dieses Gerät trägt die Kurzbezeichnung COMO (CO-Monitor). Es ist speziell zur Messung von Kohlenmonoxid und Stickoxiden ausgelegt und gestattet die Bestimmung von Immissionsmittelwerten über Entfernungen von mehreren hundert Metern. Die Meßstrecke ist von einem Retroreflektor abgeschlossen. Das Meßsystem arbeitet nach dem Prinzip der Absorptionsspektroskopie unter Anwendung der Modulationsgradtechnik mit einer PbSnSe-Laserdiode als Strahlungsquelle ($\lambda \approx 4.7\ \mu$m).

Das Meßgerät ist als Blockschema in Bild 8.16 dargestellt: es enthält als Kernstück einen Diodenlaser, der im Kühlkopf einer He-Gaskältemaschine (Temperaturstabilität: ± 0,005 K) montiert ist, einen Chopper, einen Monochromator zur groben Wellenlängenbestimmung und zur Modenselektion der Laserstrahlung, Optiken für Sendung (3 cm Durchmesser) und Empfang (15 cm Durchmesser) und eine Niederdruck-CO-Referenzküvette. Die Detektoren sind thermoelektrisch gekühlte PbSe-Typen. Die Laserfrequenz wird mit f = 10 kHz moduliert und manuell so abgestimmt, daß sie mit einer Niederdruck-CO-Absorptionslinie koinzidiert. Ein Regelkreis stabilisiert die Laserfrequenz auf das Maximum der Absorptionslinie. Für Eichzwecke können ein kleiner Retroreflektor, der die Meßstrecke optisch kurzschließt, und verschiedene Eichküvetten in den Strahlengang eingeschwenkt werden. Die vom Signaldetektor erzeugte Ausgangsspannung wird phasenempfindlich von zwei Lock-In Verstärkern bei 2f und der Chopperfrequenz gemessen. Anschließend wird in einem Ratiometer das Verhältnis $U_{2f}/U$ gebildet.

Das Bild 8.17 zeigt von außen das Meßsystem COMO, eingebaut in einen transportablen Meßcontainer.

Ein Beispiel für eine Fernmessung von Kohlenmonoxid ist in Bild 8.18 gezeigt. Hier wurde eine Freifeld-Meßstrecke im Abstand von ca. 50 m parallel zur Autobahn A 648 in einer Höhe von 1,5 m über dem Erdboden eingerichtet. Die gesamte optische Weglänge betrug 130 m. Die gemessenen CO-Konzentrationen schwankten insgesamt zwischen 0,5 und 4 ppm. Diese Momentanwerte wurden sowohl durch Schwankungen der Verkehrsdichte wie auch der Windrichtung beeinflußt.

Eine ausführliche Beschreibung des Meßsystems findet sich in[7].

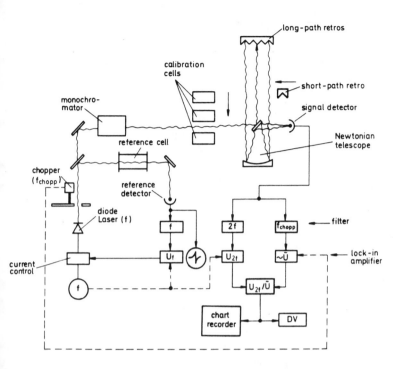

Bild 8.16: Blockschema des Laser-Fernmeßsystems COMO

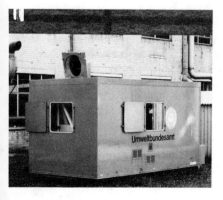

Bild 8.17:
COMO-Meßcontainer

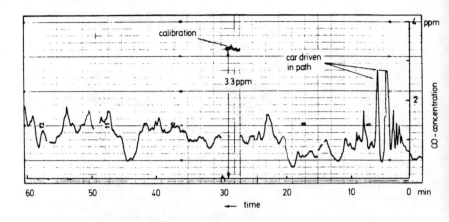

Bild 8.18: Messung der CO-Konzentration längs einer Autobahn.
Zum Zeitpunkt t ≈ 4 min unterquerte ein Pkw zweimal die
Meßstrecke für Testzwecke.
Bei t ≈ 28 min erfolgte eine Überprüfung der Eichung.

### 8.7.2 Flugzeuggetragenes Fernanalysesystem DIALEX

Das Gas-Fernmeßsystem mit der Kurzbezeichnung DIALEX (Differential
Absorption Laser Experiment) wurde speziell für den Einsatz vom Flugzeug aus
entwickelt und gestattet die großräumige Erfassung der integralen Konzentration
von bestimmten Spurengasen (z. B. $O_3$, $H_2O$, $C_2H_4$, $SF_6$ u. a.) in der Atmosphäre.
Das Funktionsprinzip ist in Bild 8.13 dargestellt.

Wie der Name schon andeutet, wird die DAS-Technik angewendet. Das System
ist hierzu mit zwei kontinuierlich emittierenden $CO_2$-Lasern ausgerüstet, die auf
eine große Zahl von Emissionslinien der verschiedenen $CO_2$ Isotope abgestimmt
werden können. Zur Messung eines bestimmten Gases werden die Laser auf das
optimale Linienpaar (vgl. Tabelle 8.6) fest eingestellt. Die beiden Strahlenbündel
(Ausgangsleistung pro Linie ca. 5 W) werden kolinear überlagert und von einem
Teleskop (Durchmesser 7 cm) unter einem kleinen Vorhaltewinkel auf die Erdoberfläche gerichtet. Ein Teil der rückgestreuten und durch den Dopplereffekt
frequenzverschobenen Strahlung wird von dem selben Teleskop gesammelt,
von optischen Heterodyndetektoren nachgewiesen und von einer Signalelektronik weiter verarbeitet. Durch den Einsatz der optischen Heterodyn-Empfangs-
technik lassen sich die sehr schwachen Rückstreusignale (typisch $P_E \approx 10^{-12}$ W)
noch mit hohem Signal-Rausch-Verhältnis nachweisen.

278

Das Meßsystem liefert die mittlere Konzentration eines Meßobjekts innerhalb eines keilförmigen Probevolumens. Die Breite des „Probenkeils" ist durch den Scanwinkel gegeben, während die Länge in Flugrichtung durch die Integrationszeit der Signalelektronik bestimmt ist. Sie kann entsprechend den spezifischen Meßaufgaben eingestellt werden: Eine Vergrößerung der Integrationszeit bedeutet eine Verbesserung der Nachweisempfindlichkeit, allerdings auf Kosten einer reduzierten horizontalen Auflösung. Die minimale Auflösung in Flugrichtung beträgt etwa 20 m. Eine technische Beschreibung des optischen Aufbaus und der Signalverarbeitungselektronik findet sich in[8] und[9].

Das DIALEX-Gerät wurde bei verschiedenen Meßkampagnen eingesetzt. Bild 8.19 zeigt als Beispiel die großräumige Bestimmung des Wasserdampfgehaltes der Atmosphäre über hügeligem Gelände, wobei die Flughöhe bei etwa 1100 m über Meeresniveau konstant gehalten wurde. Die Signalkurve, die den Wasserdampf-Säulengehalt angibt, verläuft annähernd invers zum Höhenprofil der Erdoberfläche und läßt auf eine nahezu konstante Konzentrationsverteilung über diesem Gelände schließen. Die horizontale Auflösung beträgt hier etwa 120 m.

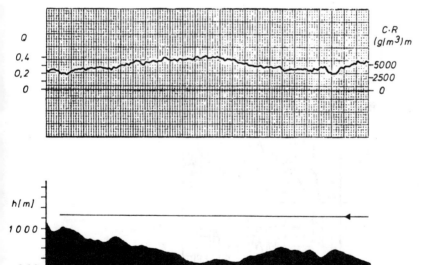

Bild 8.19: Fernmessung der Wasserdampf-Säulenkonzentration über hügeligem Gelände

Bild 8.20 zeigt den Nachweis einer kleinen, künstlich erzeugten $SF_6$-Wolke und demonstriert anschaulich die Wirkungsweise der DAS-Technik: Die beiden unteren Meßkurven entsprechen den Signalamplituden im Meßkanal und im Referenzkanal. Die oberste Spur ist das elektronisch gebildete logarithmische Verhältnis aus beiden Amplituden und verläuft annähernd geradlinig. Nur beim Überfliegen des Meßobjekts ergibt sich ein scharfes Signal, dessen Größe der $SF_6$-Konzentration proportional ist. Die Flughöhe beträgt hier 150 m. Die horizontale Auflösung ist auf $\lesssim 40$ m eingestellt. Ein Skalenteil der horizontalen Achse entspricht 200 m Flugweg.

Das DIALEX-Meßsystem wurde bisher bei Flughöhen zwischen 150 m und 1500 m eingesetzt. Eine Extrapolation der Daten erlaubt die Schlußfolgerung, daß sich die Reichweite bis auf Space-Shuttle-Entfernung ($R \approx 500$ km) erweitern läßt, wenn man stärkere Laser ($P_o = 20$ W) und ein größeres Teleskop ($D = 50$ cm) verwendet.

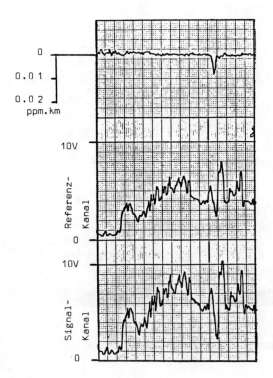

Bild 8.20:
Nachweis einer kleinen
künstlich erzeugten
$SF_6$-Wolke

## 8.7.3 DAS-LIDAR

Lidarsysteme (Rückstreuung am atmosphärischen Aerosol mit Entfernungs-auflösung) in Verbindung mit der DAS-Technik werden abgekürzt auch als DIAL (Differential Absorption Lidar) bezeichnet. Sie gestatten die Bestimmung der räumlichen Konzentrationsverteilung eines Gases in der Atmosphäre. Die Reich-weite kann je nach apparativer Ausstattung und verwendeter Wellenlänge mehrere Kilometer betragen. Die Entfernungsauflösung liegt typisch bei $\Delta R = 100$ m.

Bild 8.21 zeigt den optischen Aufbau und ein Blockschema der Signalelektronik eines mobilen DIAL-Systems[10]: Ein gepulster Nd:YAG-Laser mit Frequenz-verdopplung oder -verdreifachung pumpt einen in der Wellenlänge abstimmbaren Farbstofflaser. Dessen Strahlung wird nochmals frequenzverdoppelt, um Emission im UV-Spektralbereich zu erzielen.

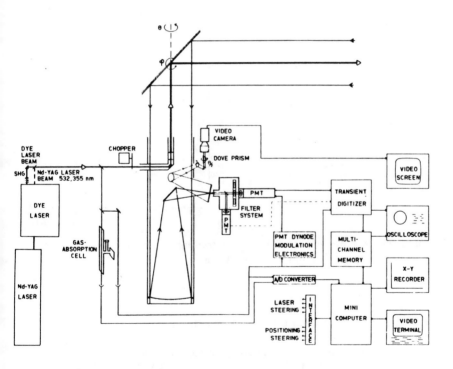

Bild 8.21: Optischer Aufbau und Signalverarbeitung des DAS-Lidar Systems[10]

281

Der Laser erzeugt alternierend Pulse mit der Meß- und der Referenzwellenlänge. Die Pulsfolgefrequenz beträgt 10 Hz, die Pulsdauer liegt bei 7 ns. Die Laserstrahlung wird über einen beweglichen ebenen Spiegel in die Atmosphäre gerichtet. Das rückgestreute Licht gelangt über denselben Spiegel in das Empfangsteleskop (D = 30 cm). Nach geeigneter Filterung wird das optische Signal von einem Fotomultiplier in ein elektrisches Signal umgesetzt und von der Elektronik weiter verarbeitet. Kernstück ist hier ein schneller Transienten-Recorder, der den zeitlichen Verlauf des Signals auflöst und digitalisiert. Das gesamte Meßsystem wird von einem Minicomputer (PDP 11 VO 3) gesteuert.

Bild 8.22 zeigt als Beispiel die Messung der diffusen Emission von $SO_2$ aus einer Papierfabrik. Die beiden linken Kurven stellen die Signale bei der Meß- bzw. Referenzwellenlänge dar. Rechts ist das Verhältnis dieser beiden Signale gezeigt (oben), aus dem sich die Konzentrationsverteilung (unten) berechnet. Die Entfernungsauflösung beträgt etwa 100 m. Die Meßgenauigkeit liegt bei 15 $\mu g/m^3$ für Entfernungen R < 1,5 km.

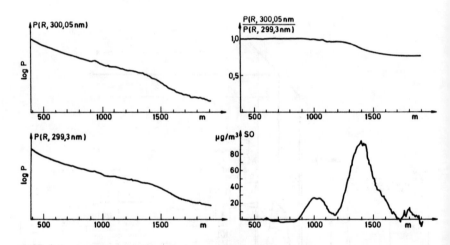

Bild 8.22: Bestimmung von $SO_2$-Konzentrationsprofilen in der Nähe einer Papierfabrik mit dem DAS-Lidar [10]

## 8.8 Gassensor DIANA zur Erkennung gefährlicher Gase in Industrieanlagen

Der Gassensor DIANA (abgekürzt für Dangerous Immission Analyzer) ist eine Neuentwicklung des Battelle-Instituts, Frankfurt, die sowohl Fernmessungen wie auch lokale Messungen mit Probenentnahme gestattet. Er ermöglicht die schnelle und sichere Erfassung gefährlicher Gase in der Luft, auch allgemein die Erkennung von Leckagen, und eignet sich damit insbesondere als Alarmgeber zur Überwachung gefährdeter Bereiche (von innen und von außen) wie z. B. Industrieanlagen, in denen explosive oder toxische Substanzen hergestellt, gelagert oder verarbeitet werden.

Das Meßprinzip beruht auf der selektiven Absorptionsmessung mit Laser. Bei Fernmessungen wird die DAS-Technik (vgl. Abschnitt 8.6.2) angewendet. Bei lokalen Messungen mit Probenentnahme wird eine photoakustische Zelle eingesetzt (vgl. Abschnitt 8.5.3.2). Als Strahlungsquellen dienen in beiden Fällen zwei abstimmbare kontinuierlich emittierende $CO_2$-Laser.

Bei Fernmessungen wird die Meßstrecke durch einen Retroreflektor abgeschlossen. Gemäß Bild 8.23 können die Meßstrecken mit wenigen (gegebenenfalls ansteuerbaren) Spiegeln und Retroreflektoren so gelegt werden, daß z. B. ein geschlossener optischer „Zaun" besonders gefährdete Anlagenbereiche umgibt. Durchsetzt ein gefährliches Gas mit kritischer Konzentration den optischen Zaun, so erfolgt die sofortige Alarmauslösung. Fernmessungen können auch zwischen beliebigen Punkten einer Anlage durchgeführt werden, solange zwischen den Punkten Sichtverbindung besteht. Eine Unterbrechung der Sichtverbindung in einer Meßstrecke, z. B. durch ein Fahrzeug, führt dabei nicht zu Fehlalarm.

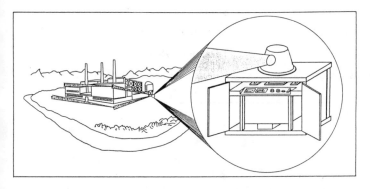

Bild 8.23:  Erkennung gefährlicher Gase mit dem Gassensor DIANA.
Hier bei der Fernmessung nach Art eines optischen Zauns

Bild 8.24 zeigt eine Außenansicht des Gassensors DIANA. Das Gerät ist in einem staub- und wasserdichten Gehäuse untergebracht und komplett thermostatisiert. Sämtliche Funktionen sind automatisiert, so daß Personal nur zum

Tabelle 8.7: Mit DIANA meßbare Gase (Auswahl)

Nachweisgrenzen können hier nicht angegeben werden, da sie vom Meßverfahren (Fern- oder Probemessung) und den jeweils herrschenden Randbedingungen abhängen.

| | |
|---|---|
| Acrylnitril | Hydrazin |
| Ammoniak | Methylamin |
| Arsenwasserstoff | Methylcyanid |
| Butadien | Methyläthylketon |
| T-Butanol | Ozon |
| Cyanmethyl | Phosgen |
| Cyclohexan | Phosphorwasserstoff (Phosphin) |
| 1,2-Dichloräthan | iso-Propylalkohol |
| Dimethylsulfat | Salpetersäure |
| 1,1-Difluoräthylen | Schwefeldioxid |
| Ethylen | Schwefelhexafluorid |
| Ethylacetat | Styrol |
| Freon 11, 12, 113, 114 | Tetrachloräthylen |
| Furan | Trichloräthylen |
| Germaniumwasserstoff | Vinylchlorid |

gelegentlichen Auswechseln der Registrierrollen und der im Laufe der Zeit verschmutzenden Fensterfolie (für Fernmessung) erforderlich ist. Tabelle 8.7 gibt eine Auswahl der meßbaren Gase an.

Bild 8.24:
Gassensor DIANA

Bild 2.24
Bofors DIANA

# Literaturhinweise

## Kapitel 1 und 2

**a) Originalarbeiten**
1) Einstein, A.: ,,Zur Quantentheorie der Strahlung''; Phys. Zeit *18*, 121 (1917)
2) Kopfermann, H. und Ladenburg, R.: ,,Experimenteller Nachweis der negativen Dispersion''; Z. Phys. Chemie Abt. *A 139*, 375 (1928)
3) Townes, C. H. et a.: "Molecular Microwave Oscillator and new Hyperfine Structure in the Microwave Spectrum of $NH_3$''; Phys. Rev. *95*, 282 (1954)
4) Maiman, T. H.: "Stimulated Optical Radiation in Ruby Masers"; Nature *187*, 493 (1960)
   Andresen, P., Ondrey, G. S. und Titze, B.: "Creation of Population Inversions in the $\Lambda$ Doublets of OH by the Photodissociation of $H_2O$ at 157 nm: A Possible Mechanism for the Astronomical Maser. Phys. Rev. Lett. *50*, 486 (1983)
5) Ippen, E. P. and Shank, C. V.: "Picosecond Spectroscopy" in Methods of Experimental Physics, Vol. 15, Academic Press, New York 1979
6) Danielmeyer, H. G.: "Stoichiometric Laser Materials", Festkörperprobleme XV (Herausgeber: H. J. Queisser), Vieweg Verlag, Darmstadt 1975, S. 253
7) Beck, R., Englisch, W. und Gürs, K.: Table of Laser Lines in Gases and Vapors; Springer Series in Optical Sciences, Vol. 2; Springer Verlag Berlin, 3. Auflage 1980
8) Schäfer, P.: ,,Organische Farbstoffe in der Lasertechnik''; Angew. Chemie *82*, 25 (1970)
9) Javan, A. et al.: Population Inversion and Continous Optical Maser Oscillation in a Gas Discharge Containing a He-Ne-Mixture''; Phys. Rev. Lett. *6*, 106 (1961)
10) Patel, C. K. N.: "Continous-Wave Laser Action on Vibrational-Rotational Transitions of $CO_2$''; *Phys. Rev. 136*, A 1187 (1964)
11) Hall, R. N. et al.: "Coherent Light Emission from GaAs Junctions"; Phys. Rev. Lett. *9*, 366 (1962)
12) Bimberg, D., Ketterer, K., Schöll, E. und Vollmer, H. P.: "Avalanche Generator Triggered Picosecond Light Pulses from Unbiased V-Groove GaAs/GaAlAs Lasers"; Physica 129 B, 469 (1985)
13) Gabor, D.: "Microscopy by Reconstructed Wavefronts"; Proc. Phys. Soc. *A 197*, 454 (1949)

**b) Kleine Auswahl von Büchern in deutscher und englischer Sprache:**
14) Westermann, F.: ,,Laser''; Teubner Studienskripten, Stuttgart 1976
15) Charschan, S. S.: "Lasers in Industry"; Van Nostrand Reinhold, New York 1972
16) Weber, H. und Herziger, G.: ,,Laser''; Physik-Verlag, Weinheim 1972
17) "Laser-Handbook"; North Holland Publishing Company, Amsterdam, Vol. 1 + 2 F. F. Arecchi und E. O. Schulz-Dubois, 1971; Vol. 3 M. M. Stitch (1979)
18) Born, M. und Wolf, E.: "Principles of Optics"; Oxford University Press, Oxford 1959
19) Yariv, A.: "Quantum Electronics"; J. Wiley and Sons, New York 1975
20) Ross, M.: "Laser-Applications"; Vol. 1 – 5, Academic Press, New York, 1971 – 1984
21) Eichler, H. J. und Salk, J.: ,,Laseroptik- und Elektronik'' in ,,Handbuch für Hochfrequenz- und Elektrotechniker'', Band 5, (C. Rint, Herausgeber), Hüthig Verlag, Heidelberg 1981

22) Koebner, H.: Industrial Applications of Lasers, J. Wiley and Sons, New York 1984

Schließlich sei auf die Zeitschriften Laser Focus/Electro-Optics und Laser und Elektro-Optik verwiesen, welche relativ vollständige Produktübersichten bieten.

## Kapitel 3

1) Ready, J. F.: Effects of High Power Laser Radiation. Academic Press, New York, 1971
2) Ready, J. F.: Industrial Applications of Lasers. Academic Press, New York, 1978
3) Charschan, S. S. (ed.): Lasers in Industry. Van Nostrand, Princeton, 1972
4) Burke, J. J., Mehrabian, R. and Weiss, V. (eds.): Advances in Metal Processing. Plenum Press, New York, 1981
5) Duley, W. W.: $CO_2$ Lasers: Effects and Applications. Academic Press, New York, 1976
6) Waidelich, W. (Hrsg.): Konferenzberichte, Laser und Optoelektronik 81 und Laser und Optoelektronik 83. Springer-Verlag, Heidelberg, 1982 bzw. 1984
7) VDI Technologiezentrum (Hrsg.): Materialbearbeitung mit $CO_2$-Hochleistungslasern. VDI-Bericht 535, 1984
8) Schuöcker, D. (ed.): Industrial Applications of High Power Lasers. Proc. SPIE, Vol. 455, 1984
9) Bertolotti, M. (ed.): Physical Processes in Laser Materials Interactions. NATO ASI Series B, Vol 48. Plenum Press, New York, 1983
10) Bass, M. (ed.): Laser Materials Processing, North Holland Publ., Amsterdam, 1983
11) Walters, C. T., Clauer, A. H.: Transient Reflectivity Behaviour of Pure Aluminium at 10,6 $\mu$m. Appl. Phys. Lett. *33*, 713, 1978
12) Carslan, H. S., Jaeger, J. C.: Conduction of Heat in Solids. 2nd ed., Oxford University Press (Clarendon), London and New York, 1959
13) Banas, C. M.: High Power Laser Welding. Optical Engineering *17*, 209, 1978
14) Herziger, G.: Basic Elements of Laser Material Processing. S. 66 – 74 in Ref. 8)
15) Ulmer, W.: On the Behaviour of Different Materials During Treatment with $CO_2$ Lasers. Electro-Optical Systems Design Nr. 7, 33 (1974)
16) Belfort, D. A.: The Systems in Laser Materials Processing Systems. Lasers & Applications, Aug. 1984, p. 55
17) Dausinger, F. et al.: Laserhärten in der Feinwerktechnik, S. 191 in Ref. 7)
18) Rothe, R. und Sepold, G.: Bau und Einsatz von Spiegeloptiken für die Werkstoffbearbeitung mit Hochleistungslasers, S. 35, in Ref. 8)
19) Walker, R.: Applying Multikilowatt $CO_2$ Lasers in Industry. Lasers & Applications, April 1984, p. 61

## Kapitel 4

1) Francon, M.: Holographie (1972) Springer Verlag, Berlin
2) Groh, G.: Holographie (1973) Verlag Berliner Union GmbH, Stuttgart
3) Schumann, W., Dubias, M.: Holographic Interferometry 1979, Springer Verlag Berlin
4) Vest, Ch., M.: Holographic Interferometry (1979) Verlag John Wiley & Sons, New York
5) Wernicke, G., Osten, W.: Holografische Interferometrie (1982), VEB Fachbuchverlag, Leipzig
6) Kiemle, H., Röss, D.: Einführung in die Technik der Holografie (1969) Akademische Verlagsgesellschaft Frankfurt/Main

7) Robertson, E. R., Harvey, J. M.: The Engineering Uses of Holography (1970) Cambridge University Press

8) Shiotake, Tsuruta, Itoh: Holographic Generating of Contour Map of Diffusely Reflecting Surface by Using Immersion Method. Japanese Journal of Appl. Opt. Vol 7, Nr. 8, Aug. 1969

9) Steinbichler, H.: Bestimmung der Oberflächengestalt durch Holographie Automobiltechnische Zeitschrift 73 (1971) 469/472

10) Hildebrandt und Haines: Multiple Wavelength and Multiple Source Holography Applied to Contour Generation J. OSA, 57, Nr. 2

11) Powell, R. L. and Stetson, K. A.: Interferometric Vibration Analysis by Wavefront Reconstruction J. OSA 55 (1965) 1593/1598

12) Geldmacher, J., Jüptner, W., Kreitlow, H.: Holografisch interferometrische Messungen an großflächigen Behältern mit Hilfe nicht schwingungsisolierter Aufbauten (1979) Laser 79, Optoelectronics Conference Proceedings, IPC Sciense and Technology Press

13) Abramson, N.: Sandwich Hologramm Interferometry: A New Dimension in Holographic Comparison (1974) Appl. Opt. 13, 2019 − 2025

14) Breuckmann, B.: Laser measuring process in vehicle construction and mechanical engineering, (1983) SPIE International Technical Conference, Genf Tagungsband Vol 398: Industrial Applications of Laser Technology, SPIE, POB 10, Bellingham, Washington 98227 − 0010 USA

15) Aleksandrov, E. B. and Bonch-Bruevich, A. M.: Investigation of Surfache Strains by the Hologram Technique Soviet Physics − Technical Physics, Vol 12 (1967) Nr. 2/258

16) Vienot, J. C. et Monneret, J.: Interferometrie et photoelasticimetrie holographiques Rev. d'Optique 46 (1967) 75/79

17) Abramson, N.: The Holo-Diagramm: I A Practical Device for Making and Evaluating Holograms, Appl. Opt. 8 (1969) 1235

18) Abramson, N.: The Holo-Diagramm: II: A Practical Device for Information Retrieval in Hologram Interferometry, Appl. Opt. 9 (1970) 97

19) Abramson, N.: The Holo-Diagramm: II: A Practical Device for Predicting Fringe Patterns in Hologram Interferometry, Appl. Opt. 9 (1970) 2311

20) Abramson, N.: The Holo-Diagramm: IV: A Practical Device for Simulating Fringe Patters in Hologram Interferometry, Appl. Op. 10 (1971) 2155/2161

21) Abramson, N.: The Holo-Diagramm: V: A Device for Practical Interpreting of Hologram Interference Fringes, Appl. Opt. 11 (1972) 1143/1147

22) Walles, S.: On the Concept of Holologous Rays in the Holographic Interferometry of Diffusely Reflecting Surfaces, Optica Acta 17 (1970) Nr. 12/899

23) Steinbichler, H.: Beitrag zur quantitativen Auswertung von holografischen Interferogrammen, Dissertation an der T. U. München vom 13.10.72

24) Schönebeck, G.: Eine allgemeine holografische Methode zur Bestimmung räumlicher Verschiebungen, Dissertation an der T. U. München, 26.02.79

25) Grünewald, K. u. Fritzsch, W.: Holographisch interferometrische Verformungsmessungen an GFK- und KFK-Modelltanks, Vorabdruck aus der Zeitschrift Kunststoffe 63 (1973), anläßlich der 11. Jahrestagung des AVK in Freudenstadt, Ref. 4 − 1

26) Kreitlow, H.: Untersuchung quantitativer Zusammenhänge in der holografischen Interferometrie insbesondere im Hinblick auf eine Auswertung holografischer Interferenzmuster (1976), Dissertation T. U. Hannover

27) Dändliker, R., Ineichen, B., Mottier, F. M.: High Resolution Hologram Interferometry by Electronic Phase Measurement (1973) Opt. Commun. 9, 412 − 416

28) Dändliker, R., Thalmann, R., Willemin, J.-F.: Fringe Interpolation by Two-Reference-Beam-Holographic Interferometry: Reducing Sensitivity to Hologram Misalignment Sonderdruck vom Institut de Microtechnique de l'Université, Neuchâtel, Schweiz

29) Fischer, B., Geldmacher, W., Jüptner, W.: Untersuchungen zur automatisierten Erkennung und Verarbeitung holografischer Interferenzmuster mit dem Zeilen-Scan-Verfahren, Tagungsband Laser 79, S. 412 − 425, IPC Science and Technology, Press,

PoB 63, Westbury House, Bary Street, Guildford, Surrey GU 25 BH, England.

30) Fischer, W. R., Crostack, H.-A., Steffens, H. D.: Automatische Analyse holografischer Interferogramme für die zerstörungsfreie Prüfung, Tagungsband Laser 79, S. 404 – 411, Laser 79 Optoelektronics, IPC Science and Technology Press 70 B 63, Westbury House, Bury Street, Guildford, Surrey GU 25 BH England

31) Kreitlow, H., Kreis, T.: Entwicklung eines Gerätesystems zur automatisierten statischen und dynamischen Auswertung holografischer Interferenzmuster, S. 426 – 436 wie 30)

32) Dändliker, R., Marom, E., Mottier, F. M.: Two Reference-Beam-Holographic-Interferometry, J. Opt. Soc. Am., Vol. 66, No 1, Jan. 1976

33) Breuckmann, B.: Holografische Interferometrie im Nutzfahrzeugbau, Tagungsband, „Holografische Interferometrie" vom 3.8.1983, VDI Technologiezentrum, Graf-Recke-Straße 84, 4000 Düsseldorf 1

34) Steinbichler, H., Smith, J.: Wie funktioniert der thermoplastische Film für Hologramme, Laser- und Elektrooptik 3 (1977), S. 3, 4

35) Steinbichler, H., Rottenkolber, H.: Lasertechnik in der zerstörungsfreien Werkstoffprüfung – ein neues holografisches Verfahren, Zeitschrift f. Werkstofftechnik, 3 (1974) 142/146

36) Steinbichler, H., Rottenkolber, H., Mönch, E.: Quantitative Auswertung von holografischen Interferogrammen Laser- und Elektrooptik Nr. 5/1973, 8

37) Schönebeck, G.: Vibration Analysis of turbine blades by means of holography published in Proc. Laser 75 Opto-Electronics, Munich, 24/27 June 1975 edited by W. Waidelich, S. 181 ff., PIC Science and Technology Press, PoB 63, Westbury House, Bury Street, Guildford, Surrey GU 25 BH, England

38) Steinbichler, H.: Holography in Europe, SPIE-Conference 1982, San Diego, Tagungsband: Industrial and Commercial Applications of Holography, Vol. 353 SPIE, PoB 10, Bellingham, Washington 98227 – 0010 USA

39) Felske, A. und Hoppe, G.: Ermittlung des Klopfzentrums mit Hilfe der Analyse der holografischen Vibration; Internationale Tagung bei VW, Wolfsburg, MTZ Motortechnische Zeitschrift 43 (1982) 6

40) Wanders, K., Weigang, H., Müller, J., Steinbichler, H.: High Speed Photography and Pulsed Laser Holography for Diagnostic Investigations of Mixture Formation and Vibration in Reciprocating Engines; Combustion in Engineering, Conference Keble College, Oxford 1983, Vol. 1, Mechanical Engineering Publication Ltd, POB 24, Northgate Avenue Burg St. Edmunds, Sulffolk IP 326 BW

## Kapitel 5

1) Françon, M.: 1966, Optical Interferometry (New York und London: Academic Press).

2) Steel, W. H.: 1983, Interferometry (Cambridge: University Press).

3) Leonhardt, K.: 1981, Optische Interferenzen (Stuttgart: Wiss. Verlagsges. mbH).

4) Beyer, H.: 1974, Theorie und Praxis der Interferenzmikroskopie (Leipzig: Akademische Verlagsgesellschaft Geest & Portig K.-G.).

5) Mönch, G. C.: 1966, Interferenzlängenmessung und Brechzahlbestimmung (Basel: Pfalz-Verlag).

6) Dorenwendt, K. und Grunert, H.-J.: 1976, Feinwerktechnik & Meßtechnik, *84*, 344.

7) Debler, E.: 1977, Feinwerktechnik & Meßtechnik, *85*, 166.

8) Schwider, J.: 1979, Appl. Opt., *18*, 2364.

9) Bennett, S. J.: 1977, J. Sci. Instr., *10*, 525.

10) Jacobs, S. F.: 1978, Optical Eng., *17*, 544.

11) Ohtsuka, Y. und Itoh, K.: 1979, Appl. Opt., *18*, 219.

12) Shamir, J.: 1980, Optical Eng., *19*, 801.

13) Hartman, A. W.: 1976, Optical Eng., *15*, 180.
14) King, R. J., u. a.: 1972, J. Sci. Instr., *5*, 445.
15) Fisher, L. R., u. a.: 1980, Optical Eng., *19*, 798.
16) Tanner, L. H.: 1977, J. Sci. Instr., 10, 1019.
17) Singer, K. D., u. a.: 1982, Rev. Sci. Instr., *53*, 202.
18) Black, W. Z. und Somers, R. L.: Rev. Sci. Instr., *48*, 476.
19) Jones, R. und Bergquist, B. D.: 1977, J. Sci. Instr., *10*, 1265.
20) Lavan, M. J. u. a.: 1976, Optical Eng., *15*, 464.
21) Buchenauer, C. J. und Jacobson, A. R., 1977, Rev. Sci. Instr., *48*, 769.
22) Baker, D. R. und Lee, S.-T.: 1978, Rev. Sci. Instr., *49*, 919.
23) Kowalski, F. V., u. a.: 1976, J. Opt. Soc. Am., *66*, 965.
24) Schulz, G. und Schwider, J.: 1976, Interferometric Testing of Smooth Surfaces, in: Progress in Optics XIII, Hrsg. E. Wolf (Amsterdam: North-Holland Publishing Co.).
25) Shack, R. V. und Hopkins, G. W.: 1979, Optical Eng., *18*, 226.
26) Fercher, A. F. und Sprongl, H.: 1975, Feinwerktechnik & Meßtechnik, *83*, 309.
27) Fercher, A. F.: 1976, Opt. Acta, *23*, 347.
28) Lurie, M.: 1976, Optical Eng., *15*, 68.
29) Langenbeck, P.: 1970, Appl. Opt., *9*, 2590.
30) Zielinski, R. J.: 1979, Optical Eng., *18*, 479.
31) Massie, N. A., u. a.: 1979, Appl. Opt., *18*, 1797.
32) Shack, R. V.: 1979, Optical Eng., *18*, 226.
33) Briers, J. D.: 1972, Opt. Laser Technol., *4*, 28.
34) McLeod, J.: 1974, Opt. Laser Technol., *6*, 57.
35) Mallwitz, D.: 1977, Feinwerktechnik & Meßtechnik, *85*, 163.
36) Ludman, J. E.: 1980, Optical Spectra, *16*, Nr. 12, 45.
37) Beyer, H.: 1973, Interferenzmikroskopie, in: Handbuch der Mikroskopie (Berlin, VEB Verlag Technik).
38) Raith, S.: 1977, Feinwerktechnik & Meßtechnik, *85*, 314,
39) Eastman, J. M.: 1980, Optical Eng., *19*, 810.
40) Langenbeck, P.: 1982, Beispiele aerostatischer Lagerungen, in: Luftlagerungen (Grafenau: Lexika-Verlag).
41) Langenbeck, P.: 1967, Appl. Opt., *6*, 1707.
42) Briers, J. D.: 1971, Appl. Opt., *10*, 519.
43) Hariharan, P.: 1975, Optical Eng., *14*, 257.
44) Murty, M. V. R. K. und Shukla, R. P.: 1976, Optical Eng. *15*, 461.
45) Weber, W. R.: 1982, Feinwerktechnik & Meßtechnik, *90*, 63.
46) Küchel, F. M. und Tiziani, H. J.: 1981, Opt. Commun., *38* 17.
47) Fercher, A. F.: 1983, Laser und Optoelektronik, *15*, 301.

## Kapitel 6

1) Erf, R. K.: 1978, Speckle Metrology (New York: Academic Press).
Jones, R. and Wykes, C.: 1983, Holographic and Speckle Interferometry (Cambridge: University Press)
2) Martienssen, W. und Spiller, E.: 1965, Die Naturwissenschaften, *52*, 53.
3) Dainty, J. C.(Ed.): 1975, Laser Speckle and Related Phenomena, (Berlin und New York: Springer Verlag), 2. Auflage 1984.
4) Ennos, A. E.: 1978, Speckle Interferometry, in "Progress in Optics" (Amsterdam: North Holland).
5) Weber, J.: 1981, Laser + Elektro-Optik, *13*, 16.
6) Creath, K., 28th SPIE Sympl. on Optics and Electro-Optics, San Diego, 1984.
7) Hurden, A. P. M.: 1982, Optics and Laser Technology, *14*, 21.
8) Cookson, T. J., Butters, J. N. und Pollard, H. C.: 1978, Optics and Laser Technology, *10*, 119.

9) Theocaris, P. S.: 1969, Moiré Fringes in Strain Analysis (New York: Pergamon Press).
10) Aggarwal, A. K. und Gupta, P. C.: 1977, Indian J. of Pure & Applied Phys., *15*, 420.
11) Fagan, W. F.: 1977, Laser München 1977, Konferenzband, Seite 456.
12) Fercher, A. F. und Sprongl, H.: 1975, Optica Acta, *22*, 799.
13) Gregory, D. A.: 1976, Optics and Laser Technology, *8*, 201 und 1977, Optics Communications, *20*, 1.
14) Fagan, W. F. und Negm, Y.: 1979, Laser + Elektro-Optik, *11*, Nr. 2, 32.
15) Leendertz, J. A. und Butters, J. N.: 1973, Journal of Scientific Instruments, *6*, 1107.
16) Vikram, C. S. und Vedam, K.: 1979, Optics Letters, *4*, 406.
17) Kaufmann, G. H.: 1980, Optics and Laser Technology, *12*, 207.
18) Ennos, A. E.: 1980, Optics Communications, *33*, 9.
19) Archbold, E. und Ennos, A. E.: 1975, Optics and Laser Technology, *7*, 17.
20) Chiang, F. P. und Juang, R. M.: 1976, Optica Acta, *23*, 997.
21) Lohmann, A. W. und Weigelt, G. P.: 1975, Optics Communications, *14*, 252.

## Kapitel 7

1) Born, M.: Optik, 2. Auflage, S. 274, Springer, Berlin 1965
2) Olaf, J.; Robock, K.: Zur Theorie der Lichtstreuung an Kohle- und Bergepartikeln. Staub 21 (1961) 495
3) Gebhart, J., Bol, J., Heinze, W., Letschert, W.: Ein Teilchengrößenspektrometer für Aerosole unter Ausnutzung der Kleinwinkelstreuung der Teilchen in einem Laserstrahl. Staub 30 (1970) 238
4) Gebhart, J.: Die Streuung von Licht als Grundlage der Partikelmeßtechnik. Tagungsband PARTEC 1979, Nürnberger Messe- und Ausstellungsgesellschaft, Messezentrum, 8500 Nürnberg, S. 149 – 165
5) Gebhart, J., Heyder, J., Roth, C. und Stahlhofen, W.: In "Fine Particles", 739 – 815 (1976) ed. by B. Y. H. Liu, Acad. Press, New York
6) Roth, C. and Gebhart, J.: Rapid particle size analysis with an ultra microscope. Microscopia Acta *81* (1978) 119
7) Bartlett, J. T., Adams, R. J.: Development of a holographic technique for sampling particles in moving aerosols. Microscope 20 (1972) 375
8) Seger, G., Sinsel, F.: Untersuchung einer Zerstäubungsvorrichtung mit Hilfe der Kurzzeit-Holographie. Staub-Reinhalt. Luft 30 (1970) 471
9) Michel, B., Seger, G.: Die Holographie als Hilfsmittel zur Untersuchung der Gemischaufbereitung in Verbrennungsmotoren und Gasturbinen. MTZ 32 (1971) 252
10) Polke, R. und Rieger, R.: Teilchengrößenanalysen mit einem Beugungszähler. Tagungsband PARTEC 1979, Nürnberger Messe- und Ausstellungsgesellschaft, Messezentrum, Nürnberg, S. 645 – 661
11) Breuer, H., Gebhart, J., Robock, K.: Zur Bestimmung von Staubkonzentrationen im Steinkohlenbergbau auf der Basis der Lichtstreuung. Staub 30 (1970) 426

## Kapitel 8

1) Herzberg, G.: Molecular Spectra and Molecular Structure. Vol. I Spectra of Diatomic Molecules, Vol. II Infrared and Raman Spectra of Polyatomic Molecules. Van Nostrand, Princeton 1966 und
   Long, D. A.: Raman Spectroscopy, McGraw Hill, London 1977
2) Lapp, M., Penney, C. M. (Hrsg.): Laser Raman Gas Diagnostics, Plenum Press, New York 1974
3) Leipertz, A.: Laser-Raman-Spectroskopie in der Wärme- und Strömungstechnik. Physik in unserer Zeit

4) Klick, D. et al.: Broadband Single Pulse CARS Spectra in a Fired Internal Combustion Engine. Appl. Optics 20 (1981) S. 1178

5) Bradshaw, J. D., et al.: Five Laser-Excited Fluorescence Methods for Measuring Spatial Flame Temperatures, Appl. Optics 19 (1980) S. 2709

6) Beck, R., Englisch, W., Gurs, K.: Table of Laser Lines in Gases and Vapors. Springer Verlag, Heidelberg, 3rd ed. 1980

7) Diehl, W., Wiesemann, W., Boscher, J.: Laser Fernmeßsystem für Straßenverkehrs-immissionen. Laser + Elektro-Optik 2/1981, S. 41 und
Wiesemann, W., Diehl, W.: Long Path CO Monitor: Calibration and Linearity of System Response, Appl. Optics 20 (1981) S. 2230

8) Boscher, J., Englisch, W., Wiesemann, W.: Differentielle Absorptions-Spektroskopie mit dem Fernanalysesystem DIALEX. Laser + Elektro-Optik 3/1980, S. 17

9) Englisch, W. et al.: Laser Remote Sensing Measurements of Atmospheric Species and Natural Target Reflectivities. In: Killinger, D. K., Mooradian, A. (Hrsg.): Optical and Laser Remote Sensing. Springer-Verlag, Heidelberg 1983

10) Fredriksson, K. et al.: Mobile Lidar System for Environmental Probing. Appl. Optics 20 (1981) S. 4181

# Stichwortverzeichnis

# Autoren dieses Buches

Dr. rer. nat. R. Baumert
Battelle-Institut e. V., Frankfurt a. M.

Prof. Dr. D. Bimberg
Institut für Festkörperphysik I, T. U. Berlin

Dr. phil. nat. W. Englisch
Battelle-Institut e. V., Frankfurt a. M.

Prof. Dr. A. F. Fercher
Fachbereich 7, Universität Essen

Dr. G. Seger
Battelle-Institut e. V., Frankfurt a. M.

Dr. H. Steinbichler
Labor für kohärente Optik, Endorf

Dr. rer. nat. W. Wiesemann
Battelle-Institut e. V., Frankfurt a. M.

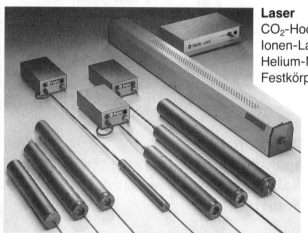
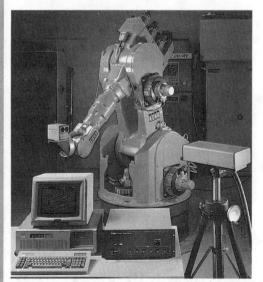

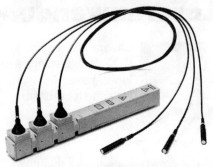

## Elektrotechnik/Elektronik